全国机械行业职业教育优质规划教材（高职高专）
经全国机械职业教育教学指导委员会审定
高职高专“十三五”机电类专业规划教材

电子产品安装与调试

主　编　莫家业
副主编　张志杰　马子龙
参　编　闫　茹　符树全　林幼文
主　审　谢兰清

机 械 工 业 出 版 社

本书是全国机械行业职业教育优质规划教材（高职高专），经全国机械职业教育教学指导委员会审定。

本书主要内容包括安全用电、常用工具和仪表使用、电路原理图绘制与印制电路板的设计制作、电子产品安装与调试工艺、常用电子产品安装与调试实例、综合电路设计及制作实例等。

本书坚持“理论够用、实践为主”原则，把基本理论知识与电子产品安装与调试技能训练有机结合，让学生“做中学、学中做”，老师“做中教、教中做”，真正体现了“以学生为中心，以能力为本位”的职业教育理念，将模拟电路、数字电路、高频电路、单片机等相关知识点有效嵌入各章节中，以培养学生电路识图、安装、检测和调试等专业核心技能；内容安排由易到难、由简单到复杂、循序渐进，让学生轻轻松松、快快乐乐学习。

本书可作为高职高专自动化类、电子信息类专业教材，也可供自从事相关专业工作的工程技术人员参考。

为方便教学，本书配有电子课件、习题解答、模拟试卷及解答等，凡选用本书作为教材的学校，均可来电索取，咨询电话：010-88379758；电子邮箱：wangzongf@ 163. com。

图书在版编目（CIP）数据

电子产品安装与调试/莫家业主编. —北京：机械工业出版社，2017. 10
全国机械行业职业教育优质规划教材. 高职高专　经全国机械职业教育教学指导委员会审定　高职高专“十三五”机电类专业规划教材
ISBN 978-7-111-58068-3

Ⅰ. ①电…　Ⅱ. ①莫…　Ⅲ. ①电子产品－安装－高等职业教育－教材②电子产品－调试方法－高等职业教育－教材　Ⅳ. ①TN

中国版本图书馆 CIP 数据核字（2017）第 232948 号

机械工业出版社（北京市百万庄大街 22 号　邮政编码 100037）
策划编辑：于　宁　责任编辑：于　宁　王宗锋
责任校对：王明欣　封面设计：鞠　杨
责任印制：李　昂
北京宝昌彩色印刷有限公司印刷
2018 年 1 月第 1 版第 1 次印刷
184mm×260mm · 12. 5 印张 · 300 千字
0001—1900册
标准书号：ISBN 978-7-111-58068-3
定价：31.00 元

前言

本书是全国机械行业职业教育优质规划教材（高职高专），经全国机械职业教育教学指导委员会审定，由国家示范性高职院校和骨干院校教学经验丰富的教师共同编写，内容丰富、通俗易懂、操作性强，通过学习能进一步提升学生电子产品安装与调试相关技能。

本书坚持“理论够用、实践为主”原则，把基本理论知识与电子产品安装与调试技能训练有机结合，让学生在“做中学、学中做”，老师在“做中教、教中做”，真正体现了“以学生为中心，以能力为本位”的职业教育理念，将模拟电路、数字电路、高频电路、单片机等知识点与历届电子设计大赛内容有效嵌入各章节中，以培养学生电路识图、安装、检测和调试等专业核心技能；内容安排由易到难、由简单到复杂、循序渐进，让学生轻轻松松、快快乐乐学习。书的内容包括安全用电、常用工具和仪表使用、电路原理图绘制与印制电路板的设计制作、电子产品安装与调试工艺、常用电子产品安装与调试实例、综合电路设计及制作实例等。

本书由莫家业担任主编并统稿。第1章由莫家业编写，第2章由莫家业、闫茹共同编写，第3章由林幼文编写，第4章由张志杰、莫家业共同编写，第5章由张志杰编写，第6章由符树全、马子龙编写，附录由闫茹编写，全书由谢兰清主审。

本书教学时，建议安排60~75学时，第5、6章可根据各专业情况选择相应内容教学。

由于编写人员水平有限，书中难免会存在不妥之处，敬请广大读者批评指正。

编　者

目录

前言

第1章　安全用电 …… 1
1.1　安全用电常识 …… 1
1.1.1　安全电压 …… 1
1.1.2　安全用电防护 …… 2
1.2　触电急救 …… 4
1.2.1　触电类型和方式 …… 4
1.2.2　触电急救方法 …… 5
1.3　技能训练 …… 8
1.3.1　安全用电技能训练 …… 8
1.3.2　人工救护训练 …… 9
本章小结 …… 9
习题 …… 10

第2章　常用工具和仪表使用 …… 11
2.1　常用电工工具使用 …… 11
2.1.1　常用电工工具介绍 …… 11
2.1.2　常用电工工具的操作方法 …… 13
2.2　焊接工具的使用 …… 16
2.2.1　焊接工具的介绍 …… 16
2.2.2　焊接工具的操作方法 …… 18
2.3　常用仪表的使用 …… 20
2.3.1　万用表介绍 …… 20
2.3.2　万用表的操作方法 …… 22
2.4　技能训练 …… 27
2.4.1　电工工具的保养与训练 …… 27
2.4.2　万用表的保养与测量 …… 28
本章小结 …… 29
习题 …… 29

第3章　电路原理图绘制与印制电路板的设计制作 …… 30
3.1　电路原理图介绍及绘制 …… 30
3.1.1　电路原理图介绍 …… 30
3.1.2　电路原理图绘制 …… 32
3.2　印制电路板的设计与制作 …… 38
3.2.1　印制电路板的设计 …… 38
3.2.2　印制电路板的制作 …… 41
3.3　技能训练 …… 45
3.3.1　声控小夜灯电路板的制作 …… 45
3.3.2　心形流水灯电路板的制作 …… 46
本章小结 …… 47
习题 …… 48

第4章　电子产品安装与调试工艺 …… 49
4.1　电子产品安装与焊接 …… 49
4.1.1　电子产品安装工艺 …… 49
4.1.2　电子产品焊接工艺 …… 54
4.1.3　电子产品焊接技术 …… 56
4.2　电子产品调试 …… 64
4.2.1　电子产品调试准备工作 …… 65
4.2.2　电子产品调试方法 …… 65
4.3　电子产品工艺文件编制 …… 66
4.3.1　电子产品工艺文件介绍 …… 66
4.3.2　电子产品工艺文件编制方法 …… 67

4.4　技能训练 …………………………… 74
4.4.1　声控小夜灯电路的安装与调试 ………………………… 75
4.4.2　心形流水灯电路的安装与调试 ………………………… 76
本章小结……………………………… 77
习题……………………………… 78

第5章　常用电子产品安装与调试实例…………………………… 79
5.1　模拟电路实例 ………………………… 79
5.1.1　直流稳压电源 ……………………… 79
5.1.2　可调电源 ……………………… 83
5.1.3　小夜灯 ……………………… 86
5.1.4　分立元器件功放 ……………………… 91
5.1.5　电脑音响 ……………………… 96
5.2　数字电路实例……………………… 100
5.2.1　电子门铃……………………… 100
5.2.2　数字电子钟……………………… 103
5.2.3　八路抢答器……………………… 110
5.3　高频电路实例……………………… 119
5.3.1　对讲机……………………… 119
5.3.2　晶体管收音机……………………… 130
5.3.3　集成电路收音机……………………… 136
本章小结 ……………………… 143
习题 ……………………… 143

第6章　综合电路设计及制作实例 …… 144
6.1　数字温度计电路……………………… 144
6.1.1　电路设计方法……………………… 144
6.1.2　电路制作方法……………………… 147
6.2　OTL TDA2030 功放电路 ……… 152
6.2.1　电路设计方法……………………… 152
6.2.2　电路制作方法……………………… 153
6.3　台灯调光电路……………………… 159
6.3.1　电路设计方法……………………… 159
6.3.2　电路制作方法……………………… 159
6.4　声光控自动延时节能电路……… 165
6.4.1　电路设计方法……………………… 166
6.4.2　电路制作方法……………………… 166
6.5　直流稳压电源电路……………………… 173
6.5.1　电路设计方法……………………… 173
6.5.2　电路制作方法……………………… 173
6.6　光控音乐门铃电路……………………… 179
6.6.1　电路设计方法……………………… 179
6.6.2　电路制作方法……………………… 180
本章小结 ……………………… 186
习题 ……………………… 186

附录 ……………………………… 187
附录A　常用元器件图形符号 ……… 187
附录B　集成电路（集成块IC）引脚识别图 ……………………… 189
附录C　Protel 软件元器件库中英文对照表 ……………………… 190
附录D　Protel 软件元器件封装表…… 191

参考文献 ……………………………… 192

第1章　安全用电

教学导航

教	知识重点	1. 安全用电操作方法 2. 触电防护及急救方法
	知识难点	1. 安全用电操作方法 2. 触电防护及急救方法
	推荐教学方式	以实际操作为主，教师进行适当讲解，充分发挥教师的指导作用，鼓励学生多动手、多体会，通过训练，让学生在做中掌握安全用电操作及触电急救技能
	建议学时	6 学时
学	推荐学习方法	以自己实际操作为主，紧密结合本章内容，通过自我训练，互相讨论、总结，掌握安全用电操作及急救的技能
	必须掌握的理论知识	1. 安全用电基本知识 2. 触电防护及急救基本知识
	需要掌握的工作技能	安全用电防护及触电急救技能
做	技能训练	按要求进行安全用电防护操作及触电急救训练，掌握相关技能

1.1　安全用电常识

电能是一种方便使用的能源，它的广泛应用形成了人类近代史上第二次技术革命，有力地推动了人类社会的发展，给人类创造了巨大的财富，改善了人类的生活。如果在生产和生活中不注意安全用电，也会带来灾害。例如，触电可造成人身伤亡，设备漏电产生的电火花可能酿成火灾、爆炸，高频用电设备可产生电磁污染等，因此，掌握安全用电的基本知识非常重要。

1.1.1　安全电压

安全电压是为了防止触电事故而采用的由特定电源供电的电压系列。其供电要求实行输出电路与输入电路的隔离，与其他电气系统的隔离。这个电压系列的上限值，在正常和故障情况下，任何两导体间、任一导体与地之间均不得超过交流（50～500Hz）有效值50V。

1. 安全电压标准

根据使用场所特点，我国安全电压标准规定的交流电安全电压等级如下：

1）42V（空载上限小于等于50V）：可供有触电危险的场所使用的手持式电动工具等使用。

2）36V（空载上限小于等于43V）：可在矿井、多导电粉尘等场所使用的行灯等使用。

3）24V、12V、6V（空载上限分别小于或等于29V、15V、8V）：三档可供某些人体可能偶然触及带电体的设备选用。在大型锅炉内或金属容器内工作时，为了确保人身安全一定要使用12V或6V低电压行灯。当电气设备采用24V以上安全电压时，必须采取防止直接接触带电体的措施，其电路必须与大地绝缘。

2. 安全电压条件

安全电压必须满足以下条件：

1）标称电压不超过交流50V、直流120V。

2）由安全隔离变压器供电。

3）安全电压电路与供电电路及大地隔离。

我国规定的安全电压额定值的等级为42V、36V、24V、12V、6V。当电气设备采用的电压超过安全电压时，必须按规定采取防止直接接触带电体的保护措施。

3. 安全电压与电流关系

安全电压是以人体允许电流与人体电阻的乘积为依据而确定的。在一定的电压作用下，通过人体电流的大小与人体电阻有关。人体电阻因人而异，与人的体质、皮肤的潮湿程度、触电电压的高低、年龄、性别以至工种职业都有关系，通常为1000～2000Ω，当角质外层破坏时，则降到800～1000Ω。

电流伤害人体的伤害程度一般与下面几个因素有关：

1）通过人体电流的大小。

2）电流通过人体时间的长短。

3）电流通过人体的部位。

4）通过人体电流的频率。

5）触电者的身体状况。

电流通过人体脑部和心脏时最危险；40～60Hz交流电对人危害最大。以工频电流为例，当1mA左右的电流通过人体时，会产生麻刺等不舒服的感觉；10～30mA的电流通过人体时，会产生麻痹、剧痛、痉挛、血压升高、呼吸困难等症状，但通常不致有生命危险；电流达到50mA以上时，就会引起心室颤动而有生命危险；100mA以上的电流足以致人于死地。通过人体电流的大小与触电电压和人体电阻有关。

1.1.2 安全用电防护

为做到安全用电，有效地防止触电事故发生，首先要掌握安全用电基本常识，遵守安全用电相关规定，同时，可采用绝缘、屏护、安全间距、保护接地或接零、漏电保护等技术或措施。

1. 安全操作基本常识

（1）停电安全操作常识

1）检查是否断开全部电源。电源至作业设备或线路有两个以上的明显断开点。

2）进行操作前的验电。使用电压等级合格的验电器，验电时，手不得触及验电器金属部分。

3）悬挂警告牌。在断开的开关操作手柄上悬挂“禁止合闸，有人工作”。

4）挂接地线。必须做到“先接地端，后接设备或线路导体端，接触必须良好。其地线面积不小于25mm²。

（2）带电安全操作常识

1）在用电设备或线路上带电工作时，要由有经验的电工专人监护。

2）电工工作时，要穿全棉长袖工作服和使用与工作内容相应的防护用品。

3）使用绝缘安全用具操作。

4）在移动设备上操作，要先接负载后接电源，拆线时相反。

5）电工带电操作时间不宜过长，以免因疲劳过度、注意力分散而发生事故。

（3）设备运行管理常识

1）出现故障的用电设备的线路，不能继续使用，必须及时进行检修。

2）用电设备不能受潮，要有防雨、防潮的措施，且通风条件要良好。

3）用电设备的金属外壳，必须有可靠的保护接地装置。凡有可能遭雷击的用电设备，都要安装防雷装置。

4）必须严格遵守电气设备操作规程。合上电源时，要先合电源侧开关，再合负荷侧开关；断开电源时，要先断开负荷侧开关，再断开电源侧开关。

2. 安全用电具体措施

（1）绝缘　绝缘是用绝缘物把带电体封闭起来。该绝缘物只有遭到破坏时才失效。电工绝缘材料的体积电阻率一般在$10^{9}\sim10^{22}\Omega\cdot cm$以上。对于安全要求较高的设备或器具（如绝缘手套、绝缘靴、绝缘垫等电工安全用具；避雷器、断路器、变压器、电力电缆等高压设施；某些日用电器和电动工具），应定期进行泄漏电流试验，及时发现绝缘材料的硬伤、脆裂等内部缺陷。同时，还应定期对绝缘物作介质损耗试验，采取有力措施保证绝缘物的绝缘性能。

（2）屏护和间距　屏护是借助屏护装置防止触及带电体。屏护装置包括护栏和障碍，可以防止触电，也可以防止电弧烧伤和弧光短路等事故。屏护装置所用材料应该有足够的机械强度和良好的耐火性能，可根据现场需要制成板状、网状或栅状。

间距是指带电体与地面之间，带电体与其他设备和设施之间，带电体与带电体之间应该有必要的安全距离。间距的作用是防止触电、火灾、过电压放电及各种短路事故，以及方便操作。其距离的大小取决于电压高低、设备类型、安装方式和周围环境等。

3. 保护接地或接零

（1）保护接地　将电器不带电的金属外壳用导线和接地极与大地连接起来，使其与大地等电位，这样即使电器内部绝缘损坏，其漏电电流也会通过接地系统流入大地，金属外壳就没有电压存在，人体接触后就不会发生危险。但是，这种方法只适用于三相三线制的供电系统，没有中性线，中性点也不直接接地，同时切记不能将接地线随意就近接在暖气、煤气管道上，否则会带来其他危险。

（2）保护接零　适用于三相四线制、中性点直接接地的供电系统，将家用电器不带电金属外壳与供电线路的零线连接起来。一旦带电导体绝缘损坏，其相线、金属外壳、零线构成短路回路，产生很大的短路电流，足以使电源侧的熔断器熔断，或低压断路器过电流动作跳开，迅速切断电源以消除触电危险。目前国内生活供电多为三相四线性中性点直接接地系统，因此这种方法也被广泛采用。

（3）保护切断　由于电气短路使电源侧的熔断器熔断，或低压断路器跳开，从而切断电源，这是建立在发生大电流基础上的保护切断。除此之外，近期国内外作为保护切断的防护方法，是根据家用电器不带电金属外壳出现高于安全电压时立即切断电源，或出现大于安全值的漏电流时立即切断电源。为了保护人身安全，防止触电事故，这是非常有效的保护切断方法。

1.2 触电急救

1.2.1 触电类型和方式

1. 触电类型

触电一般是指人体触及带电体，触电时电流会对人体造成各种不同程度的伤害，触电可分为电击和电伤两类。

（1）电击　电击是指电流通过人体时所造成的内部伤害，就是通常所说的触电。触电死亡的绝大部分是电击造成的，一般分为直接电击和间接电击。

（2）电伤　由电流的热效应、化学效应、机械效应以及电流本身作用所造成的人体伤害。

2. 触电的方式

人体就是一个导体，如果缺乏安全用电知识，违反相关安全用电规则，就可能发生触电事故。触电的形式可分为单相触电、两相触电及跨步电压触电三种。

（1）单相触电　在低压电力系统中，若人站在地上接触到一根相线，即为单相触电，又称单线触电。人体接触漏电设备的外壳，也属于单相触电，如图1-1a所示。

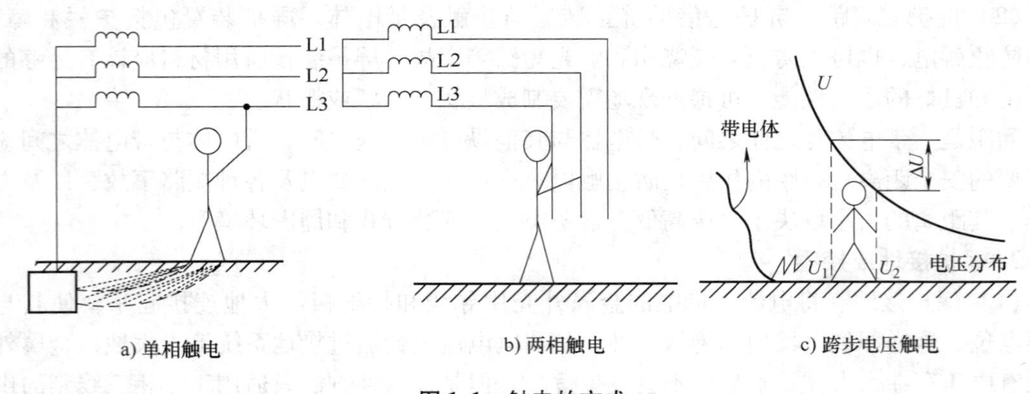

a) 单相触电　b) 两相触电　c) 跨步电压触电

图1-1　触电的方式

（2）两相触电　人体两处同时触及两相带电体而发生的触电事故，如图1-1b所示。

（3）跨步电压触电　当电气设备发生接地故障时，接地电流会通过接地体向大地流散，在地面上形成电位分布，此时若人在接地短路点周围行走，其两脚之间的电位差，就是跨步电压。由跨步电压引起的人体触电，称为跨步电压触电，如图1-1c所示。

1.2.2 触电急救方法

1. 急救原则

触电现场急救的原则是：迅速、就地、准确和坚持。

（1）迅速　如果发现有人触电，救护人员要动作迅速，切不可惊慌失措，要争分夺秒、千方百计地使触电者尽快脱离电源，并将触电者移到安全的地方进行抢救。

（2）就地　在抢救触电者时，要争取时间，果断决策，选择安全、就近的地方进行抢救，如果现场安全，马上就地抢救触电者。

（3）准确　抢救触电者时，根据触电者情况，采取正确、有效的方法进行抢救，施行的动作姿势要正确。

（4）坚持　抢救触电者时，要尽最大能力去抢救，有一点希望就必须坚持到底，直至医务人员判定触电者已经死亡，再无法抢救时，才能停止抢救。

2. 急救方法

（1）脱离电源

1）脱离低压电源的方法。

① 拉开触电地点附近的电源开关。但应注意，普通的电灯开关只能断开一根导线，有时由于安装不符合标准，可能只断开零线，而不能断开电源，人身触及的导线仍然带电，不能认为已切断电源。

② 如果距离开关较远，或者断开电源有困难，可用带有绝缘柄的电工钳或有干燥木柄的斧头、铁锹等利器将电源线切断，此时应防止带电导线断落触及其他人体。

③ 当导线搭落在触电者身上或压在身下时，可用干燥的木棒、竹竿等挑开导线，或用干燥的绝缘绳索套拉导线或触电者，使其脱离电源。

④ 如触电者由于肌肉痉挛，手指紧握导线不放松或导线缠绕在身上时，可首先用干燥的木板塞进触电者身下，使其与地绝缘，然后再采取其他办法切断电源。

⑤ 触电者的衣服如果是干燥的，又没有紧缠在身上，不至于使救护人直接触及触电者的身体时，救护人才可以用一只手抓住触电者的衣服，将其拉脱电源。

⑥ 救护人可用几层干燥的衣服将手裹住，或者站在干燥的木板、木桌椅或绝缘橡胶垫等绝缘物上，用一只手拉触电者的衣服，使其脱离电源。千万不要赤手直接去拉触电者，以防造成群伤触电事故。

2）脱离高压电源的方法。

① 立即通知有关部门停电。

② 戴上绝缘手套，穿上绝缘鞋，使用相应电压等级的绝缘工具，拉开高压跌开式熔断器或高压断路器。

③ 抛掷裸金属软导线，使线路短路，迫使继电保护装置动作，切断电源，但应保证抛掷的导线不触及触电者和其他人。

（2）现场对症救治　触电者脱离电源后，应立即就近移至干燥通风的场所，再根据情况迅速进行现场救护，同时应通知医务人员到现场，并做好送往医院的准备工作。现场救护可按以下办法进行。

1）触电者所受伤害不太严重。

如触电者神智清醒，只是有些心慌、四肢发麻、全身无力，一度昏迷，但未失去知觉此时应使触电者静卧休息，不要走动，同时应严密观察。如在观察过程中，发现呼吸或心跳很不规律甚至接近停止时，应赶快进行抢救，请医生前来或送医院诊治。

2）触电者的伤害情况较严重。

触电者无知觉、无呼吸，但心脏有跳动，应立即进行人工呼吸；如有呼吸，但心脏跳动停止，则应立即采用胸外心脏挤压法进行救治。

3）触电者伤害很严重。

触电者心脏和呼吸都已停止、瞳孔放大、失去知觉，这时须同时采取人工呼吸和人工胸外心脏挤压两种方法进行救治。做人工呼吸要有耐心，尽可能坚持抢救。

（3）抢救触电者生命的心肺复苏方法

1）口对口（鼻）人工呼吸法（口吹法）。

① 头部后仰。

触电者脱离电源后，尽快清理掉他嘴里的东西，使头尽量后仰，让鼻孔朝天，如图 1-2a 所示。这样，舌头根部就不会阻塞气道；同时，解开他的领口和衣服，头下不要垫枕头，否则会影响通气。

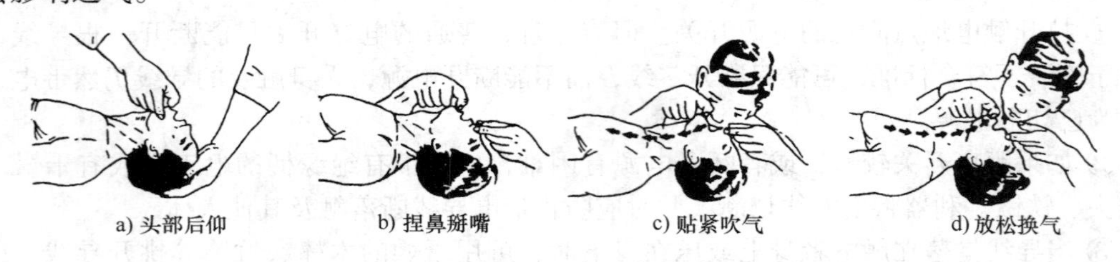

a) 头部后仰　b) 捏鼻掰嘴　c) 贴紧吹气　d) 放松换气

图 1-2　口对口（鼻）人工呼吸法

② 捏鼻掰嘴。

救护人在触电者的头部左边或右边，用一只手捏紧触电者的鼻孔，另一只手的拇指和食指掰开嘴巴。如图 1-2b 所示；如果掰不开嘴巴，可用口对鼻的人工呼吸法，捏紧嘴巴，紧贴鼻孔吹气。

③ 贴紧吹气。

深吸气后，紧贴掰开的嘴巴吹气，如图 1-2c 所示，也可隔一层布吹；吹气时要使他的胸部膨胀，每 5s 吹一次，吹 2s 放松 3s；小孩肺小，只能小口吹气。

④ 放松换气。

救护人换气时，放松触电者的嘴和鼻，让他自动呼气，如图 1-2d 所示。

2）胸外心脏挤压法。

① 正确压点。将触电者衣服解开，仰卧在地上或硬板上，不可躺在软的地方，找到正确的挤压点，如图 1-3a 所示。

② 叠手姿势。救护人跨腰跪在触电者的腰部，如图 1-3b 所示（儿童用一只手），手掌根部放在心口窝稍高一点的地方，掌根放在胸骨下 1/3 的部位。

③ 向下挤压。掌根用力向下面，即向脊背的方向挤压，压出心脏里面的血液，如图 1-3c 所示。成人压陷到 3 ~ 5cm，每秒挤压一次，太快了效果不好；对儿童用力要轻一些，对成人

太轻则不好。

④ 迅速放松。挤压后掌根很快全部放松，如图1-3d所示，让触电者胸廓自动复原，血又充满心脏，每次放松时掌根不必完全离开胸膛。

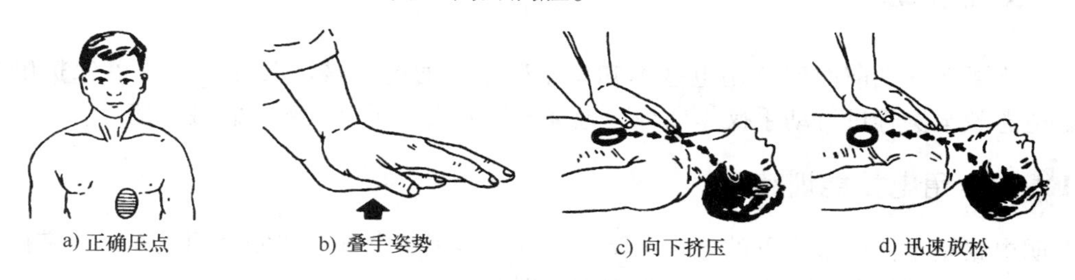

a) 正确压点 b) 叠手姿势 c) 向下挤压 d) 迅速放松

图1-3 胸外心脏挤压法

3）摇臂压胸呼吸法。

① 使触电者仰卧，头部后仰。

② 救护人在触电者头部，一只腿作跪姿，另一只腿半蹲。两手将触电者的双手向后拉直，压胸时，将触电者的手向前顺推，至胸部位置时，将两手向胸部靠拢，用触电者两手压胸部。在同一时间内还要完成以下几个动作：跪着的一只脚向后蹬（成前弓后箭状），半蹲的前脚向前倒，然后用身体重量自然向胸部压下。压胸动作完成后，将触电者的手向左右扩张。完成后，将两手往后顺向拉直，恢复原来位置。

（4）外伤处理 对于触电者因电伤和摔跌而造成的局部外伤，在现场救护中也应做适当处理，可防止细菌侵入感染及摔跌骨折刺破皮肤、周围组织、神经和血管，避免引起损伤扩大，同时可减轻触电者的痛苦和便于转送医院。

伤口出血，以动、静脉出血的危险性为最大。动脉出血，血色鲜红且状如泉涌；静脉出血，血色暗红且持续溢出。人体总血量大致有4000～5000ml，如果出血量超过1000ml，就可能引起心脏跳动停止而死亡，因此，如触电者有出血状况要立即设法止血。常用的外伤处理方法有：

1）一般性的外伤表面，可用无菌生理盐水或清洁的温开水冲洗后，再用适量的消毒纱布、防腐绷带或干净的布类包扎，经现场救护后送医院处理。

2）压迫止血是动、静脉出血最迅速的止血法，即用手指、手掌或止血橡胶带在出血处供血端将血管压瘪在骨骼上而止血，同时，应尽快送医院处理。

3）如果伤口出血不严重，可用消毒纱布或干净的布等折叠几层盖在伤口处压紧止血。

4）对触电摔伤四肢骨折的触电者，应首先止血、包扎，然后用木板、竹竿、木棍等物品临时将骨折肢体固定并尽快送医院处理。

（5）触电急救注意事项

1）应防止触电者脱离电源后可能出现的摔伤事故。当触电者站立时，要注意触电者倒下的方向，防止摔伤，当触电者位于高处时，应采取措施防止其脱离电源后坠落摔伤。

2）未采取任何绝缘措施时，救护人不得直接接触触电者的皮肤和潮湿衣服。

3）救护人不得使用金属和其他潮湿的物品作为救护工具。

4）在使触电者脱离电源的过程中，救护人最好用一只手操作，以防救护人触电。

5）夜间发生触电事故时，应解决临时照明问题，以便在切断电源后进行救护，同时应防止出现其他事故。

1.3 技能训练

本节主要在熟悉前面安全用电基本知识基础上，通过对常用荧光灯、电器保护电路连接、触电急救案例等进行动手操作训练，进一步掌握安全用电及触电急救技能。

1.3.1 安全用电技能训练

照明电路是生活中最常见的电气电路，为进一步了解电气电路安全用电知识，掌握其基本技能，下面我们以荧光灯电路连接为例进行训练。

1. 荧光灯电路的组成及工作原理

(1) 电路组成　荧光灯电路是由开关、灯管、辉光启动器及镇流器等组成，按起动方式不同可分为普通镇流器和电子镇流器荧光灯电路，如图 1-4 所示。

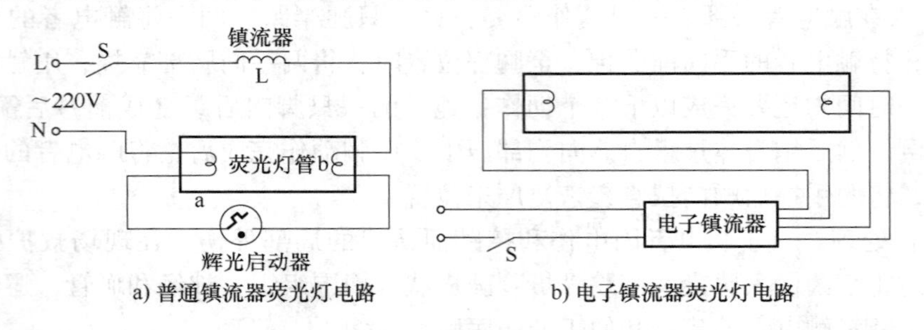

a) 普通镇流器荧光灯电路　　b) 电子镇流器荧光灯电路

图 1-4　荧光灯电路

1) 灯管。由玻璃管、灯丝及引脚组成，玻璃管内壁涂荧光粉，管内抽真空后充入适量惰性气体。灯管在 AC220V 的电压下呈现高电阻，不导通。起动时必须使灯丝预热后加高于额定电压 3 倍左右的电压才能击穿惰性气体导电。灯管导通后，管内的电阻由高阻变成低阻，两端只需加 AC220V 就能使灯管导通。

2) 辉光启动器。由氖泡、小电容、引出脚等组成。氖泡内装有动触片和静触片（U 形双金属片），辉光启动器在起动时起接通及断开电路的作用。灯管点亮后，辉光启动器不再起作用。

3) 镇流器。由铁心和电感线圈组成，其作用是起动时产生瞬间的高电压脉冲和荧光灯正常工作时起稳定电路电流的作用。

(2) 工作原理　起动时，由于管内呈高阻态，灯管在 AC220V 下不导通，此时灯丝先预热，AC220V 加到辉光启动器的两端使辉光启动器产生辉光放电，U 形双金属片发热变形后接通，电路构成回路。接通后的双金属片由于不放电，双金属片冷却复位，断开回路，当断开电路瞬间，镇流器产生瞬间高电压，从而击穿管内惰性气体而使灯管点燃。

(3) 接线注意事项　在连接电路时，相线必须进开关、镇流器。

2. 操作步骤

1) 准备好开关、荧光灯灯管、辉光启动器、镇流器、灯架、若干导线等（建议使用电工实训操作台）。

2）检查所有灯件是否完整及好坏。

3）按照图1-4所示电路将荧光灯电路连接好，注意必须在断开电源情况下连接。

4）检查电路连接是否正确。

5）若电路无误，打开电源开关，接通电源测试电路，观察荧光灯是否正常发光；如果荧光灯不亮，则断开开关，认真检查电路。

3. 电路调试

（1）荧光灯不亮　先认真检查电路是否接正确，如果正确，用测电笔测一下相线，看是否有电；如果有电，则检查一下荧光灯管座是否接触良好，有时，灯座片上有氧化物也会造成接触不良；最后，用手扭一下辉光启动器，看是否接触良好。

（2）荧光灯管两端闪烁　先打开屋内其他照明灯具，看电压是否正常，如果电压正常，则更换辉光启动器后应能正常发光。

1.3.2 人工救护训练

在生活中，经常会遇到自然灾害、盲目用电、违规作业等触电意外事故，为了及时、正确挽救生命，掌握基本触电急救知识及技能是必要的，特别是电子专业学生，经常接触电，更应该了解、掌握此技能，利用前面讲过的触电急救方法进行训练。

1. 训练所需材料

触电急救训练模拟人、绝缘棒或干燥木柄、纱布、秒表等。

2. 训练要求

1）首先了解掌握触电急救三种方法，即口对口（鼻）人工呼吸法（口吹法）、胸外心脏挤压法、摇臂压胸呼吸法的操作要领。

2）男、女分开进行分组，每2人一组。

3. 训练步骤

1）先分别假设触电几种情景，判断触电者触电类型、受伤情况。

2）采取正确措施断开电源，将触电者抬到适合地方进行抢救。

3）任课老师用触电急救训练模拟人分别讲解示范三种触电急救操作方法：口对口（鼻）人工呼吸法（口吹法）、胸外心脏挤压法、摇臂压胸呼吸法。

4）老师示范完后，学生分组进行触电急救操作训练。

5）2人一组分别进行单或双人交互训练。

6）每人操作完后，进行总结、谈体会，共享一些好的技巧，最后老师进行点评及总结。

本章小结

本章主要介绍了安全用电基本知识及触电急救技能，在生活中，经常会遇到自然灾害、盲目用电、违规作业等触电意外事故，为了及时、正确挽救生命，掌握基本触电急救知识及技能是必要的，特别是电气设备操作人员，经常接触电，更应该了解、掌握安全用电相关技能，特别要掌握口对口（鼻）人工呼吸法、胸外心脏挤压法、摇臂压胸呼吸法触电急救方法。

习　题

1. 我国安全电压标准规定的交流电安全电压等级有哪些？

2. 为了防止触电，安全用电一般采取哪些防护措施？

3. 触电一般是指人体触及带电体，触电时电流会对人体造成各种不同程度的伤害，触电类型有哪两种？触电方式有哪些？

4. 抢救触电者生命的心肺复苏方法有哪些？

5. 保护接地和保护接零有什么区别？在操作过程中有哪些注意事项？

6. 在农村经常有人用自制的“电鱼机”电鱼，存在用电安全。有一天，小李用自制“电鱼机”下到河中电鱼，由于带电棒离自己太近，突然触电，倒在河中，这时，你刚好经过此地，看到这种现象，你该如何用自己学到的知识进行救人？

第2章 常用工具和仪表使用

教学导航

教	知识重点	1. 常用工具的使用方法 2. 常用仪表的使用方法 3. 常用工具及仪表的保养及维护方法
	知识难点	1. 万用表的使用方法 2. 常用工具及仪表的保养及维护方法
	推荐教学方式	以实际操作为主，教师进行适当讲解，充分发挥教师的指导作用，鼓励学生多动手、多体会，通过训练，让学生在做中掌握常用工具及仪表使用技能
	建议学时	10 学时
学	推荐学习方法	以自己实际操作为主，紧密结合本章内容，通过自我训练，相互指导、总结，掌握常用工具及仪表的使用、维护方法
	必须掌握的理论知识	1. 常用工具基本知识 2. 常用仪表基本知识
	需要掌握的工作技能	常用工具及仪表使用、维护及保养方法
做	技能训练	按要求训练常用工具及仪表使用、维护方法，掌握其技能

2.1 常用电工工具使用

常用电工工具是指一般专业电工经常使用的工具。对电气操作人员而言，能否熟悉和掌握电工工具的结构、性能、使用方法和规范操作，将直接影响工作效率和工作质量及其自己或他人的人身安全。常用电工工具有螺钉旋具、尖嘴钳、斜口钳、平嘴钳、剥线钳、电烙铁、测电笔、镊子、电工刀及活扳手等。

2.1.1 常用电工工具介绍

1. 螺钉旋具

螺钉旋具俗称螺丝刀，常用来紧固和拆卸各种带槽螺钉。按头部形状不同分为一字槽和十字槽两种，如图 2-1 所示。一字槽螺钉旋具用来紧固或拆卸带一字槽的螺钉，十字槽螺钉旋具用来紧固或拆卸带十字槽的螺钉。

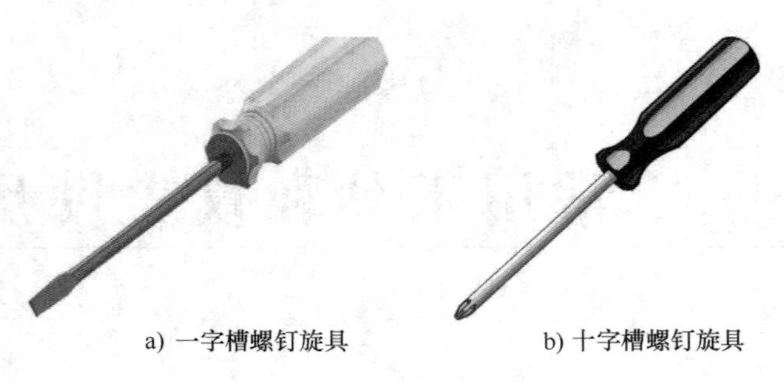

a) 一字槽螺钉旋具　　b) 十字槽螺钉旋具

图 2-1　螺钉旋具

2. 尖嘴钳

尖嘴钳又称修口钳、尖头钳、尖咀钳等。它是由钳头、刀口和钳柄组成，头部尖细，适用于在狭小的空间操作。刀口用于剪断细导线、金属丝等，钳头用于夹持较小的螺钉、垫圈、导线和将导线端头弯曲成所需形状，其外形如图 2-2 所示。

3. 斜口钳

斜口钳专用于剪断各种电线电缆，对粗细不同、硬度不同的材料，应选用大小合适的斜口钳，如图 2-3 所示。

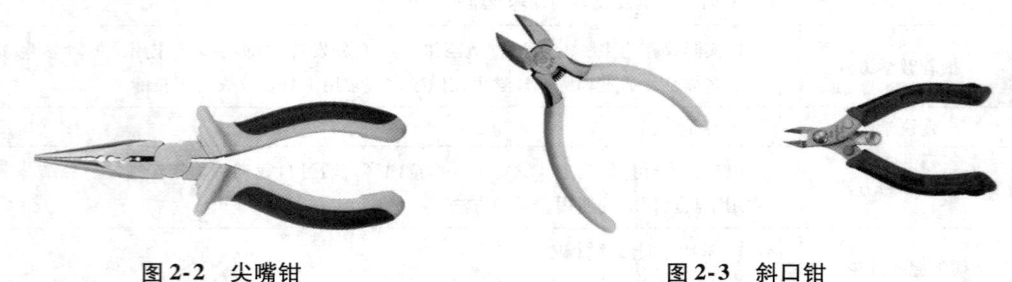

图 2-2　尖嘴钳　　图 2-3　斜口钳

4. 平嘴钳

平嘴钳又称为钢丝钳、克丝钳、老虎钳，是一种夹钳和剪切工具，常用来剪切、夹钳或弯绞导线、拉剥电线绝缘层和紧固及拧松螺钉等，如图 2-4 所示。

5. 剥线钳

剥线钳用于剥削直径 3mm（或截面积 6mm^2）以下塑料或橡胶绝缘导线的绝缘层，其钳口有 0.5～3mm 多个直径切口，以适应不同规格的线芯绝缘层剥削，其外形如图 2-5 所示。

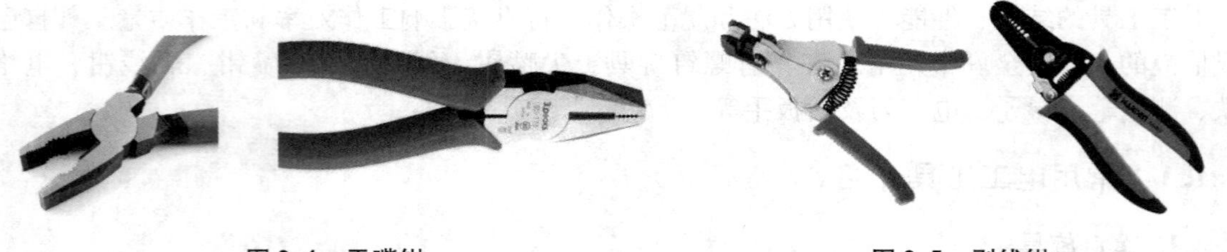

图 2-4　平嘴钳　　图 2-5　剥线钳

6. 电工刀

电工刀是用来剖削或切割电工器材的常用工具，电工刀有普通型和多用型两种，其外形如图 2-6 所示。多用型电工刀除具有刀片外，还有折叠式的锯片、锥针和螺钉旋具，可锯削电线槽板和锥钻木螺钉的小孔等。

7. 活扳手

活扳手是用来紧固或拧松螺母的一种专用工具，外形如图 2-7 所示。常用的扳手还有呆扳手、梅花扳手、两用扳手、套筒扳手及内六角扳手等。

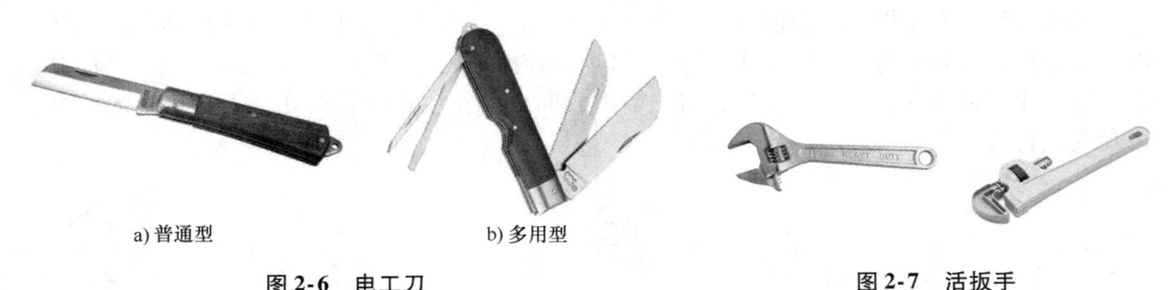

a) 普通型　　b) 多用型

图 2-6　电工刀

图 2-7　活扳手

8. 镊子

镊子是用来夹取一些手接触不到或手不能接触的物体，有尖嘴和圆嘴镊子两种，尖嘴镊子用于夹持细小的导线或元器件，以便于装配焊接；圆嘴镊子用于弯曲元器件引线和夹持元器件焊接等，不同的场合需要不同的镊子，如图 2-8 所示。

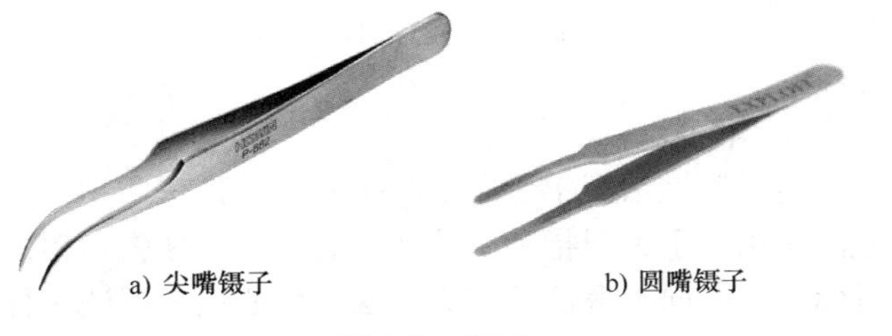

a) 尖嘴镊子　　b) 圆嘴镊子

图 2-8　镊子

9. 测电笔

测电笔又称低压验电器、试电笔、电笔等，通常有笔式和螺钉旋具式两种，如图 2-9 所示，是用来检测低压线路和电气设备是否带电的一种常用工具，检测的电压范围为 60～500V。

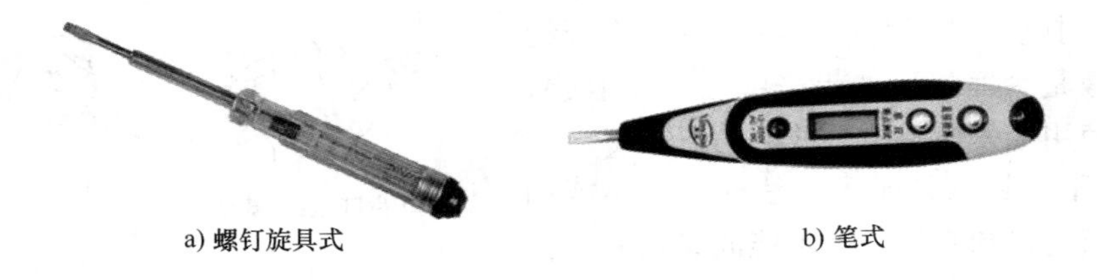

a) 螺钉旋具式　　b) 笔式

图 2-9　测电笔

2.1.2　常用电工工具的操作方法

1. 螺钉旋具

在使用螺钉旋具时，必须根据旋转对象大小、型号选择适当的螺钉旋具，用力大小要适中，使用中应该注意以下几点：

1）如果应用在带电体上作业时，螺钉旋具上的绝缘柄应绝缘良好，以免造成触电事故。

2）螺钉旋具的正确握法如图2-10所示。螺钉旋具头部形状和尺寸应与螺钉尾部槽形和大小相匹配；不要用小螺钉旋具去拧大螺钉，以防拧豁螺钉尾槽或损坏螺钉旋具头部；同样也不能用大螺钉旋具去拧小螺钉，以防因力矩过大而导致小螺钉滑扣。

3）使用时应使螺钉旋具头部顶紧螺钉槽口，以防打滑而损坏槽口。

2. 尖嘴钳

尖嘴钳握法有平握和立握两种，如图2-11所示。一般用右手操作，使用时握住尖嘴钳的两个手柄，开始夹持或剪切工作，注意刃口不要对向自己；不用时，应表面涂上润滑防锈油，以免生锈或者支点发涩。使用完将尖嘴钳放回原处，注意放置在儿童不易接触的地方，以免受到伤害。

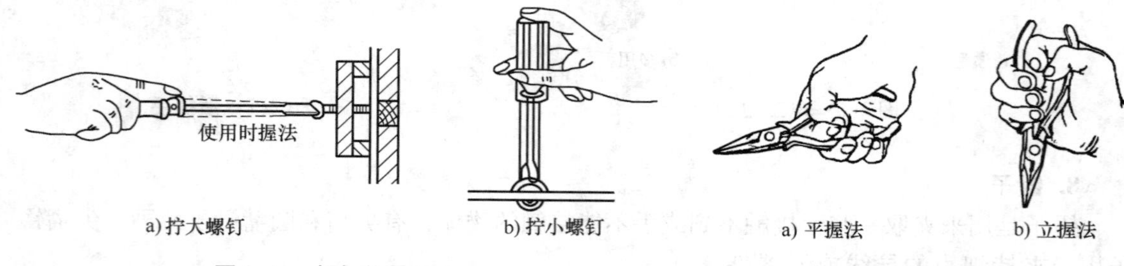

图2-10 螺钉旋具用法

图2-11 尖嘴钳握法

3. 斜口钳

斜口钳握法有手心向下和手心向上握法两种。使用钳子时，一般用右手操作，手心向下握法是用右手大拇指和其他四只右手指握住斜口钳的握柄，让斜口钳的刀口向前，用力剪断目标；手心向上握法的施力方法与手心向下握法一样。斜口钳的刀口可用来剖切软电线的橡胶或塑料绝缘层。

4. 平嘴钳

平嘴钳主要用于剪切、绞弯、夹持金属导线，也可用于紧固螺母、切断钢丝，使用方法如图2-12所示。使用平嘴钳时应该注意以下几个方面：

1）在使用电工平嘴钳前，首先应该检查绝缘手柄的绝缘是否完好。如果平嘴钳绝缘破损，带电作业时使用会发生触电事故。

2）使用平嘴钳剪切带电导线时，既不能用刀口同时切断相线和零线，也不能同时切断两根相线，而且，两根导线的断点应保持一定距离，以免发生短路事故。

3）不得把平嘴钳当作锤子敲打使用，也不能在剪切导线或金属丝时，用锤或其他工具敲击钳头部分。另外，钳轴要经常加油，以防生锈。

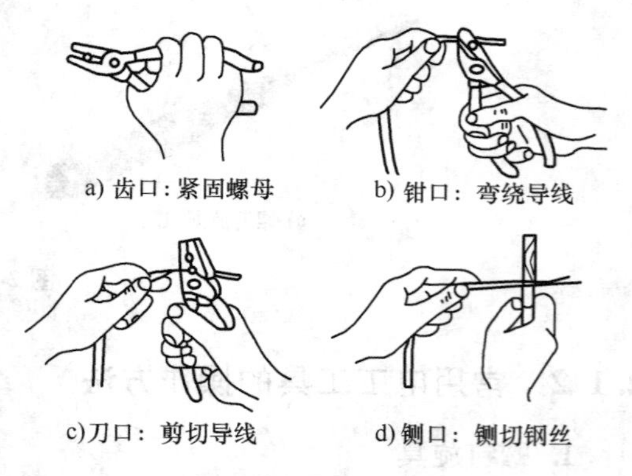

图2-12 平嘴钳用法

5. 剥线钳

剥线钳是用于剥除较小直径导线、电缆的绝缘层的专用工具，剥线钳的使用方法十分简便，确定要剥削的绝缘长度后，即可把导线放入相应的切口中（直径0.5～3mm），用手将钳柄握紧，导线的绝缘层即被拉断后自动弹出，如图 2-13 所示。

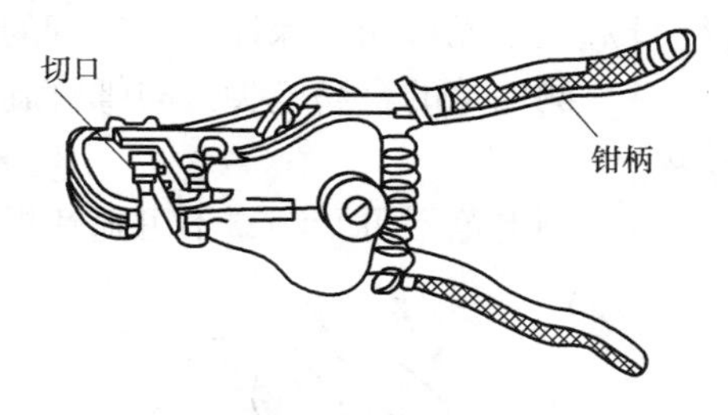

图 2-13　剥线钳用法

6. 电工刀

电工刀主要用于剖削导线的绝缘，切割木台缺口和削制木桦等。在使用电工刀进行剖削作业时，应将刀口朝外，剖削导线绝缘时，应使刀面与导线成较小的锐角，以防损伤导线，如图 2-14 所示。使用完毕后，应立即将刀身折进刀柄。电工刀刀柄是无绝缘保护的，因此绝不能在带电导线或电气设备上使用，以免触电。

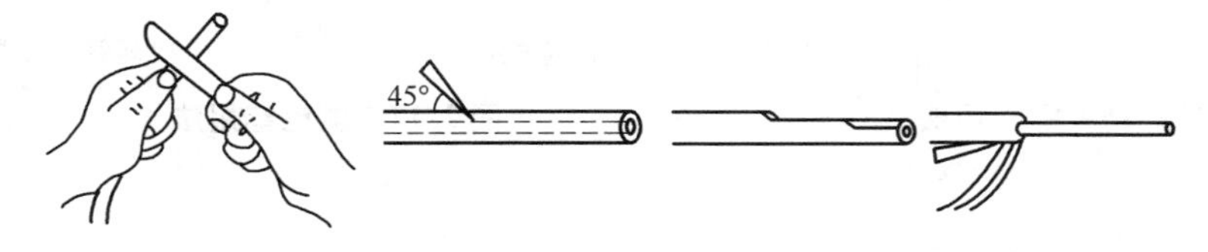

图 2-14　电工刀用法

7. 活扳手

活扳手是用来紧固或拧松螺母的一种专用工具，使用方法如图 2-15 所示。具体使用方法及注意事项如下：

1）旋动蜗轮将扳口调到比螺母稍大些，卡住螺母，再旋动蜗轮，使扳口紧压螺母。

2）握住扳头施力，在扳动小螺母时，手指可随时旋调蜗轮，收紧活扳唇，以防打滑。

3）活扳手不可反用或用钢管接长柄施力，以免损坏活扳唇。

4）活扳手不可作为撬棒和锤子使用。

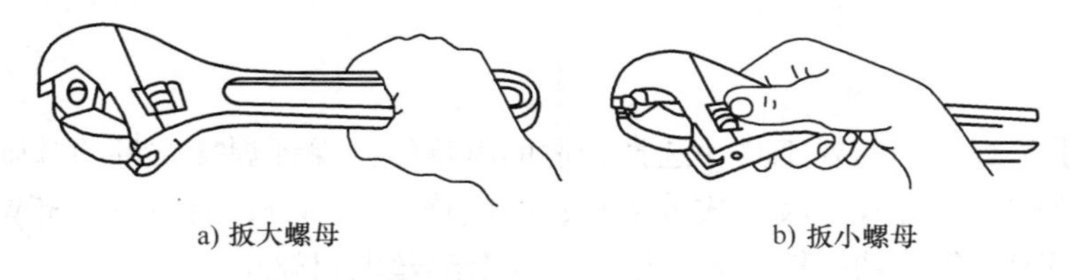
a) 扳大螺母　　b) 扳小螺母

图 2-15　活扳手用法

8. 镊子

镊子主要用于夹持较小的导线、元器件及集成电路引脚等，它作为手的延伸，是电子维修中必备的工具之一，它的用法如图 2-16 所示。

9. 测电笔

测电笔是用来检测低压线路和电气设备是否带电的一种常用工具，检测的电压范围为 60～500V。它由笔尖、降压电阻、氖管、弹簧及笔握金属体等组成。检测时，氖管亮表示被测物体带电，具体使用方法和注意事项如下：

1）正确握笔，手指（或某部位）应触及笔握金属体（钢笔式）或测电笔顶部的螺钉（螺钉旋具式），如图 2-17 所示。要防止笔尖触及皮肤，以免触电。

2）使用前先要在有电的导体上检查测电笔能否正常发光。

3）应避光检测，保证看清氖管的辉光。

4）测电笔的金属笔尖虽与螺钉旋具相同，但它只能承受很小的扭矩，使用时注意以防损坏。

5）测电笔不可受潮，不可随意拆装或受到剧烈振动，以保证测试可靠。

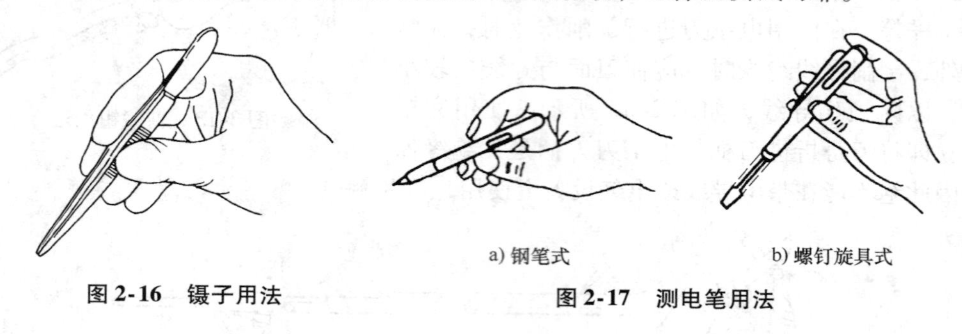

图 2-16　镊子用法

a) 钢笔式　b) 螺钉旋具式

图 2-17　测电笔用法

2.2　焊接工具的使用

当今电子元器件的焊接主要采用焊锡技术，焊锡技术采用以锡为主的锡合金材料作为焊料，在一定温度下焊锡熔化，金属焊件与锡原子之间相互吸引、扩散、结合，形成浸润的结合层，在焊接中要想达到理想效果，必须使用很好焊接工具并具备良好的焊接工艺水平。

2.2.1　焊接工具的介绍

随着焊接技术不断发展，焊接方法也在不断进步，目前主要有手工焊接、自动焊接（机器焊接）和无锡焊接，本节主要介绍手工焊接。手工焊接用的工具主要有电烙铁、热风枪。

1. 电烙铁

电烙铁是手工焊接的主要工具，选择合适的电烙铁是保证焊接质量的基础。常用电烙铁有内热式、外热式、恒温式、吸锡式等 4 种；按电烙铁功率分，有 30W、35W、40W、45W、50W、100W 及 300W 等。功率较大的电烙铁，其电热丝电阻较小。

（1）内热式电烙铁　内热式电烙铁由烙铁头、烙铁芯、手柄、固定螺钉及电源线等组成，如图 2-18 所示。烙铁头在电热丝的外面，这种电烙铁具有加热快，加热效率高、体积小、重量轻、耗电省、使用灵巧等优点，适合于焊接小型的元器件。但由于烙铁头温度高而易氧化变黑，烙铁芯易被摔断，且功率小，因此只有 20W、35W 及 50W 等几种规格。

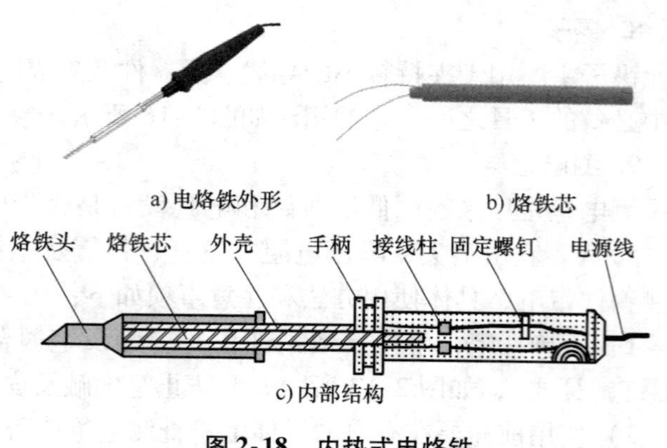

a) 电烙铁外形　b) 烙铁芯

c) 内部结构

图 2-18　内热式电烙铁

（2）外热式电烙铁　外热式电烙铁由烙铁头、烙铁芯、手柄、固定螺钉及电源线等组成，如图 2-19 所示。

与内热式电烙铁基本相同，唯一区别就是烙铁芯，它的发热电阻在烙铁头外，它既适合焊接大型的元部件，也适用于焊接小型的元器件。功率一般有 25W、30W、50W、75W、100W、150W 及 300W 等。

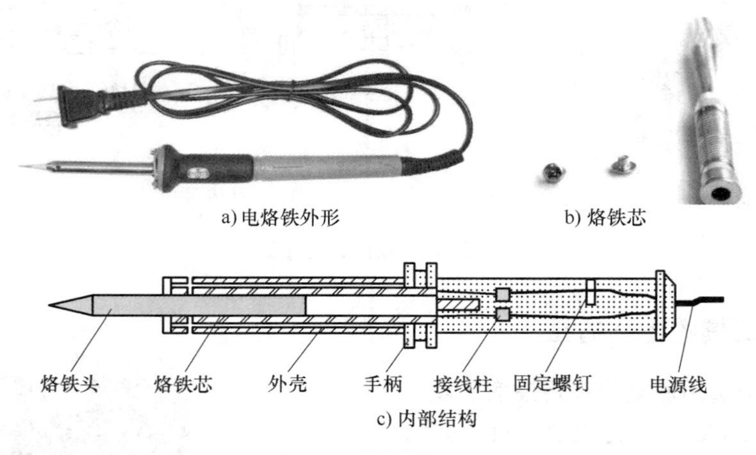

a) 电烙铁外形　b) 烙铁芯

c) 内部结构

图 2-19　外热式电烙铁

（3）恒温式电烙铁　恒温式电烙铁由烙铁头、温度控制器、温度调节器、手柄及电源线等组成，如图 2-20 所示；烙铁头内装有磁铁式的温度控制器，来控制通电时间，实现恒温的目的，它的内部采用高居里温度条状的 PTC 恒温发热元器件，配设紧固导热结构，采用低电压 PTC 发热芯，能在野外使用，便于维修工作。它具有优于传统的电热丝烙铁芯，升温迅速、节能、工作可靠、寿命长，但价格较高。

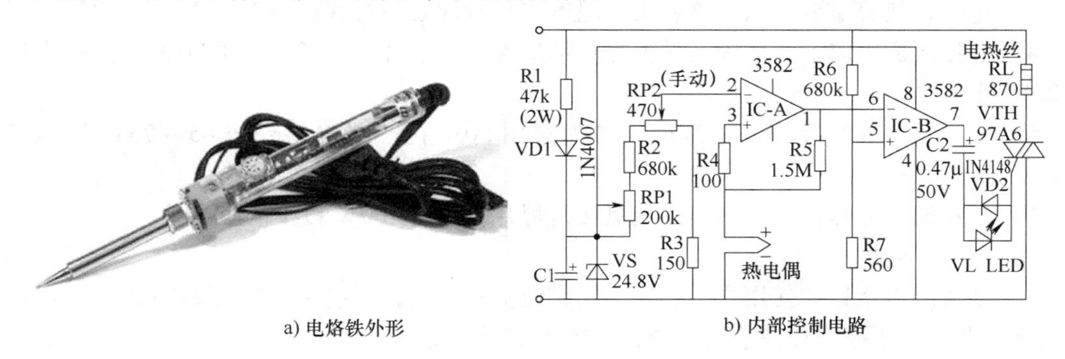

a) 电烙铁外形　b) 内部控制电路

图 2-20　恒温式电烙铁

（4）吸锡式电烙铁　吸锡电烙铁是将活塞式吸锡器与电烙铁熔于一体的拆焊工具，它具有使用方便、灵活、适用范围宽等特点；不足之处是每次只能对一个焊点进行拆焊，如图 2-21 所示。

2. 热风枪

热风枪又称扁平元件热风拆焊器，主要由手柄、加热器、外壳、风速调节按钮及温度调节按钮组成。它是一种能产生高温气流且不需接触焊点就能拆焊的工具，非常适合拆焊多引脚的贴片元器件，最常用的型号为 850 型，如图 2-22 所示。

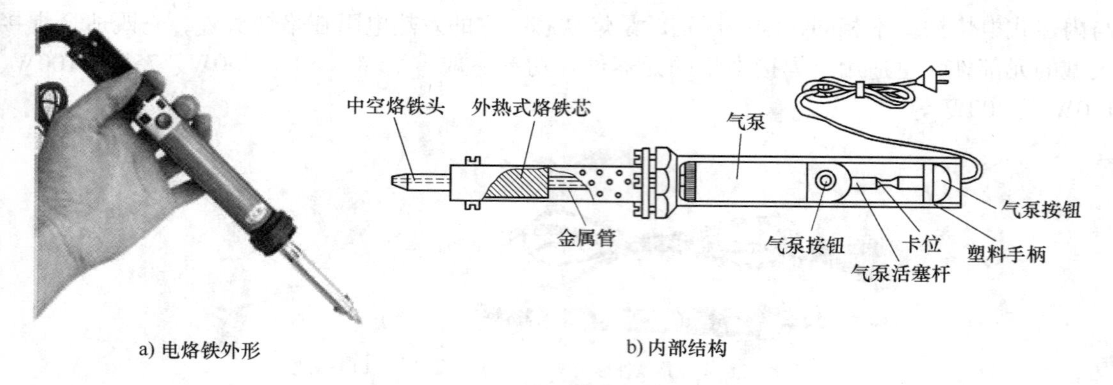

a) 电烙铁外形 b) 内部结构

图 2-21 吸锡式电烙铁

2.2.2 焊接工具的操作方法

1. 电烙铁的选用原则及使用注意事项

在操作电烙铁之前，首先要正确选择合适的电烙铁，然后遵守一定的原则及注意事项进行操作。

图 2-22 热风枪

（1）选择电烙铁的原则

1）烙铁头的形状要适应被焊件物面要求和产品装配密度。

2）烙铁头的顶端温度要与焊料的熔点相适应，一般要比焊料熔点高 30 ~ 80℃。

3）电烙铁热容量要恰当。烙铁头的温度恢复时间要与被焊件物面的要求相适应。

4）焊接集成电路、晶体管及其他受热易损件的元器件时，考虑选用 20W 内热式电烙铁或 25W 外热式电烙铁。

5）焊接较粗导线及同轴电缆时，考虑选用 50W 内热式电烙铁或 45 ~ 75W 外热式电烙铁。

6）焊接较大元器件时，如金属底盘接地焊片，应选 100W 以上的电烙铁。

（2）注意事项

1）新买的电烙铁在使用之前必须先给它镀上一层锡，焊锡拿法如图 2-23 所示；电烙铁拿法有反握法、正握法和握笔法三种，如图 2-24 所示。

2）电烙铁通电后温度高达 250℃ 以上，不用时应放在烙铁架上，但较长时间不用时应切断电源，防止高温“烧死”烙铁头（被氧化）。同时要防止电烙铁烫坏其他元器件，尤其是电源线，若其绝缘层被电烙铁烧坏而不注意便容易引发安全事故。

3）不要把电烙铁猛力敲打，以免震断电烙铁内部电热丝或引线而产生故障。

4）电烙铁使用一段时间后，可能在烙铁头部留有锡垢，在电烙铁加热的条件下，我们可以用湿布轻擦。如有出现凹坑或氧化块，应用细纹锉刀修复或者直接更换烙铁头。

（3）电烙铁的操作方法　对入学者而言，操作电烙铁一般采用五步法，（如图 2-25 所示）；如果操作熟练后，也可以将其中步骤进行归一。

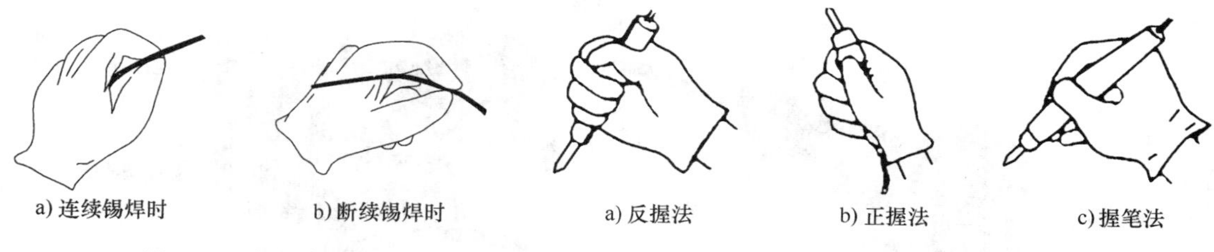

a) 连续锡焊时　b) 断续锡焊时

图 2-23　焊锡拿法

a) 反握法　b) 正握法　c) 握笔法

图 2-24　电烙铁握法

1）准备施焊。准备好焊锡丝和电烙铁。此时特别强调的是烙铁头部要保持干净，即可以沾上焊锡（俗称吃锡），如图 2-25a 所示。

2）加热焊件。将电烙铁接触焊接点，注意首先要保持电烙铁加热焊件各部分，其次要注意让烙铁头的扁平部分接触热容量较大的焊件，烙铁头的侧面或边缘部分接触热容量较小的焊件，以保持焊件均匀受热，如图 2-25b 所示。

3）熔化焊料。当焊件加热到能熔化焊料的温度后将焊丝置于焊点，焊料开始熔化并润湿焊点，如图 2-25c 所示。

4）移开焊料。当熔化一定量的焊锡后将焊锡丝移开，如图 2-25d 所示。

5）移开电烙铁。当焊锡完全润湿焊点后沿 45°的方向移开电烙铁，如图 2-25e 所示。

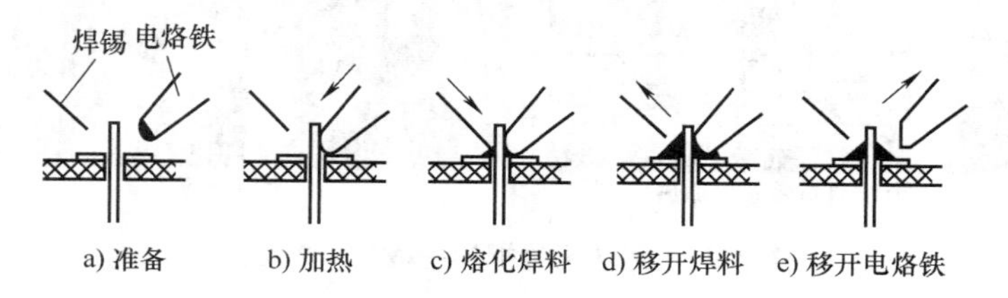

a) 准备　b) 加热　c) 熔化焊料　d) 移开焊料　e) 移开电烙铁

图 2-25　电烙铁操作五步法

上述过程，对一般焊点而言大约 2～3s，对于热容量较小的焊点，例如印制电路板上的小焊盘，有时用三步法概括操作方法，即将上述步骤 2）、3）合为一步，4）、5）合为一步。实际上细微区分还是五步，所以五步法有普遍性，是掌握手工电烙铁焊接的基本方法。特别是各步骤之间停留的时间，对保证焊接质量至关重要，只有通过实践才能逐步掌握。

2. 热风枪的操作方法

热风枪主要用来拆焊多引脚的贴片元器件，具体操作方法如下：

1）使用前首先应了解热风枪重要部件，如手柄、加热器、外壳、电源开关、风速调节旋钮、温度调节旋钮等，如图 2-26 所示。

2）焊接（拆）元器件。焊贴片电阻时，需将温度开关调为 5 级或 6 级，风速开关调为 1 级或 2 级；焊双列集成电路时，需将温度开关调为 5 级或 6 级，风速开关调为 4 级或 5 级；焊接四面集成电路，需将温度开关调至 5 级或 6 级，风速开关调为 3 级或 4 级。

3）以用热风枪拆焊主板 75232 芯片为例。将热风枪温度开关调至 6 级，风速开关调为 5 级，将风枪垂直对着芯片加热，如图 2-27a 所示。

4）加热时要旋转加热器，让加热器沿着芯片边缘不断移动，使芯片引脚受热均匀。加

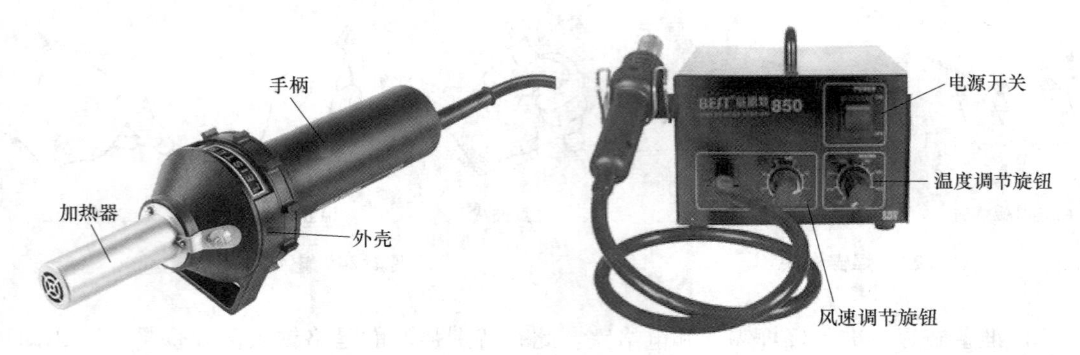

图 2-26　热风枪部件

热 10～20s，用镊子夹着受热的芯片，如果可以动，则可以取下芯片，如图 2-27b 所示。

5）取下芯片后，关闭热风枪电源。

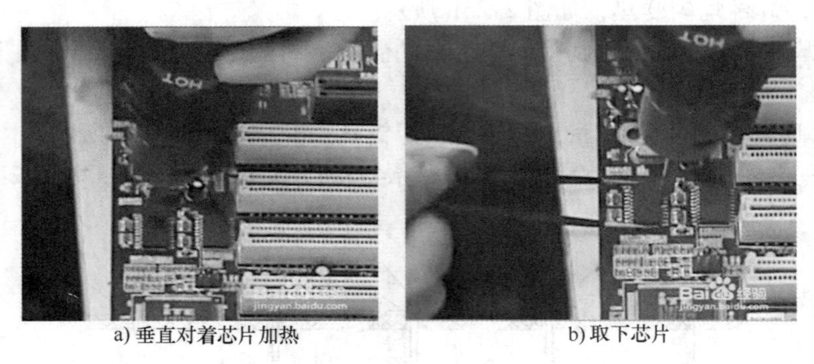

a) 垂直对着芯片加热　　b) 取下芯片

图 2-27　用热风枪拆焊主板 75232 芯片

6）用电铬铁取少许松香，将拆下芯片位置处清洁干净。

7）将更换的芯片用镊子夹着放到原来位置，注意对齐芯片引脚，打开热风枪开关，将热风枪温度开关调至 6 级，风速开关调为 5 级，将热风枪垂直对着芯片，移动热风器均匀加热，待引脚焊丝熔化即可停止加热。

2.3　常用仪表的使用

随着电子技术的发展，在生产、科研、教学试验及其他领域中，越来越广泛地要用到各种各样的电子仪器仪表。常用的电子仪器仪表有万用表、绝缘电阻表、钳形电流表、示波器及信号发生器等，本节主要介绍万用表。

2.3.1　万用表介绍

万用表又叫多用表、三用表，是一种多功能、多量程的测量仪表，是目前电子领域中应用最广泛的一种仪表，万用表按显示方式可分为指针式和数字式两大类。它可测量直流电流、直流电压、交流电压、电阻和音频电平等，有的还可以测交流电流、电容、电感及半导体器件的一些参数。

1. 指针式万用表

指针式万用表主要由表头、测量电路及转换开关等组成。以 MF47 型万用表为例，其外部结构由表头指针、表头刻度盘、机械调零旋钮、转换开关、欧姆调零旋钮、表笔插孔和晶体管插孔等组成，如图 2-28 所示。

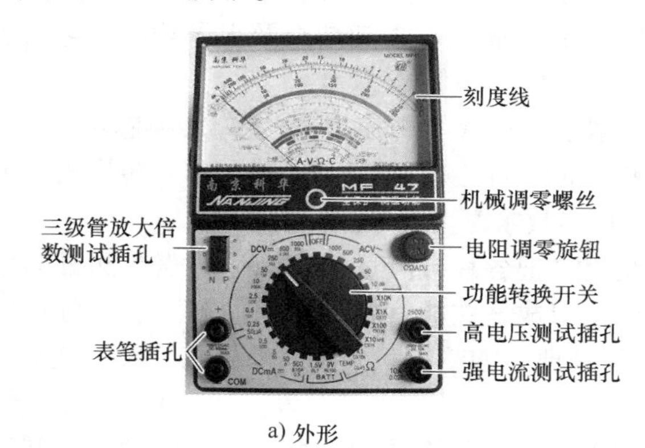

a) 外形

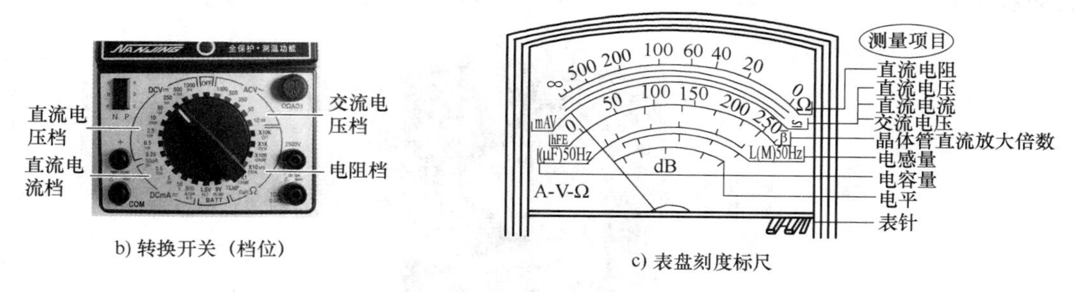

b) 转换开关（档位）

c) 表盘刻度标尺

图 2-28　指针式万用表

（1）表头　万用表通常用高灵敏度的磁电式直流微安表做表头。表头刻度盘上有多种电量和多种量程的刻度。表头是万用表的关键部件，灵敏度、准确度等级、阻尼、升降差等大部分技术指标都取决于表头的性能。

（2）测量电路　测量电路的主要作用是把被测电量的形式转变成测量机构能接受的电量的形式，如将被测的直流大电流通过分流电阻变换成表头能够接受的微弱电流；将被测的直流高电压通过分压电阻变换成表头能够接受的低电压；将被测的交流电流（电压）通过整流器变换为表头能够接受的直流电流（电压）等。测量电路主要由各种类型、各种规格的电阻元件（如绕线电阻、金属膜电阻、碳膜电阻、电位器等）和整流器件（如二极管）组成。

（3）转换开关　转换开关用来切换不同的测量电路，实现多种电量和多种量程的选择。一般指针式万用表中均采用机械式转换开关，它由动触点和静触点组成。动触点又称为“刀”，静触点又称为“掷”，因而机械式转换开关又称为刀掷转换开关。该类型开关静触点固定在测量电路板上，动触点装在转轴上。转换开关旋转时，转轴带动动触点旋转，当动触点与某一档位的静触点接触时，就接通了该档的测量电路，实现了不同测量电路的切换。对转换开关的要求是转动灵活、接触良好。

2. 数字式万用表

数字式万用表是一种多用途电子测量仪器，有用于基本故障诊断的便携式装置，也有放置在工作台的装置，一般包含安培计、电压表、欧姆计等的功能，可用来测量直流电压、交流电压、直流电流、交流电流、电阻、温度、电容、频率/占空比、二极管通断测试等。同时还设有单位符号显示、自动/手动量程转换、自动断电及报警功能。它由表头、测量电路和量程转换开关等三个部分组成，如图 2-29 所示。

（1）表头　万用表的表头一般由一只 A-D（模拟-数字）转换芯片、外围元器件、液晶显示器组成，万用表的精度受表头的影响，万用表根据 A-D 芯片转换出来的数字不同，一般又称为 3 位半数字万用表或 4 位半数字万用表等。

（2）测量电路　测量电路是用来把各种被测量转换到适合表头测量的微小直流电流的电路，由电阻、半导体器件及电池组成，它能将各种不同的被测量（如电流、电压、电阻等）、不同的量程，经过一系列的处理（如整流、分流、分压等）统一变成一定量限的微小直流电流送入表头进行测量。

（3）转换开关　其作用是用来选择各种不同的测量电路，以满足不同种类和不同量程的测量要求。转换开关一般是一个圆形拨盘，其周围分别标有功能和量程。

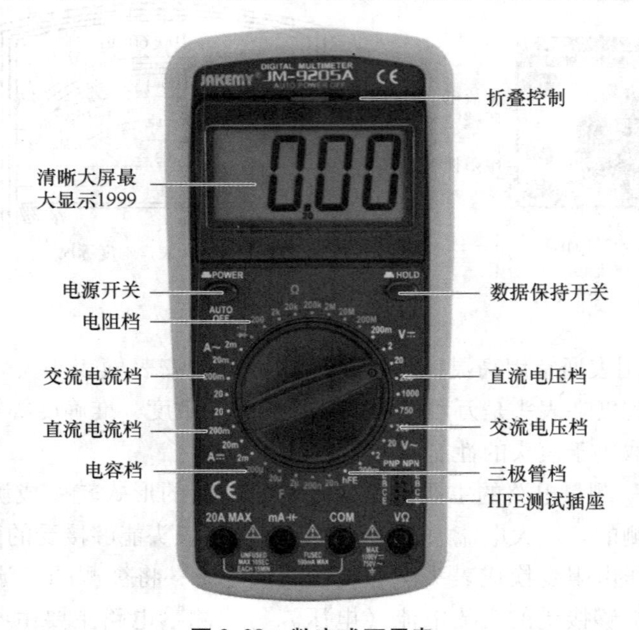

图 2-29　数字式万用表

2.3.2　万用表的操作方法

1. 指针式万用表的操作方法

指针式万用表外形如图 2-30 所示，它是通过转换开关来改变测量项目和测量量程的。机械调零旋钮用来保持指针在静止时处在左零位。欧姆调零旋钮是用来测量电阻时使指针对准右零位，以保证测量数值准确。

（1）电阻的测量　先将表笔搭在一起短路，使指针向右偏转，随即调整欧姆调零旋钮，使指针恰好指到 0。然后将两根表笔分别接触被测电阻（或电路）两端，读出指针在欧姆刻度线（第一条线）上的读数，再乘以该档标的数字，就是所测电阻的阻值。例如用 R × 100 档测量电阻，指针指在 80，则所测得的电阻值为 80 × 100Ω = 8kΩ。由于欧姆刻度线左部读数较密，难于看准，所以测量时应选择适当的欧姆档，尽量使指针位于刻度线的中部或右部，这样读数比较清楚准确。每次换档，都应重新将两根表笔短接，重新调整指针到零位。电阻测量如图 2-31 所示。

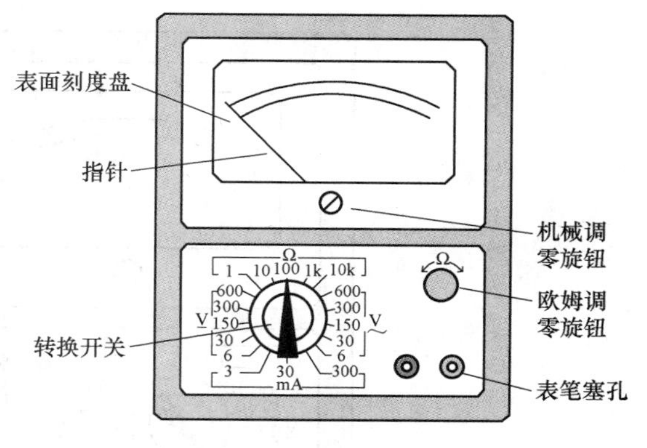

图 2-30　指针式万用表

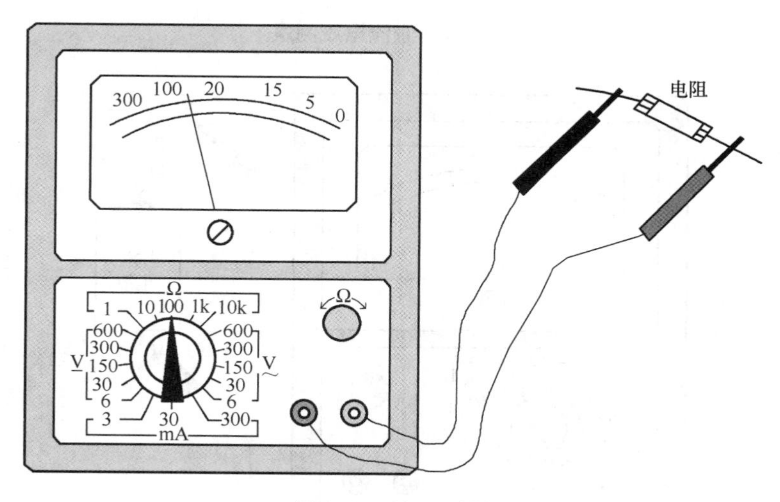

图 2-31　电阻测量

（2）直流电压的测量　首先估计一下被测电压的大小，然后将转换开关拨至适当的 V 量程，将正表笔（红表笔）接被测电压“+”端，负表笔（黑表笔）接被测电压“-”端。然后根据该档量程数字与标直流符号“DC-”刻度线（第二条线）上的指针所指数字，来读出被测电压的大小。如用 300V 档测量，可以直接读 0～300 的指示数值。如用 30V 档测量，只需将刻度线上 300 这个数字去掉一个“0”，看成是 30，再依次把 200、100 等数字看成是 20、10 即可直接读出指针指示数值。例如用 6V 档测量直流电压，总共为 6 格，每格为 1V，指针指在 1.5 格位置，则所测得电压为 1.5V，如图 2-32 所示。

（3）直流电流的测量　先估计一下被测电流的大小，然后将转换开关拨至合适的 mA 量程，再把万用表串接在电路中，如图 2-33 所示。同时观察标有直流符号“DC”的刻度线，如电流量程选在 3mA 档，这时，应把表面刻度线上 300 的数字，去掉两个“0”，看成 3，又依次把 200、100 看成是 2、1，这样就可以读出被测电流数值。例如用直流 3mA 档测量直流电流，指针在 100，则电流为 1mA。

（4）交流电压的测量　测交流电压的方法与测量直流电压相似，所不同的是因交流电

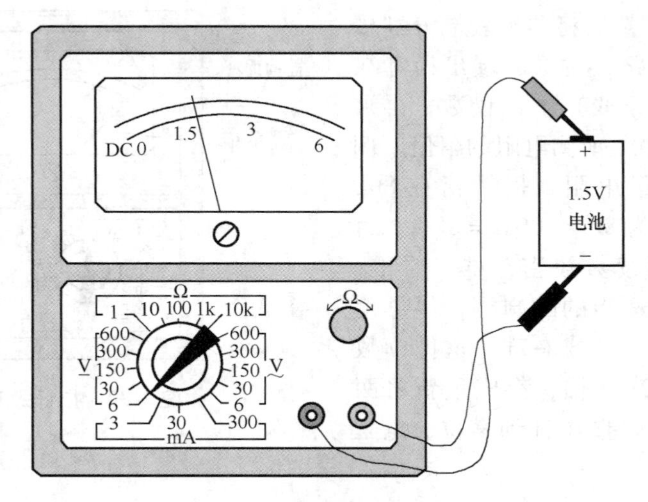

图 2-32　直流电压测量

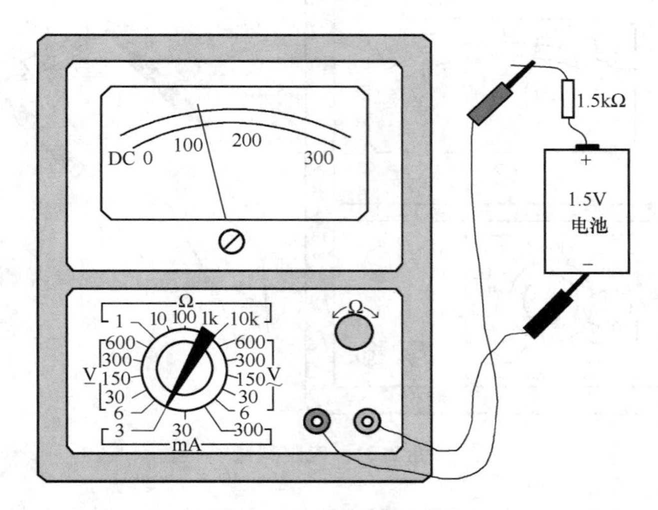

图 2-33　直流电流测量

没有正、负之分，所以测量交流时，表笔也就不需分正、负。读数方法与上述的测量直流电压的读法一样，只是数字应看标有交流符号“AC”的刻度线上的指针位置。

（5）二极管的测量　把万用表拨在“R×100”或“R×1k”档上，用红表笔接二极管的一头，黑表笔接另一头，看一下万用表停留的位置，记下此时的电阻值，然后把二极管调头，再和万用表的两个表笔相接，再看一下阻值。

1）好坏判断。两次测试中如果一次阻值大，一次阻值小，则说明二极管具有单向导电作用，二极管是好的；如果两次测量时阻值均特别小，则说明二极管已击穿；如果两次阻值均特别大，则说明二极管断路，如图 2-34 所示。

2）极性判断。比较两次测得阻值，阻值小的一次中与黑表笔连接的一头是二极管的正极，红表笔所接是负极。

3）硅管或锗管判断。测量二极管的正向电阻（两次测量中阻值最小的是正向电阻），如果用万用表 R×100 档测得二极管的正向电阻在 500Ω 至 1kΩ 之间，则这是锗管；如果测

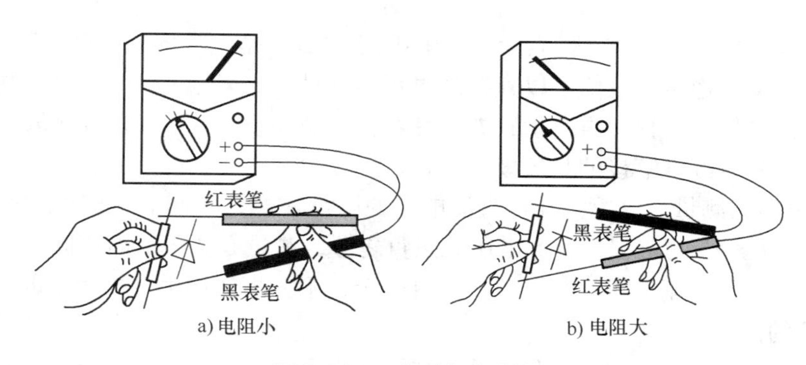

a) 电阻小　　b) 电阻大

图 2-34　二极管好坏判断

得正向电阻在几千欧至几十千欧之间，则是硅管。

（6）晶体管的测量

1）b、c、e 三极判断。首先，确定基极。这时，我们任取两个电极（如这两个电极为 1、2），用万用表两支表笔颠倒测量它的正、反向电阻，观察表针的偏转角度；接着，再取 1、3 两个电极和 2、3 两个电极，分别颠倒测量它们的正、反向电阻，观察表针的偏转角度。在这三次颠倒测量中，必然有两次测量结果相近：即颠倒测量中表针一次偏转大，一次偏转小；剩下一次必然是颠倒测量前后指针偏转角度都很小，这一次未测的那只管脚就是我们要寻找的基极（b）。

第二，定管型。找出晶体管的基极后，我们就可以根据基极与另外两个电极之间 PN 结的方向来确定管子的导电类型。将万用表的黑表笔接触基极，红表笔接触另外两个电极中的任一电极，若表头指针偏转角度很大，则说明被测晶体管为 NPN 型管；若表头指针偏转角度很小，则被测管为 PNP 型管。

第三步，确定集电极及发射极：1）对于 NPN 型晶体管，用万用电表的黑、红表笔颠倒测量两极间的正、反向电阻，虽然两次测量中万用表指针偏转角度都很小，但仔细观察，总会有一次偏转角度稍大，此时黑表笔所接的一定是集电极（c），红表笔所接的一定是发射极（e）。2）对于 PNP 型的晶体管，用万用电表的黑、红表笔颠倒测量两极间的正、反向电阻，指针偏转角度稍大的一次中，此时黑表笔所接的一定是发射极（e），红表笔所接的一定是集电极（c）。

2）好坏测量。对于 NPN 型晶体管，将万用表欧姆档置“R×100”或“R×1k”处，把黑表笔接在基极上，将红表笔先后接在其余两个极上，如果两次测得的电阻值都较小，再将红表笔接在基极上，将黑表笔先后接在其余两个极上，如果两次测得的电阻值都很大，则说明晶体管是好的。PNP 型晶体管，将万用表欧姆档置“R×100”或“R×1k”处，把红表笔接在基极上，将黑表笔先后接在其余两个极上，如果两次测得的电阻值都较小，再将黑表笔接在基极上，将红表笔先后接在其余两个极上，如果两次测得的电阻值都很大，则说明晶体管是好的。

2. 数字式万用表的操作方法

（1）电压的测量

1）直流电压的测量。如电池、随身听电源等，首先将黑表笔插进“COM”孔，红表笔插进“VΩ”，把转换开关选到比估计值大的量程（注意：表盘上的数值均为最大量程，

“V ⎓” 表示直流电压档，“V～” 表示交流电压档，“A” 是电流档）；接着把表笔接电源或电池两端，保持接触稳定。数值可以直接从显示屏上读取，若显示为 “1.”，则表明选择量程太小，那么就要加大量程后再测量；如果在数值左边出现 “-”，则表明表笔极性与实际电源极性相反，此时红表笔接的是负极。

2）交流电压的测量。表笔插孔与直流电压的测量一样，不同的是应该将转换开关打到交流档 “V～” 处所需的量程。交流电压无正负之分，测量方法跟前面相同。

无论测交流还是直流电压，都要注意人身安全，不要随便用手触摸表笔的金属部分。

（2）电流的测量

1）直流电流的测量。先将黑表笔插入 “COM” 孔。若测量大于 200mA 的电流，则要将红表笔插入 “10A” 插孔并将转换开关打到直流 “20A” 档；若测量小于 200mA 的电流，则将红表笔插入 “mA” 插孔，将转换开关打到直流 200mA 以内的合适量程。调整好后，就可以测量了。将万用表串联进电路中，保持稳定，即可读数。若显示为 “1.”，则要加大量程；如果在数值左边出现 “-”，则表明电流从黑表笔流进万用表。

2）交流电流的测量。测量方法与直流电流的测量相同，不过档位应该打到交流档位，电流测量完毕后应将红表笔插回 “VΩ” 孔。

（3）电阻的测量　将表笔插进 “COM” 和 “VΩ” 孔中，把转换开关打旋到 “Ω” 中所需的量程，用表笔接在电阻两端金属部位，测量中可以用手接触电阻，但不要把手同时接触电阻两端，这样会影响测量准确度，因为人体是电阻很大（是有限大）的导体。读数时，要保持表笔和电阻有良好的接触。注意单位：在 “200” 档时单位是 “Ω”，在 “2k” 到 “200k” 档时单位为 “kΩ”，“2M” 以上的单位是 “MΩ”。

（4）二极管的测量　数字万用表可以测量发光二极管、整流二极管等。测量时，表笔位置与电压测量一样，将转换开关旋到 “■” 档；用红表笔接二极管的正极，黑表笔接负极，这时会显示二极管的正向压降：肖特基二极管的压降是 0.2V 左右；普通硅整流二极管（1N4000、1N5400 系列等）的约为 0.7V；发光二极管的约为 1.8～2.3V。调换表笔，显示屏显示 “1.” 则为正常，因为二极管的反向电阻很大，否则此管已被击穿，如图 2-35 所示。

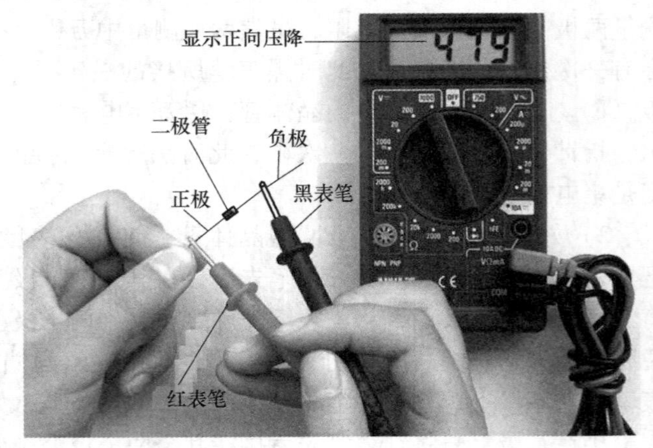

图 2-35　二极管的测量

（5）晶体管的测量　表笔插位同上，其原理同二极管。先假定 A 脚为基极，用黑表笔与该脚相接，红表笔与其他两脚分别接触；若两次读数均为 0.7V 左右，然后再用红表笔接 A 脚，黑表笔接触其他两脚，若均显示 “1”，则 A 脚为基极，否则需要重新测量，且此管为 PNP 型管。

集电极和发射极判断，数字式万用表不能像指针式万用表那样利用指针摆幅来判断，我们可以利用“hFE”档来判断：先将档位打到“hFE”档，可以看到档位旁有一排小插孔，分为 PNP 和 NPN 型管的测量。前面已经判断出管型，将基极插入对应管型“b”孔，其余两脚分别插入“c”“e”孔，此时可以读取数值，即β值；再固定基极，其余两脚对调；比较两次读数，读数较大的管脚位置与表面“c”、“e”相对应。

（6）MOS 场效应晶体管的测量　N 沟道的 MOS 场效应晶体管有国产的 3D01，4D01，日产的 3SK 系列。G 极（栅极）的确定：利用万用表的二极管档，若某脚与其他两脚间的正反压降均大于 2V，即显示“1”，此脚即为栅极 G。再交换表笔测量其余两脚，压降小的那次中，黑表笔接的是 D 极（漏极），红表笔接的是 S 极（源极）。

（7）电容测量　测量时，可将已放电的电容两引脚直接插入表板上的 Cx 插孔，选取适当的量程后就可读取显示数据，其量程分为 2000pF、20nF、200nF、2μF 和 20μF 五档。

2.4　技能训练

2.4.1　电工工具的保养与训练

常用电工工具有螺钉旋具、尖嘴钳、斜口钳、平嘴钳、剥线钳、电烙铁、测电笔、镊子、电工刀及活扳手等。在使用过程中要遵守相关规定，用完后要及时进行保养及维护。本节主要介绍电烙铁的保养及维护，万用表的保养与测量。

1. 新电烙铁保养训练

（1）训练所需材料　新购置电烙铁 1 把、烙铁架、松香、焊锡、湿海绵等。

（2）训练要求　新购置回来的电烙铁必须进行镀锡处理，在镀锡前要准备好相关材料，上锡过程中不能断电，用力适宜，注意操作安全，不要烫伤或烫坏其他东西。

（3）训练步骤

1）准备好电烙铁、烙铁架、松香、焊锡、湿海绵等材料。

2）拆开新购置的电烙铁，插上电源。

3）加热几分钟后，用烙铁头点松香，将 2/3 烙铁头浸入松香中，观察电烙铁发热程度。

4）当温度达到能熔焊锡程度时，将焊锡熔到烙铁头上，同时，与松香配合使用，来回重复镀锡，使烙铁头“焊接处”镀上一层焊锡。

5）镀锡后，将电烙铁放置烙铁架上，拔掉电源线，断开电源，使其自然冷却即可。

2. 旧电烙铁保养训练

（1）训练所需材料　旧电烙铁 1 把、烙铁架、松香、焊锡、湿海绵、锉刀及砂纸等。

（2）训练要求　电烙铁用久后，烙铁头会氧化，有一层黑乎乎的东西，影响焊接质量及美观，因此必须定期对电烙铁进行清理及重新镀锡处理。在镀锡前要准备好相关材料，镀锡过程中不能断电，用力适宜，注意操作安全，不要烫伤或烫坏其他东西。

（3）训练步骤

1）准备好旧电烙铁、烙铁架、松香、焊锡、湿海绵、锉刀及砂纸等材料。

2）先用砂纸打磨烙铁头，将氧化物清理掉，再用锉刀将烙铁头锉成形，用湿海绵擦干净，插上电源；

3）加热几分钟后，用烙铁头点松香，将 2/3 烙铁头浸入松香中，观察电烙铁发热程度。

4）当温度达到能熔焊锡程度时，将焊锡熔到烙铁头上，同时，与松香配合使用，来回重复镀锡，使烙铁头“焊接处”镀上一层焊锡。

5）镀完锡后，将电烙铁放置烙铁架上，拔掉电源线，断开电源，使其自然冷却即可。

2.4.2 万用表的保养与测量

万用表、绝缘电阻表、钳形电流表、示波器及信号发生器等常用的电子仪器仪表使用久了，准确度、灵敏度都会下降，甚至出现严重故障，因此，为确保电子仪器仪表能正常使用，必须定期对其进行保养及检修，本节主要介绍指针式万用表、数字式万用表的保养与维护。

1. 指针式万用表保养训练

（1）训练所需材料　指针式万用表、螺钉旋具、润滑油、工业酒精、棉条、电烙铁、焊锡、松香、砂纸等。

（2）训练要求　参照万用表说明书，拆开万用表，认真检查万用表各电路模块情况，配件要保管好。

（3）训练步骤

1）认真阅读万用表说明书。

2）用螺钉旋具拆开万用表电池盒，检查电池弹簧（片）是否氧化或接触不良；然后用另一台万用表分别测1.5V、9V电池电量，如果电量不足，应立即更换。

3）用螺钉旋具拆开万用表后盖，观察档位转动之间弹片是否氧化或接触不良，如果发现弹片氧化，则用砂纸打磨光亮，用棉条、酒精清洗干净；再观察转轴灵活性，看是否生锈及缺油，如果缺油，则注入润滑油。

4）再观察测量电路各元器件、电路完整性，看是否有元器件损坏、松动，电路走线是否有脱落等现象，如果发现有元器件、电路不正常，则用电烙铁进行焊接、修复。检修测量电路时，最好用另一台万用表进行测量及检测。

5）检查完相关模块后，按要求装回原样，盖好后盖。

6）最后检查一下表笔完整性，每次用完万用表后必须将档位转到交流电压最大档或空档，防止万用表意外损坏。

2. 数字式万用表的保养训练

（1）训练所需材料　数字式万用表、螺钉旋具、润滑油、工业酒精、棉条、电烙铁、焊锡、松香、砂纸等。

（2）训练要求　参照万用表说明书，拆开万用表，认真检查万用表各电路模块情况，配件要保管好。

（3）训练步骤

1）认真阅读万用表说明书。

2）用螺钉旋具拆开万用表电池盒，检查电池弹簧（片）是否氧化或接触不良；然后用另一台万用表电池电量，如果电量不足，应立即更换。

3）用螺钉旋具拆开万用表后盖，按以下方法用另外一台好的万用表检查各电路模块。

① 外观检查。若发现如断线、脱焊、搭线短路、熔丝熔断、烧坏元器件等，可以触摸出电池、电阻、晶体管、集成块的温升情况，可参照电路图找出温升异常的原因。

② 测电压法。测量各关键点的工作电压是否正常，可较快找出故障点。如测A-D转换

器的工作电压、基准电压等。

③ 短路法。检查 A-D 转换器时一般都采用短路法，这种方法在修理弱电和微电仪器时用得较多。

④ 断路法。把可疑部分从整机或单元电路中断开，若故障消失，表示故障在断开的电路中。此法主要适合于电路存在短路的情况。

⑤ 测元器件法。当故障已缩小到某处或几个元器件时，可对其进行在线或离线测量。必要时，用好的元器件进行替换，若故障消失，则说明元器件已坏。

4）检查完相关模块后，按要求原样装回，盖好后盖。

5）最后检查一下表笔完整性，每次用完万用表后必须按一下电源开关，关掉电源，防止万用表意外损坏。

3. 万用表测量训练

（1）训练所需材料　指针式和数字式万用表各1台、元器件（各种参数的电阻、电容、二极管、晶体管、开关、电感、发光二极管等）1袋、交直流电源各1个、导线若干等。

（2）训练要求　在测量前，先认真阅读万用表说明书，复习一下前面“2.3 常用仪表的使用”讲过的万用表测量知识，测量过程中严格遵守相关规定，按要求测量。

（3）训练步骤

1）认真阅读万用表说明书，复习“2.3 常用仪表的使用”内容。

2）检查万用表完整性及性能。

3）用“2.3 常用仪表的使用”所学方法对电阻、电容、二极管、晶体管等常用元器件进行测量，对电压源进行交直流电压、电流测量，测直流电压、电流时，注意正、负极性。

4）测量完后将万用表电源关掉，防止万用表意外损坏。

本章小结

本章主要介绍螺钉旋具、尖嘴钳、斜口钳、平嘴钳、剥线钳、电烙铁、测电笔、镊子、电工刀、活扳手等常用电工工具基础知识、使用方法及保养方法。电气操作人员经常使用这些电工工具，必须掌握这些工具的结构、性能、使用保养方法和规范操作，特别是电烙铁、热风枪等焊接工具使用，要想达到高水平的焊接工艺，平时必须多练习、多思考、多总结，在操作过程不断提高自己技能。

习　题

1. 常用的电工工具有哪些？
2. 电烙铁是手工焊接的主要工具，按发热形式不同，电烙铁可分为哪几种？
3. 电烙铁常用握法有哪几种？新购买的电烙铁在使用前应如何处理？
4. 指针式和数字式万用表分别由哪几部分组成？
5. 如何用指针式万用表测量电阻器阻值、判断二极管正负极及性能好坏？
6. 如何用数字式万用表判断晶体管 b、e、c 极、管型及性能好坏？

第3章

电路原理图绘制与印制电路板的设计制作

教学导航

教	知识重点	1. 电路原理图绘制 2. 印制电路板的设计与制作 3. 印制电路板的排版布局 4. 手工制作印制电路板 5. 印制电路板图的绘制
	知识难点	1. 手工制作印制电路板的方法 2. 印制电路板的抗干扰设计 3. 元器件的排版布局
	推荐教学方式	以实际操作为主，教师进行适当讲解，充分发挥教师的指导作用，鼓励学生多动手、多体会，通过训练，让学生在做中掌握印制电路板的排版、布局及制作等技能
	建议学时	12 学时
学	推荐学习方法	以自己实际操作为主，紧密结合本章内容，通过自我训练，互相指导、总结，掌握印制电路板的设计及制作方法
	必须掌握的理论知识	1. 电路原理图绘制 2. 印制电路板的设计及制作的基本知识 3. 手工制作印制电路板的基本知识
	需要掌握的工作技能	1. 掌握印制电路板的排版布局 2. 掌握印制电路板的设计与制作方法
做	技能训练	按要求训练整机电路、元器件的安装、布局等，掌握电路原理图、印制电路板图的绘制。掌握电路设计软件安装及运用技能

3.1 电路原理图介绍及绘制

3.1.1 电路原理图介绍

一张电路图中通常有几十乃至几百个元器件，它们的连线纵横交叉，形式变化多端。经过分析可以发现，不管多复杂的电路都是由简单的单元电路组成的。

1. 电路原理图的概念

电路原理图简称为电路图，是一种反映电子设备中各元器件的电气连接情况的图样。电路图由一些抽象的符号、按照一定的规则构成。

2. 电路图的构成

一张完整的电路图是由若干要素构成的，这些要素主要包括图形符号、文字符号、连线以及注释性字符等。下面以无线传声器电路图（见图3-1）为例进行介绍。

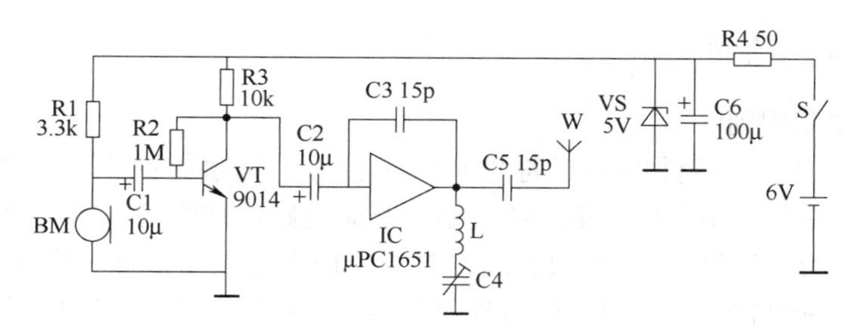

图3-1　无线传声器电路图

（1）图形符号　图形符号是构成电路图的主体。图3-1所示的无线传声器电路图中，各种图形符号代表了组成无线传声器的各个元器件。各个元器件图形符号之间用连线连接起来，就可以反映出无线传声器的电路结构，即构成了无线传声器的电路图。

（2）文字符号　文字符号是构成电路图的重要组成部分。为了进一步强调图形符号的性质，同时也为了分析、理解和阐述电路图的方便，在各个元器件的图形符号旁，标注有该元器件的文字符号。例如“R”表示电阻器，“C”表示电容器，“L”表示电感器，“VT”表示晶体管，“IC”表示集成电路等。常用元器件的图形符号见附录A。

（3）注释性字符　注释性字符也是构成电路图的重要组成部分，用来说明元器件的数值大小或者具体型号。例如图3-1中，通过注释性字符我们可以知道，电阻器R1的电阻值为3.3kΩ，电容器C1的电容值为10μF，晶体管VT的型号为9014，集成电路IC的型号为μPC1651等。

3. 看电路图的方法

掌握了前面电路图基础知识，下面以无线传声器电路图为例（见图3-1）进行电路图完整的分析。

（1）判断信号处理流程方向　根据电路图的整体功能，找出整个电路图的总输入端和总输出端，即可判断出电路图的信号处理流程方向。无线传声器的功能是将话音信号调制到高频信号上发射出去，图3-1电路图中，传声器BM为总输入端，天线W为总输出端。从总输入端到总输出端即为信号处理流程方向，从左到右的方向依次排列。

（2）划分单元电路　一般来讲，晶体管、集成电路等是各单元电路的核心元器件。因此，我们可以以晶体管或集成电路等主要元器件为标志，按照信号处理流程方向将电路图分解为若干个单元电路，并据此画出电路原理框图，框图有助于我们掌握和分析电路图。

（3）分析直流供电电路　电路图中通常将电源安排在右侧，直流供电电路按照从右到左的方向排列。图3-1中，整机电路的直流工作电源是6V电池，R4、C6和稳压二极管VS

构成稳压电路，以提高电路工作的稳定性，S 为电源开关。

（4）电路原理分析　电路工作过程为：话音信号被驻极体传声器 BM 接收转换为电信号后，通过耦合电容 C1 输入到晶体管 VT 基极。R1 为 BM 的负载电阻。晶体管 VT 等构成电压放大器，将 C1 耦合过来的音频信号放大后，经 C2 耦合输出。R2 为基极电阻，R3 为集电极电阻。集成电路 IC 等构成高频振荡器，振荡频率由 L、C4 构成的串联谐振回路决定，C4 是微调电容，用于调节振荡频率。C3 为反馈电容。C2 耦合过来的音频信号对高频振荡信号进行频率调制，调频信号经 C5 耦合至天线 W 发射出去。

3.1.2　电路原理图绘制

1. 电路图的绘制规则

在电路原理图中，元器件的图形符号和文字符号，国家标准中有严格规定（即国标“GB”），必须严格执行，不得任意更改或乱画。绘制电路原理图的一般规则如下：

1）元器件图形符号或单元电路的布局，要疏密得当、顺序合理。应保持图面紧凑、清晰；整个图面应由左到右，由上到下排列各种元器件及单元电路。一般单元电路的输入部分应排在左边，向右依次是功能部分和输出部分。

2）元器件图形符号的排列方向应与图纸底边平行或垂直，尽量避免斜线排列。

3）两条引线相交时，若在线路上是连接的，则在两线相交处用黑点表示，否则无黑点。引线折弯处要成直角。

4）在电路中，共同完成同一任务的一组元器件，不论实际电路中是否在一起，在图上都可以画在一起。

5）图中可动元器件、部件的位置应合适。例如，开关、转换开关在断路或特殊要求位置；继电器、接触器等电磁可动部件应在规定位置。

6）为了清晰明了，允许将某些元器件的图形符号（如继电器等）分开绘在多个部分，但各部分的文字符号应该相同。

7）对于串联或并联的元器件组，可在图上只绘出一个图形符号，但要在元器件目录表的备注栏中加以说明。

8）各种图形符号要有一定比例，同一图上的同一种图形符号尺寸大小要一致。需要说明波形变化时，允许在图上标出波形形状和特征数据。

9）图形符号位置的安排，应以半导体器件（包括集成电路）为中心进行。通常共发射极电路或共集电极电路基极引线以水平放置为宜，共基极电路基极引线以垂直放置为宜。

10）元器件文字符号由字母及数字组成，如 R1、R2、C1、C2 等。文字符号应标注在图形符号上方或左方；元器件型号或标称值应标注在文字符号之后或下方。

2. 电路图的绘图步骤

（1）估算电路图总体尺寸

1）选定估算位置及其元器件图形符号数目以后，可以根据实际情况选定每个图形符号的尺寸。

2）选定每个图形符号端点引线的长度，引线长度的选择以元器件图形符号疏密适中和易于标注元器件文字符号、标称值为原则。

3）计算出横向各图形符号尺寸之和，再加上所有图形符号端点引线的长度即为电路图的横向宽度。以同样方法可以得到电路图的纵向高度。

（2）布局及绘制　按上述同样方法，确定单元电路（或某级电路）的宽度，并确定半导体器件的位置（一般居中），再依次画出半导体器件（含集成电路）周围的元器件图形符号。

（3）标注　通览全图，并将实连接的线条交叉点涂成黑色（大小要适中），画上接地符号“⊥”，标注电源符号和电压值，标注元器件文字符号和标称值，即完成了整个电路图的绘制工作。

3. 注意事项

（1）电路图的信号处理流程方向　电路图中信号处理流程的方向一般为从左到右，即将先后对信号进行处理的各个单元电路，按照从左到右的方向排列，这是最常见的排列形式。例如图 3-1 所示无线传声器电路图，从左到右依次为话音信号接收（BM）、音频放大（VT）、高频振荡与调制（IC）等单元电路。

（2）连接导线　元器件之间的连接导线在电路图中用实线表示。导线的连接与交叉如图 3-2 所示，图 3-2a 中横竖两导线交点处画有一圆点，表示两导线连接在一起。图 3-2b 中两导线交点处无圆点，表示两导线交叉而不连接。导线的丁字形连接如图 3-2c 所示。

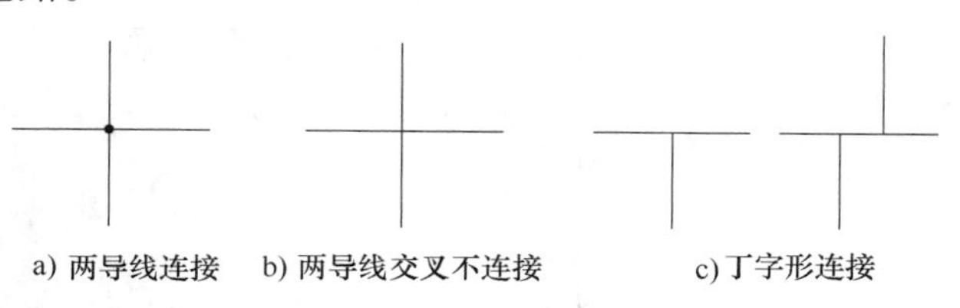

图 3-2　导线连接

（3）电源线与地线　电路图中通常将电源引线安排在元器件的上方，将地线安排在元器件的下方，如图 3-3a 所示。有的电路图中不将所有地线连在一起，而代之以一个个孤立的接地符号，如图 3-3b 所示，应理解为所有地线符号是连接在一起的。

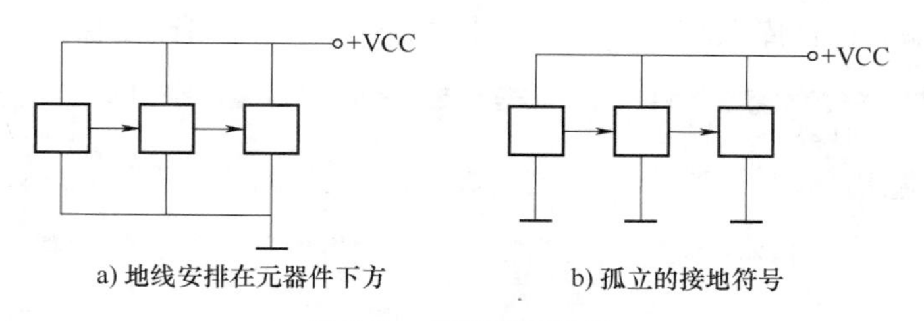

图 3-3　电源线与地线

（4）集成电路的画法　集成电路的内部电路一般比较复杂，一般包含若干个单元电路和许多元器件，但在电路图中通常只将集成电路作为一个元器件来看待，因此，几乎所有电路图中都不画出集成电路的内部电路，而是以一个矩形或三角形的框图表示。集成放大器、电压比较器等习惯上用三角形框图表示，其他集成电路习惯上用矩形框图表示，如图 3-4 所示。

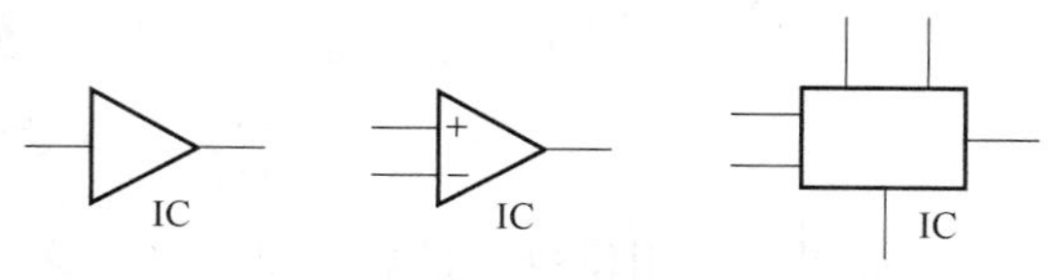

图 3-4　集成电路的画法

4. 用 protel 软件绘制电路原理图

（1）新建一个设计库

1）启动 Protel 99 SE，出现以下启动界面，如图 3-5 所示；启动后出现的窗口如图 3-6 所示。

图 3-5　启动界面

图 3-6　启动后的窗口

2）选取菜单“File/New”新建一个设计库，出现如图 3-7 所示的对话框；“Database File Name”处可输入设计库保存文件名，单击“Browse...”可改变保存目录。

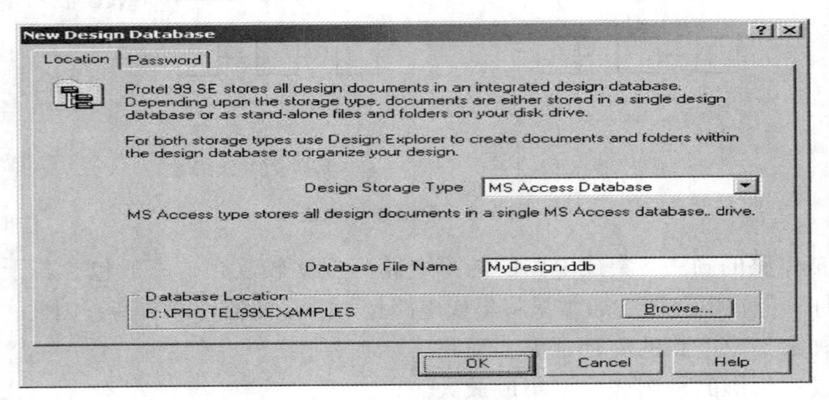

图 3-7　新建设计库对话框

3）如果您想用口令保护您的设计文件，可单击“Password”选项卡，再选“Yes”并输入口令，单击“OK”按钮后，出现如图 3-8 所示的主设计窗口。

4）选取“File/New...”打开新建文档对话框，如图 3-9 所示，选取“Schematic Document”建立一个新的原理图文档。

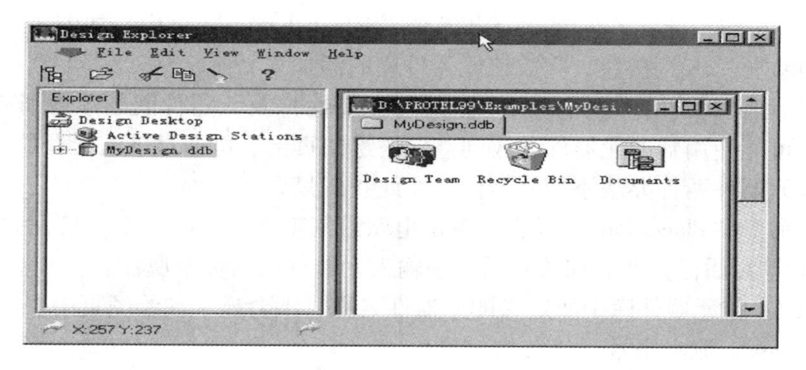

图3-8　主设计窗口

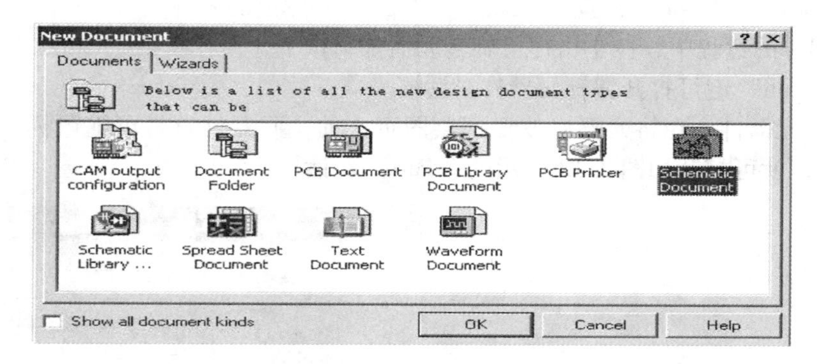

图3-9　新建文档对话框

（2）添加元器件库　在放置元器件之前，必须先将该元器件所在的元器件库载入内存才行。添加元器件库的步骤如下：

1）双击设计管理器中的Sheet1. Sch原理图文档图标，打开原理图编辑器。

2）单击设计管理器中的“Browse Sch”选项卡，然后单击“Add/Remove”按钮，屏幕将出现如图3-10所示的“元器件库添加/删除”对话框。

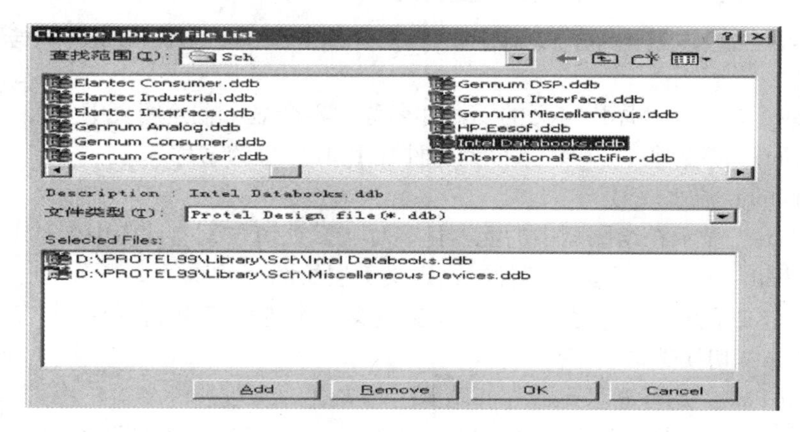

图3-10　“元器件库添加/删除”对话框

3）在“Design Explorer 99 \ Library \ Sch”文件夹下选取元器件库文件，然后双击鼠标

或单击“Add”按钮，此元器件库就会出现在“Selected Files”框中，如图3-10所示。

4）然后单击“OK”按钮，完成该元器件库的添加。

（3）添加元器件　由于电路是由元器件（含属性）及元器件间的连线所组成的，所以现在要将所有可能使用到的元器件都放到空白的绘图页上。可通过输入元器件编号和从元器件列表中选取元器件两种办法添加元器件，在此我们只介绍一种。

通过菜单命令“Place/Part”或直接单击电路绘制工具栏上的按钮，打开如图3-11所示的“Place Part”对话框，然后在该对话框中输入元器件的名称及属性。

1）Lib Ref：在元器件库中所定义的元器件名称，不会显示在绘图页中。

2）Designator：流水序号。

3）Part Type：显示在绘图页中的元器件名称，默认值与元器件库中名称Lib Ref一致。

4）Foot print：包装形式。应输入该元器件在PCB库里的名称。

放置元器件的过程中，按空格键可旋转元器件，按下“X”或“Y”可在X方向或Y方向镜像，按“Tab”键可打开编辑元器件对话框。

（4）编辑元器件　在将元器件放置到绘图页之前，元器件符号可随鼠标移动，如果按下“Tab”键，就可打开如图3-12所示的“Part”对话框。

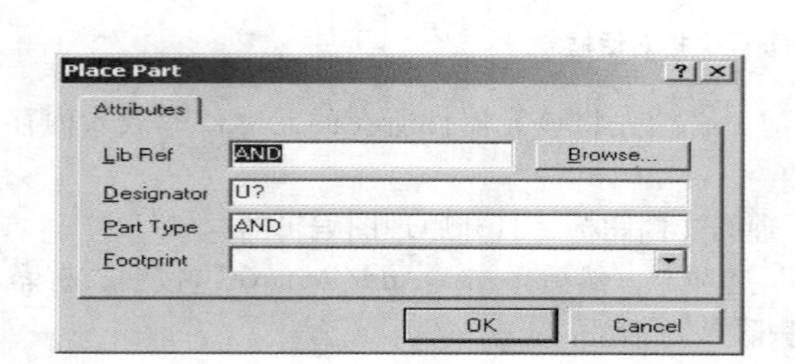

图3-11　输入元器件的名称及属性

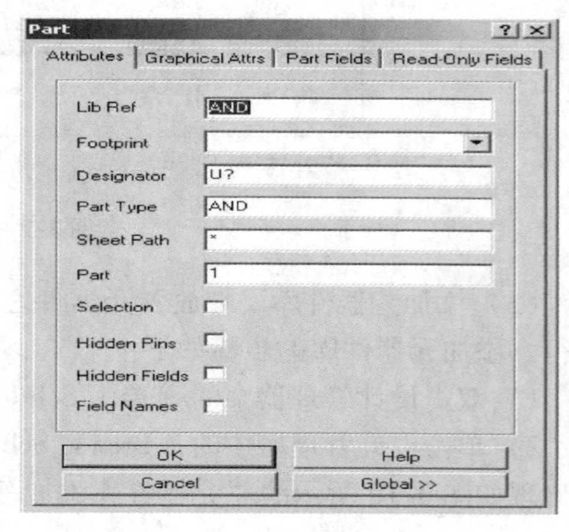

图3-12　“Part”对话框

1）Lib Ref：在元器件库中定义的元器件名称，不会显示在绘图页中。

2）Footprint：包装形式。应输入该元器件在PCB库里的名称。

3）Designator：流水序号。

4）Part Type：显示在绘图页中的元器件名称，默认值与元器件库中名称Lib Ref一致。

5）Sheet Path：成为绘图页元器件时，定义下层绘图页的路径。

6）Part：定义子元器件序号，如与门电路的第一个逻辑门为1，第二个为2，等等。

7）Selection：切换选取状态。

8）Hidden Pins：是否显示元器件的隐藏引脚。

9）Hidden Fields：是否显示“Part Fields 1-8”、“Part Fields 9-16”选项卡中的元器件数据栏。

10）Field Name：是否显示元器件数据栏名称。

改变元器件的属性，也可以通过菜单命令“Edit/Change”。该命令可将编辑状态切换到对象属性编辑模式，此时只需将鼠标指针指向该元器件，然后单击鼠标左键，就可打开“Part”对话框。

在元器件的某一属性上双击鼠标左键，则会打开一个针对该属性的对话框。如在显示文字U？处双击，由于这是Designator流水序号属性，所以出现对应的“Part Designator”对话框，如图3-13所示。

（5）放置电源与接地元件 VCC电源元件与GND接地元件有别于一般的电气元件。它们必须通过菜单“Place/Power Port”或电路图绘制工具栏上的按钮调用，编辑窗口中会有一个随鼠标指针移动的电源符号，按“Tab”键，即出现如图3-14所示的“Power Port”对话框。

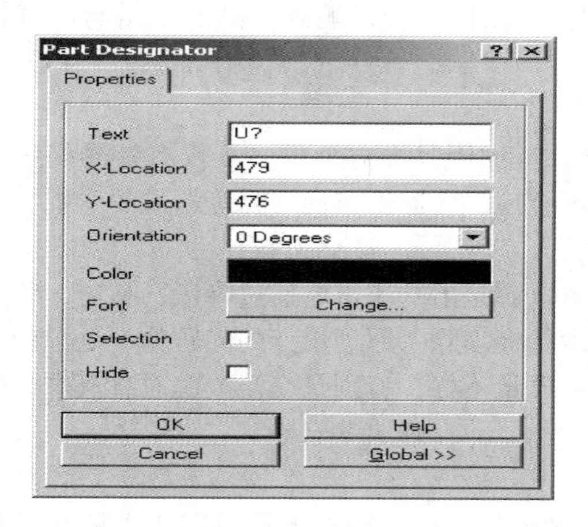

图3-13 “Part Designator”对话框

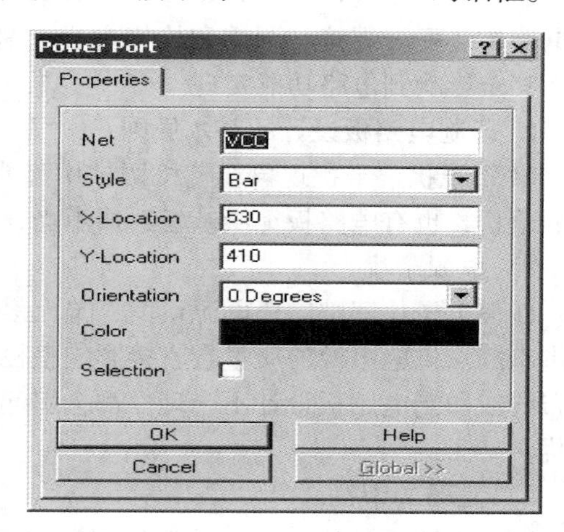

图3-14 “Power Port”对话框

在对话框中可以编辑电源属性，在“Net”框中修改电源符号的网络名称，在“Style”下拉框中修改电源类型，“Orientation”框用于修改电源符号放置的角度。电源与接地符号在“Style”下拉列表中有多种类型可供选择，如图3-15所示。

（6）连接线路 所有元器件放置完毕后，就可以进行电路图中各对象间的连线（Wiring）。连线的主要目的是按照电路设计的要求建立网络的实际连通性。

（7）放置接点 在某些情况下Schematic会自动在连线上加上接点（Junction）。但通常有许多接点要我们自己动手才可以加上的。默认情况下十字交叉的连线是不会自动加上接点的。如图3-16所示。

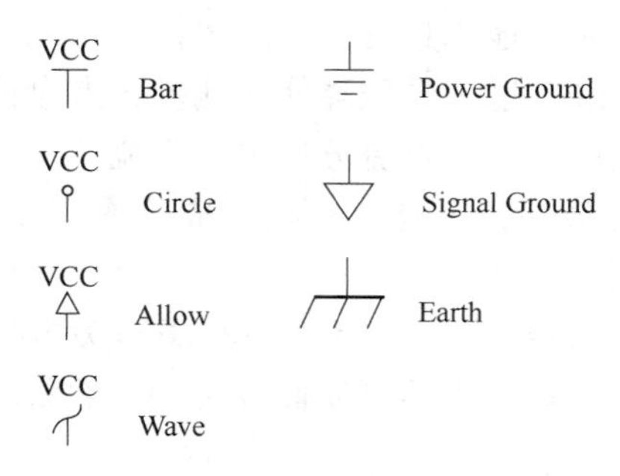

图3-15 各种电源与接地符号

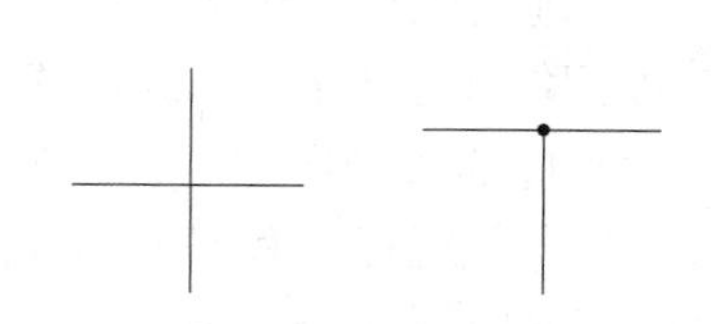

图3-16 连接类型

（8）保存文件　电路图绘制完成后要保存起来，以供日后调出修改及使用。当打开一个旧的电路图文件并进行修改后，执行菜单“File/Save”可自动按原文件名将其保存，同时覆盖旧文件。

3.2　印制电路板的设计与制作

3.2.1　印制电路板的设计

印制电路板（Print Circuit Board，PCB）简称印制板。印制电路板设计非常重要，关系到电路在装配、焊接、调试和检修过程中是否方便，而且直接影响到产品的质量与电气性能，甚至影响到电路功能实现。

1. 印制电路板设计的基本原则

（1）干扰　干扰现象在整机调试中经常出现，其原因是多方面的。不仅有外界因素造成的干扰，也有电路板绝缘基板选择不当、布线不合理、元器件布局不当等造成的干扰。

1）电源干扰。

任何电子仪器都需要电源供电，绝大多数直流电源是由交流市电通过降压、整流、稳压后供出的。供电电源的质量会直接影响整机的技术指标。除了原理设计的问题外，电源的工艺布线或印制电路板设计不合理，都会引起电源的质量不好，特别是交流电源对直流电源的干扰。

2）磁场的干扰。

印制电路板的特点是使元器件安装紧凑、连接密集，这一特点无疑是印制电路板的优点。如果设计不当，这一特点就会给整机带来麻烦。例如印制电路板分布参数造成的干扰、元器件相互之间的磁场干扰等，在排版设计中必须引起重视。

3）热干扰。

温度升高造成的干扰在印制电路板设计中也应引起注意。例如，晶体管是一种温度敏感器件，特别是锗材料的半导体器件，更易受环境温度的影响而使工作点漂移，造成整个电路性能发生变化，因而在排版时应予以考虑。

4）地线的公共阻抗干扰。

电子线路工作时，需要直流电源供电，直流电源的某一极往往作为测量各点电压的参考点，与此一极连接的导线即为电路的地线。它表示零电位的概念。但在实际的印制电路板上，由于地线具有一定的电阻和电感，在电路工作时，地线具有一定的阻抗，当地线中有电流流过时，因阻抗的存在，必然在地线上产生电压降，这个电压降使地线上各点电位都不相等，这就对各级电路带来影响。由于电源提供的电流，既有直流分量也有交流分量，因而在地线中，由于地线阻抗产生的电压降，除直流电压降外，还有各种频率成分的交流电压降，这些交流电压降加在电路中，就形成了电路单元间的互相干扰。

（2）元器件的布局原则　在印制电路板的排版设计中，元器件的布局至关重要，它决定了板面的整齐美观程度和印制导线的长短与数量，对整机的可靠性也有一定的影响。布设元器件时应遵循以下几个原则：

1）在通常情况下，所有元器件均应布置在印制电路板的一面。对于单面印制电路板，元器件只能安装在没有印制电路的一面；对于双面印制电路板，元器件也应安装在印制电路板的一面；如果需要绝缘，可在元器件与印制电路板之间垫绝缘薄膜或在元器件与印制电路板之间留有1~2mm的间隙。在条件允许的情况下，尽量使元器件在整个板面上分布均匀、疏密一致。

2）在保证电气性能的前提下，元器件应相互平行或垂直排列，以求整齐、美观。

3）重而大的元器件，尽量安置在印制电路板上紧靠固定端的位置，并降低重心以提高机械强度和耐振动、耐冲击能力，减少印制电路板的负荷和变形。

4）发热元器件应优先安排在有利于散热的位置，必要时可单独安装散热器，以降低和减少对邻近元器件的影响。对热敏感的元器件应远离高温区。

5）对电磁感应较灵敏的元器件和电磁辐射较强的元器件在布局时应避免它们之间相互影响。

（3）印制导线的布线原则　元器件布局完成后，就可以根据电路原理图安排和绘制各元器件的连接线，即印制导线的布线设计。布线对整机的电气性能影响较大，其原则如下：

1）公共地线一般布置在印制电路板的最边缘，既便于印制电路板安装在机架上，也便于与机架地相连接。电源、滤波等低频直流导线和元器件靠边缘布置，高频元器件及导线布置在印制电路板的中间，以减少它们对地线和机壳的分布电容。

2）印制导线与印制电路板的边缘应留有一定的距离（不小于板厚），这不仅便于安装导轨和进行机械加工，还提高了绝缘性能。

3）单面印制电路板的某些印制导线有时要绕着走或平行走，这样印制导线就比较长，不仅使引线电感增大，而且印制导线之间的寄生耦合也增大，这对于低频电路影响不明显，但对高频电路影响显著，因此必须保证高频导线、晶体管各电极的引线、输入和输出线短而直，并避免相互平行。若个别印制导线不能绕着走，此时为避免导线交叉，可用跨线，对于高频电路应避免用外接导线跨接，若交叉导线较多，最好用双面印制电路板，将导线印制在板的两面，这样可使导线短而直。用双面印制电路板时，两面印制导线应避免互相平行，以减少导线之间的寄生耦合。

4）处理好电源线与接地导线，有效地抑制公共阻抗带来的干扰，可达到事半功倍的效果。

5）印制导线布设要整齐美观、有条理、布线与元器件应协调。在电气性能允许的前提下，布线宜同向平行，且在印制导线转弯处宜用45°角，避免使用锐角和直角。

2. 印制电路板的设计步骤和方法

在设计印制电路板之前，首先要有一套完整的整机电路原理图，并且这个电路原理图最好是在元器件搭接试验获得成功的基础上绘制的，也就是说，各个元器件、部件已确定。对于复杂电路，首先要划分好电路单元，对每个电路单元进行设计，然后进行连接。此外，对元器件的尺寸及本身的特殊要求以及电路的工作环境等都应了如指掌。最后确定印制电路板与整机是采用插座连接还是螺钉固定、以及连接的型号、规格等。

（1）确定印制电路板的材料及尺寸

1）材料的确定。根据电路的工作频率及工作环境来选用不同基材的印制电路板，达到电路的电气指标。例如，普通低频电路可用酚醛纸层压板，高频电路选用环氧酚醛玻璃布层压板即可满足使用需要。

2）印制电路板的形状。印制电路板的形状通常与整机外形有关。一般采用长方形，其长宽比例以3∶2或4∶3为最佳。但在某些大批量的产品中，如收录机、电视机等，有时为了降低电路板的制作成本，常把两块或三块面积小的印制电路板与主印制电路板拼成一个大的矩形，制作成一块整板，待装配、焊接后，再沿着工艺孔掰开。

3）印制电路板的尺寸。印制电路板尺寸的确定应考虑整机的内部结构，印制电路板上元器件的数量、尺寸及安装排列方式。

（2）草图设计　所谓草图，是指能够准确反映元器件在印制电路板的位置与连接的设计图样，是绘制黑白底图的依据。在草图中，要求焊盘的位置及间距、焊盘的相互连接、印制导线的走向及形状、整板的外形尺寸等，均按照印制电路板的实际尺寸或按照一定的比例绘制出来，作为生产印制电路板的依据。绘制草图是设计印制电路板的关键和主要工作。下面介绍草图的设计步骤。

1）分析原理图。对原理图的设计思想以及整机应用等技术的分析程度，决定了印制电路设计的主动性。通过对原理分析应达到如下目的：

找出电路中可能产生的干扰源以及易受外界干扰的敏感元器件；

熟悉原理图中出现的每个元器件，掌握每个元器件外形尺寸、封装形式、引线方式、引脚排列顺序、各引脚功能及其形状等，确定哪些元器件因发热而需要安装散热片，并计算出散热片面积；确定哪些元器件装在板上、哪些装在板外等。

2）草图绘制的步骤。通过对原理图分析，完成上述各项准备工作，即可开始排版。排版过程中应处理好各类干扰及接地问题，而且注意导线不能交叉。具体步骤（图3-17所示）如下：

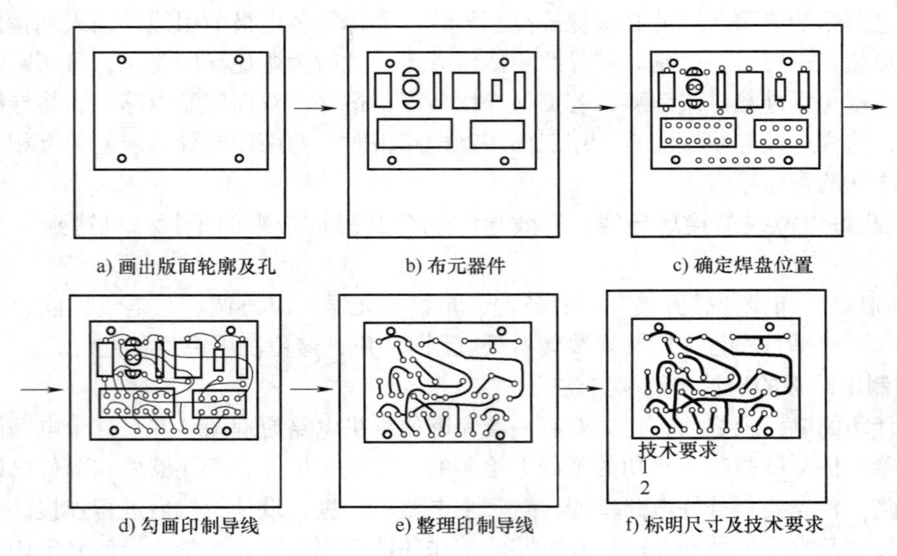

a) 画出版面轮廓及孔　b) 布元器件　c) 确定焊盘位置

d) 勾画印制导线　e) 整理印制导线　f) 标明尺寸及技术要求

图3-17　草图绘制步骤

① 根据主要元器件的尺寸，在坐标纸上画出版面的轮廓尺寸，并在边框下边留出一定空间，用于说明技术要求。

② 版面的四周留出一定空白间距（一般为5～10mm）不设置焊盘与导线，绘制印制电路板的定位孔和各元器件的固定孔。

③ 进行元器件布局，用铅笔画出各元器件外形轮廓。注意应使各元器件轮廓尺寸与实物对应，元器件间距要均匀一致，各元器件之间外表距离不能小于1.5mm。使用较多的小型元器件可不画出轮廓，如电阻、小电容等，但要做到心中有数。在元器件布局时还应考虑各种干扰及散热问题等。

④ 确定并标出焊盘位置，有精度要求的焊盘要严格按尺寸标出。无尺寸要求的焊盘，应尽量使元器件排列均匀、整齐。布置焊盘位置时，不要考虑焊盘间距是否一致，而应根据元器件大小形状而定，最终保证元器件装配后均匀、整齐、疏密适中。

⑤ 勾画印制导线。为简便起见，只用细线标明导线的走向即路径，不需要把印制导线按照实际宽度画出来，但应考虑线间距离，以及由地线、电源线等产生的公共阻抗的干扰。在布线时，导线不能交叉，必要时可用跨线。

⑥ 铅笔绘制的草图反复核对无误后，再用绘图笔重描焊点及印制导线，描好后擦去元器件实物轮廓图，使草图清晰明了。

⑦ 标明焊盘尺寸及印制导线的宽度，注明印制电路板的技术要求。

3.2.2　印制电路板的制作

1. 印制电路板的种类

印制电路板的种类很多，按其结构可分为单面印制电路板、双面印制电路板、多层印制电路板和软性印制电路板。

（1）单面印制电路板　单面印制电路板是最早使用的印制电路板，仅一个表面具有导电图形，而且导电图形比较简单，主要用于一般电子产品中。

（2）双面印制电路板　双面印制电路板是两个表面都具有导电图形的印制电路板，并且用金属化孔使两面的导电图形连接起来。双面印制电路板的布线密度比单面印制电路板高，使用更为方便，主要用于较高档的电子产品和通信设备中。

（3）多层印制电路板　多层印制电路板是指有三层以上相互连接的导电图形层、层间用绝缘材料相隔、经粘合后形成的印制电路板。多层印制电路板导电图形制作比较复杂，但适合集成电路的需要，可使整机小型化；同时提高了布线密度，缩小了元器件的间距，缩短了信号的传输路径；也减少了元器件焊接点，降低了故障率，提高了整机的可靠性，广泛用于计算机和通信设备等高档电子产品中。

2. 印制电路板的结构

一块完整的印制电路板主要包括以下几个部分：绝缘基板、铜箔、孔、阻焊层和丝印层。

（1）绝缘基板　印制电路板的绝缘基板是由高分子的合成树脂与增强材料组成的。合成树脂的种类很多，常用的有酚醛树脂、环氧树脂、聚四氟乙烯树脂等。增强材料一般有玻璃布、玻璃毡或纸等，它们决定了绝缘基板的机械性能和电气性能。

（2）铜箔　铜箔是印制电路板表面的导电材料，它通过黏合剂粘贴在绝缘基板的表面，然后再制成印制导线和焊盘，在板上实现元器件的相互连接。因此，铜箔是印制电路板的关键材料，必须具有较高的电导率和良好的可焊性。铜箔表面不得有划痕、砂眼和皱折。铜箔的厚度有18μm、25μm、35μm、70μm、和105μm等几种。通常使用的铜箔厚度是35μm。

（3）焊盘　在印制电路板中，焊盘起着连接元器件引线和印制导线的作用，它由安装孔及其周围的铜箔组成。

1）焊盘的尺寸。焊盘的尺寸取决于安装孔的尺寸。安装孔在焊盘的中心，用于固定元器件引线，显然，安装孔的直径应稍大于元器件引线的直径。一般安装孔的直径最小应比元器件引线直径大0.4mm，但最大不能超过元器件引线直径1.5倍，否则在焊接时，不仅用锡量多，而且会因为元器件的活动造成虚焊，使焊接的机械强度变差。安装孔的直径有0.8mm、1.0mm和1.2mm等尺寸。在同一块电路板上，安装孔的尺寸规格应少一些。

2）焊盘的形状。焊盘的形状和尺寸要有利于增强焊盘和印制导线与绝缘基板的粘贴强度，而且也应考虑焊盘的工艺性和美观。常见的焊盘有以下几种：

① 圆形焊盘。如图3-18所示，焊盘与安装孔是同心圆，焊盘的外径一般为孔径的2～3倍。设计时，如果印制电路板的密度允许，焊盘不宜过小，否则焊接中容易脱落。同一块印制电路板上，除个别较大元器件需要大孔以外，一般焊盘的外径应取为一致，这样不仅美观，而且容易绘制。

② 岛形焊盘。如图3-19所示，焊盘与焊盘之间结合为一体，犹如水上小岛，故称为岛形焊盘。它常用于不规则排列，特别是当元器件采用立式不规则固定时更为普遍，收录机、电视机等家用电器都采用这种焊盘。岛形焊盘可大量减少印制导线的长度和根数，并能在一定程度上抑制分布参数对电路造成的影响。此外，焊盘与印制导线合为一体后，铜箔面积加大，使焊盘和印制导线的抗剥强度增加。

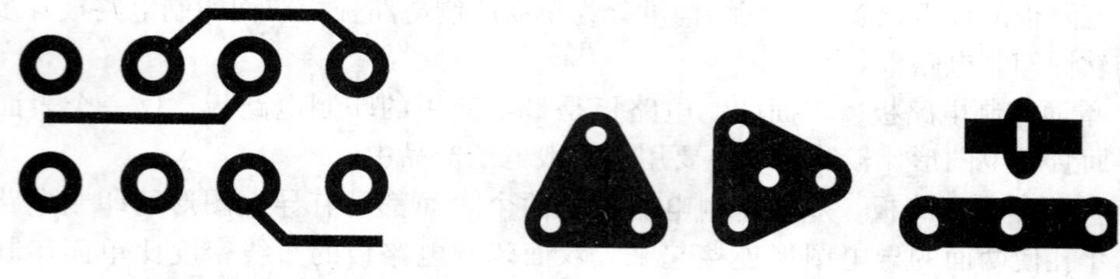

图3-18 圆形焊盘　　图3-19 岛形焊盘

③ 椭圆形焊盘。椭圆形焊盘如图3-20所示。一般封装的集成电路两引脚之间的距离只有2.5mm，如果在这么小的间距里还要走线，只能采用椭圆形焊盘，而椭圆形焊盘有利于斜向布线，从而缩短了布线长度。在印制电路板设计中，不必拘泥于一种形式的焊盘，要根据实际情况灵活变换。

④ 其他焊盘。除了以上形状的焊盘，还有泪滴形焊盘、八角形焊盘和开口焊盘等，如图3-21所示。其中泪滴形焊盘的牢固性最强。

图3-20 椭圆形焊盘　　图3-21 其他焊盘

（4）印制导线

1）印制导线的宽度。由于印制导线具有一定的电阻，当有电流通过时，一方面会产生电压降，造成信号电压的损失或造成地电流经地线产生寄生耦合；另一方面会产生热量。当导线流过电流较大时，产生的热量多，造成印制导线的粘贴强度降低而剥落。因此，在设计时应考虑印制导线的宽度，一般印制导线的宽度为0.3～2.0mm。实验证明，若印制导线的铜箔厚度为0.05mm，宽度为1mm，允许通过1A的电流，宽度为2mm的导线允许通过1.9A的电流。因此，可以近似认为导线的宽度等于载流量的安培数。所以，导线的宽度可选在1～2mm左右，就可以满足一般电路的要求。对于集成电路的信号线，导线宽度可以选在1mm以下，但为了保证导线在板上的抗剥强度和工作可靠性，线条不宜太细。只要板上的面积及线条密度允许，应尽可能采用较宽的导线，特别是电源线、地线及大电流的信号线，更要适当加大宽度。

2）导线的间距。在正常情况下，导线间距的确定应考虑导线之间击穿电压在最坏条件下的要求。在高频电路中还应考虑导线的间距将影响分布电容、电感的大小，从而影响电路的损耗和稳定性。一般情况下，建议导线的间距等于导线宽度，但不小于1mm。实验证明，导线间距为1mm时，工作电压可达200V，击穿电压为1500V。因此，导线间距在1～2mm就可以满足一般电路的需求。

3）导线的形状。导线的形状如图3-22所示。由于印制电路板的铜箔粘贴强度有限，印制导线的图形如设计不当，往往会造成翘起和剥脱，所以在设计印制导线的形状时应遵循以下原则：

① 印制导线不应有急剧的弯曲和尖角，最佳的弯曲形式是平缓地过渡，拐角的内、外角最好都是圆弧，其半径不得小于2mm。

② 导线与焊盘的连接处也要圆滑，避免出现小尖角。

③ 导线应尽可能地避免分支，如必须有分支，分支处应圆滑。

④ 导线通过两个焊盘之间而不与之连通时，应该使与它们的间距保持最大，而且相等。同样，导线之间的间距也应该均匀相等并且保持最大。

（5）孔　印制电路板的孔有元器件安装孔、工艺孔、机械安装孔及金属化孔等，如图3-23所示。它们主要用于基板加工、元器件安装、产品装配及不同层面之间的连接。元器件的安装孔用于固定元器件引线。安装孔的直径有0.8mm、1.0mm、1.2mm等尺寸，同一块电路板安装孔的尺寸规格要尽量少一些。

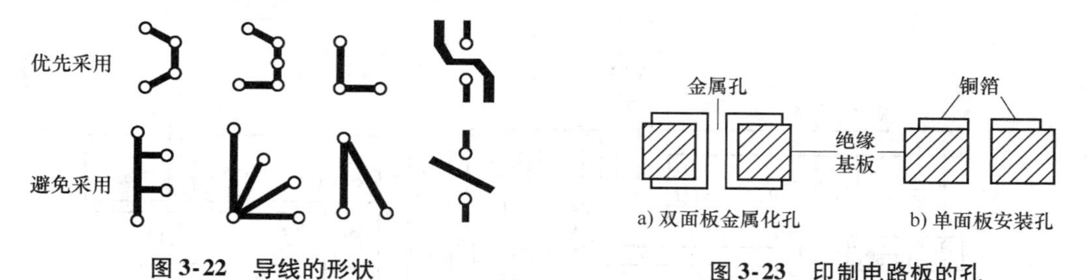

图3-22　导线的形状

图3-23　印制电路板的孔

（6）阻焊层　阻焊层是指在印制电路板上涂覆的绿色阻焊剂。阻焊剂是一种耐高温涂料，除了焊盘和元器件的安装孔以外，印制电路板的其他部位均在阻焊层之下。这样可以使焊接只在需要焊接的焊点上进行，而将不需要焊接的部分保护起来。应用阻焊剂可以防止搭焊连桥所造成的短路，减少返修，使焊点饱满，减少虚焊，提高焊接质量，减少焊接时受到的热冲击，使板面不易起泡、分层，减少了潮湿气体和有害气体对板面的侵蚀。

（7）丝印层　丝印层一般用白色油漆制成，主要用于标注元器件的符号和编号，便于印制电路板装配时的电路识别。

3. 印制电路板制作方法

（1）手工制作印制电路板　在电子产品样机设计尚未定型阶段，或电子爱好者业余制作时，经常需要制作一、两块供分析测试使用的印制电路板。若将之拿到专业制板厂加工，不仅周期长，而且很不经济，因此掌握手工制作印制电路板的方法非常必要。

1）穿线法。用穿线法来仿制电路，适合第一次自己动手的电子爱好者，它具有灵活、简便的特点，线路可随时变换。具体制作方法如下：

① 找一块厚度为 1 ~2mm 的绝缘板作为基板。

② 将设计的印制电路板草图，用复写纸印在绝缘板的一面，为了复写清晰，只印电路，不印元器件符号，并把焊盘画成一个小圆圈。

③ 用 1.5 ~2mm 左右的钻头，在所有的焊盘处钻孔，形成引线孔。

④ 按印制电路板草图将所有元器件插在规定的位置。

⑤ 用 0.2mm 的自熔漆包线或塑料电线，按照线路的连接要求绕在元器件的引脚上，并用电烙铁焊好，过长的引脚剪掉。

用穿线法制作电路板，其优点是材料简单，而且一块绝缘板可以多次改制、安装和维修，但此种电路板的安装密度不能太大。

2）刀刻法。对于一些电路简单、线条较少的印制电路板，可以用刀刻法来制作，如图 3-24 所示。刻制印制电路板常用的工具是小刀和钢板尺。刻制印制电路板的操作步骤如下：

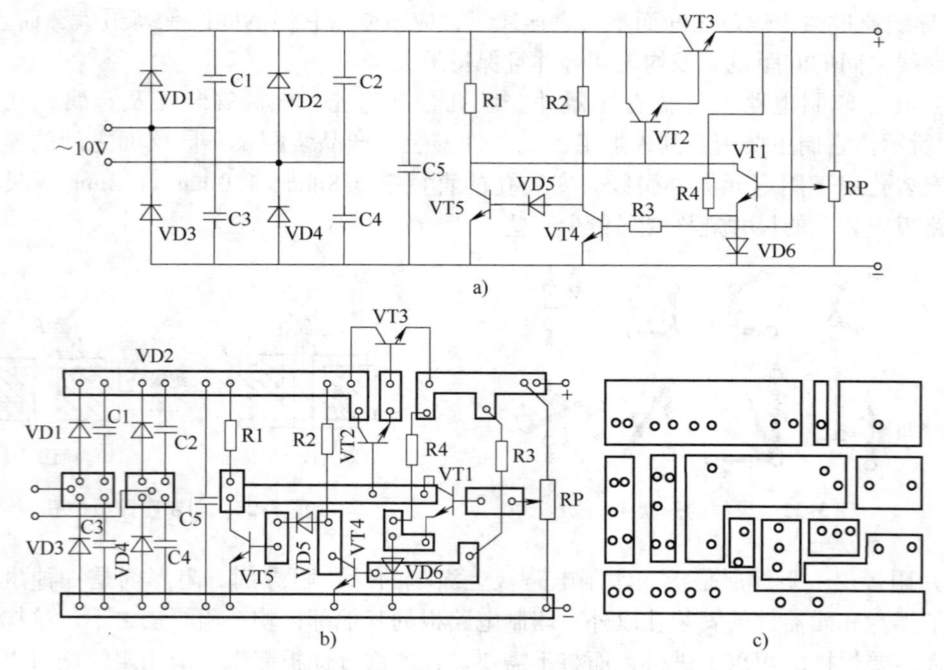

图 3-24　刀刻印制电路板底图设计

① 设计、绘制刀刻线路底图。首先根据电子产品的外壳确定整个印制电路板的尺寸，然后确定元器件的位量，接着就可画出刀刻印制电路板的草图。为了便于刀刻，应把印制导线的铜箔面积加大，并且印制导线尽可能采用矩形。

② 用复写纸将刀刻底图复写在敷铜板的表面。

③ 用小刀沿着复写线条刻出痕迹，力求刻断铜箔，再用刀尖将痕迹中间需要刻去的铜箔挑出一个头，然后用尖嘴钳夹住将铜箔撕下。印制电路板刻好后，用细砂纸将铜箔表面氧化层和污垢擦掉，便可涂刷助焊剂。

3）漆图法。用漆图法制作印制电路板主要分为三步。

① 描绘。选好合适的敷铜板，用碱水除去铜箔面油污或用细砂纸打光。然后用复写纸把1∶1的印制电路板图复写在铜箔面上，再在复写图上涂抹耐腐蚀涂料。涂料可用清漆、磁化漆、煤油稀释的沥青等，也可用打字蜡纸、改正液、指甲油等。

② 腐蚀。腐蚀前先检查图形质量，修整线条及焊盘，修整完毕的描绘电路板干燥后即可进行腐蚀。腐蚀剂用三氯化铁。将三氯化铁与水按1∶3的比例混合盛于容器中（不能用金属容器），溶液温度30～50℃，放入已描绘的电路板，不时搅动，直到未涂漆的铜箔全部被腐蚀掉，但应注意溶液温度，因为温度过高腐蚀快，易使漆皮脱落，温度过低则速度太慢。多次使用的溶液呈暗绿色，应弃置不用或用电解法再生后使用。

③ 钻孔。腐蚀好的电路板应用清水冲净，然后用细砂纸打光铜箔。然后用钻在焊盘中心钻孔。打孔完毕后，再把松香、酒精配成的助焊剂涂在印制电路板的铜箔面，防止铜箔面氧化，并提高可焊性。

4）感光法。感光法是在具有感光膜的感光电路板上制作印制导线和焊盘。这种感光电路板是在普通电路板的基础上，经清洗、抛光等工艺，再涂覆一层专用的感光涂层制成。用感光电路板制成的印制电路板具有精度高（最细可达0.2mm宽的线径）、成本低、效率高的优点。感光法的具体步骤如下：

① 用遮光性良好的油性签字笔在透明胶片或半透明的纸上画出印制电路板底图。

② 将印制电路板底图对准感光板，再用普通玻璃压上，使底图平整，然后在其上4～6cm处，放10～20W的荧光灯照射6～10min，就使感光电路板透光的部分被曝光。

③ 将曝光好的感光板置于特制的显像液中，5～8min后，曝光的感光涂层在显像液中溶解，露出铜箔，而未曝光的部分，表面仍有感光涂层。

④ 将经过显像液处理的感光板放入三氯化铁溶液中腐蚀，直至铜箔完全去掉，涂有感光层的部分是不会被腐蚀掉的。

⑤ 将腐蚀后的印制电路板用清水冲洗后烘干，然后再用酒精除去感光涂层。最后再打孔，涂上助焊剂即可完成制作。

3.3 技能训练

3.3.1 声控小夜灯电路板的制作

1. 电路原理分析

R1为传声器MIC的偏置电阻，R2、R3使VT1处于临界截止状态，当传声器MIC接收到音频信号后，通过C1耦合给VT1基极，在音频信号的正半周加深VT1的导通，同时把VT2的基极电位拉低，VT2截止，对电路没有多大影响；在音频信号的负半周使VT1反偏压截止，VT2导通，VT3也导通，白炽灯点亮。由于电容C1充放电需要一个过程，所以白炽灯点亮后会延时一段时间。调整C1的大小可以改变点亮后延时熄灭的时间，容量小延时时间短，容量大，延时时间长，可以在1微法到几百微法选取。改变R2阻值的大小可以改变VT1临界截止度，也就是改变灵敏度，阻值大，灵敏度高，反之则低。电路原理图如图3-25所示。

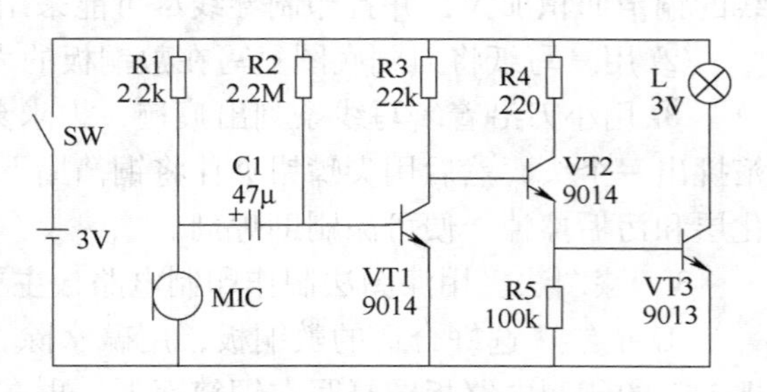

图3-25 声控小夜灯电路原理图

2. 电路板制作步骤

1）复习“印制电路板设计与制作”章节内容。

2）采用“漆图法”进行制板，将图3-25“声控小夜灯电路原理图”绘制在A4白纸上，描绘出其PCB图。

3）选好合适的敷铜板，用碱水除去铜箔面油污或用细砂纸打光。

4）将PCB图、复写纸裁成与敷铜板一样大小，将他们粘在敷铜板有铜的一面，复写纸紧贴铜面。

5）用笔按PCB图1∶1比例沿走线、焊盘描一轮，不用描元器件符号，使PCB图走线经过复写纸印在敷铜板上，描完将电路图样及复写纸取下。

6）用漆（清漆、磁化漆、煤油稀释的沥青等）涂在铜面走线、焊盘上，涂料粗细可根据走线需要而定，包括焊盘大小。

7）检查用涂料描绘的走线图形质量，修整线条、焊盘，晾干。

8）用三氯化铁溶液（三氯化铁与水按1∶3的比例）进行腐蚀。

9）腐蚀结束后，将电路板用清水冲净，用布擦干，然后用细砂纸打光铜箔。

10）用电钻进行打孔，钻在焊盘中心。

11）打孔完毕后，再把松香、酒精配成的助焊剂涂在印制电路板的铜箔面；防止铜箔面氧化，并提高可焊性。

12）制板结束。

3.3.2 心形流水灯电路的制作

1. 电路原理分析

从图3-26所示原理图上可以看出，18只LED被分成3组，每当电源接通时，3只晶体管会争先导通，但由于元器件存在差异，只会有1只晶体管最先导通，这里假设VT1最先导通，则LED1这一组点亮，由于VT1导通，其集电极电压下降使得电容C1左端下降，接近0V，由于电容两端的电压不能突变，因此VT2的基极也被拉到近似0V，VT2截止，故接在其集电极的LED2这一组熄灭。此时VT2集电极的高电压通过电容C2使VT3基极电压升高，VT3也将迅速导通，LED3这一组点亮。因此在这段时间里，VT1、VT3的集电极均为低电平，LED1和LED3这两组被点亮，LED2这一组熄灭，但随着电源通过电阻R3对C1的充电，VT2的基极电压逐渐升高，当超过0.7V时，VT2由截止状态变为导通状态，集电极电压下降，LED2这一组点亮。与此同时，VT2的集电极下降的电压通过电容C2使VT3的基极电压也降低，VT3由导通变为截至，其集电极电压升高，LED3这一组熄灭。供电电压4.5~5V。接下来，电路按照上述过程循环，3组18只LED便会被轮流点亮，同一时刻有2组共12只LED被点亮。这些LED被交叉排列呈一个心形图案，不断地循环闪烁发光，达到动感显示的效果。

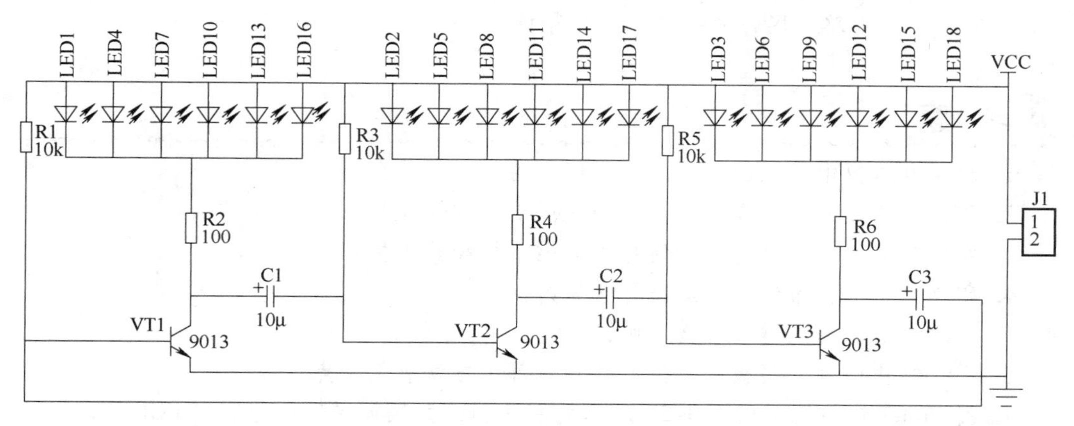

图3-26　心形流水灯电路原理图

2. 电路板制作步骤

1）复习“印制电路板设计与制作”章节内容。

2）用“感光法”进行制板，用遮光性良好的油性签字笔在透明胶片或半透明的纸上画出印制电路板底图（PCB图），也可以用电路设计软件设计出PCB图，并将PCB图打印在胶片纸上。

3）将印制电路板底图对准感光板，再用普通玻璃压上，使底图平整，然后在其上4~6cm处，放10~20W的荧光灯照射6~10min，就使感光电路板透光的部分被曝光。

4）将曝光好的感光板置于特制的显像液中，5~8min后，曝光的感光涂层在显像液中溶解，露出铜箔，未曝光部分的表面仍有感光涂层。

5）将经过显像液处理的感光板放入三氯化铁溶液中腐蚀。

6）将腐蚀后的印制电路板用清水冲洗后烘干，然后再用酒精除去感光涂层。

7）用钻孔机进行打孔。

8）涂上助焊剂即可完成制作。

本章小结

本章主要介绍了电路原理图的概念及构成，用Protel 99 SE软件绘制电路原理图及印制电路板设计与制作。一张完整的电路图主要构成要素包括图形符号、文字符号、连线以及注释性字符等。在电路原理图中，元器件图形符号和文字符号，国家标准中有严格规定（即国标“GB”），必须严格执行，不得任意更改或乱画。必须严格遵守电路图的绘制规则、步骤及注意事项。

用Protel软件绘制电路原理图的流程包括新建一个设计库、添加元器件库、添加元器件、编辑元器件、放置电源与接地元件、连接线路、放置接点、保存文件共8个步骤。印制电路板的种类包含单面印制电路板、双面印制电路板、多层印制电路板三种。一块完整的印制电路板主要包括以下几个部分：绝缘基板、铜箔、孔、阻焊层和丝印层。印制电路板的制作方法有穿线法、刀刻法、漆图法及感光法。

通过本章学习，可以熟练掌握电路原理图、印制电路板图的绘制以及印制电路板的设计与制作，掌握整机电路元器件的安装、布局等技能。

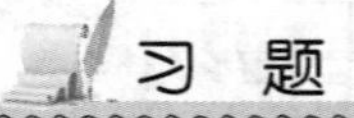

习题

1. 印制电路板由哪几部分组成，每部分的作用是什么？
2. 印制电路板的焊盘有几种，每种适用于何种情况？
3. 在印制电路板布局时，如何防止电磁干扰和热干扰？
4. 印制电路板在布线时应遵循什么原则？
5. 布局元器件时应遵循什么原则？
6. 手工制作印制电路板的方法有几种，每种方法有何特点？
7. 用 Protel 软件绘制出图3-27所示的原理图，并根据原理图绘制出 PCB 图。

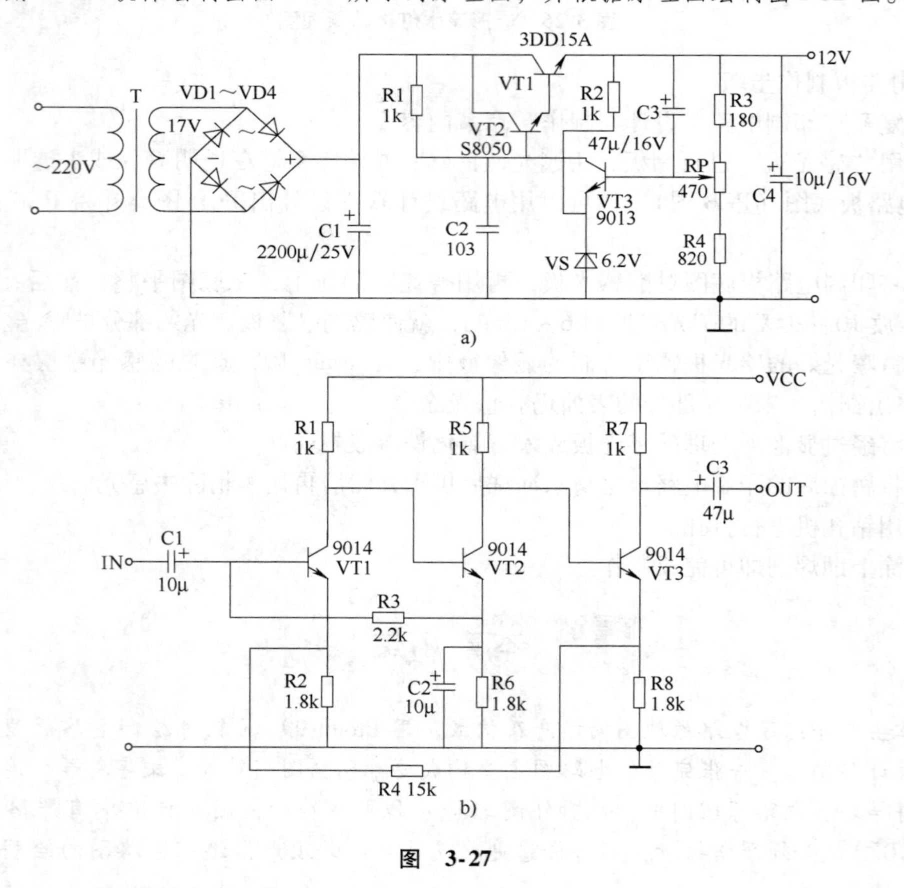

图 3-27

第4章 电子产品安装与调试工艺

教学导航

教	知识重点	1. 电子产品安装工艺及安装工艺文件的编制 2. 电子产品焊接工艺及技术 3. 电子产品调试方法及工艺文件的编制 4. 整机故障分析及排除方法 5. 简单电子产品整机安装
	知识难点	1. 工艺文件的编制 2. 整机故障分析及排除方法
	推荐教学方式	以实际操作为主，教师进行适当讲解，充分发挥教师的指导作用，鼓励学生多动手、多体会，通过训练，让学生在做中掌握电子产品安装、焊接和调试等技能
	建议学时	10 学时
学	推荐学习方法	以自己实际操作为主，紧密结合本章内容，通过自我训练，互相指导、总结，掌握电子产品安装和调试的方法
	必须掌握的理论知识	1. 电子产品安装、焊接、调试及工艺文件编制基本知识 2. 电子产品故障分析、排除的基本知识
	需要掌握的工作技能	1. 掌握电子产品安装、焊接、调试及工艺文件编制方法 2. 掌握电子产品故障排除方法
做	技能训练	按要求安装声控小夜灯及心形流水灯，掌握其安装、焊接及调试技能

4.1 电子产品安装与焊接

电子产品的整机安装是依据设计文件的要求，按照工艺文件的工序安排和具体要求，把元器件、零部件装连、紧固在印制电路板、机壳、面板等指定的位置上。整机安装工艺的好坏，将直接影响电子产品的质量，因此，一定要把好安装这道关。

4.1.1 电子产品安装工艺

整机安装的准备工作包括技术资料的准备、相关人员的技术培训、生产组织管理、安装工具和设备的准备、整机安装所需的各种材料的处理。而整机安装的准备工艺是指导线、元器件、零部件的预先加工处理，如导线端头加工、屏蔽线的加工、元器件的检验及成型等处理。

1. 导线的加工

导线加工可分为下料、剥头、捻头、搪锡、清洁及印标记等工序。

（1）下料　下料也称裁剪、剪裁，根据工艺文件中导线加工表中的要求，用斜口钳或下线机等工具对所需导线进行剪切。下料时做到：长度精确、切口整齐、不损伤导线及绝缘皮（漆），一般下料允许误差为5%～10%。

（2）剥头　剥头主要是指将绝缘导线的两端用专业工具去掉一段绝缘层而露出芯线的过程。一般采用刃截法和热截法两种方法，刃截法所用工具一般有剥线钳、电工刀、剪刀等；热截法一般用专业热控剥皮器或电烙铁等工具，剥头长度一般为10～12mm。剥头时应做到：绝缘层截除面整齐、芯线无损伤、无断股等。

（3）捻头　对多股芯线，剥头后用镊子或捻头机把松散的芯线绞合整齐的过程，称为捻头。捻头应松紧适度（其螺旋角一般为30°～45°），不卷曲、不断股。

（4）搪锡　搪锡也称浸锡、上锡、预挂锡等，主要是为了提高导线的可焊性，防止虚焊、假焊。要对导线进行搪锡处理，一般有锡锅浸锡和电烙铁上锡两种方法。

1）锡锅浸锡法。将捻好头的导线先蘸或浸助焊剂，然后将导线插入锡锅中进行浸锡；浸锡时间为1～3s为宜；浸锡后应立刻浸入酒精中散热，以防止绝缘层收缩或破裂，被搪锡的导线表面应光滑明亮，无拉尖和毛刺，焊料层薄厚均匀，无残渣和助焊剂粘附。

2）电烙铁上锡法。当需要的导线很少时，可用电烙铁上锡。其操作方法为：将电烙铁加热，待到可熔化焊锡时，先用助焊剂除去导线上氧化物，将焊锡镀在导线上。上锡时，电烙铁头、助焊剂要保持干净，控制好加热时间，不要烫伤或烫熔绝缘层。

2. 元器件引脚的加工

为了便于安装和焊接元器件，在安装前，要根据其安装位置的特点及技术要求，预先把元器件引脚弯曲成一定的形状，并进行搪锡处理。

（1）元器件引脚成形　元器件引脚应根据焊点间距，做成需要的形状，图4-1为引脚折弯的各种形状。图4-1a、b、c为卧式形状，图4-1d、e、f为立式形状。图4-1a、f可直接贴到印制电路板上；图4-1b、d则要求与印制电路板有2～5mm的距离，多用于双面印制电路板或发热元器件；图4-1c、e引脚较长，多用于焊接时怕热的元器件。图4-2为半导体晶体管和圆形外壳集成电路的引脚成形要求。图4-3则为扁平封装集成电路的引脚成形要求。

（2）元器件引脚成形的技术要求

1）元器件引脚成形时，本体不应产生破裂，表面封装不应损坏，引脚弯曲部分不允许出现模印裂纹。

2）引脚成形后其标称值应处于查看方便的位置。

（3）无器件引脚的搪锡　因长期暴露于空气中存放的元器件的引脚表面有氧化层，为提高其可焊性，必须做搪锡处理。元器件引脚在搪锡前可用刮刀或砂纸去除元器件引脚的氧化层。注意不要划伤和折断引脚。但对扁平封装的集成电路，则不能用刮刀或砂纸，而只能用绘图橡皮轻擦清除氧化层，并应先成形，后搪锡，搪锡过程及注意事项与导线的搪锡类似，不再重复。

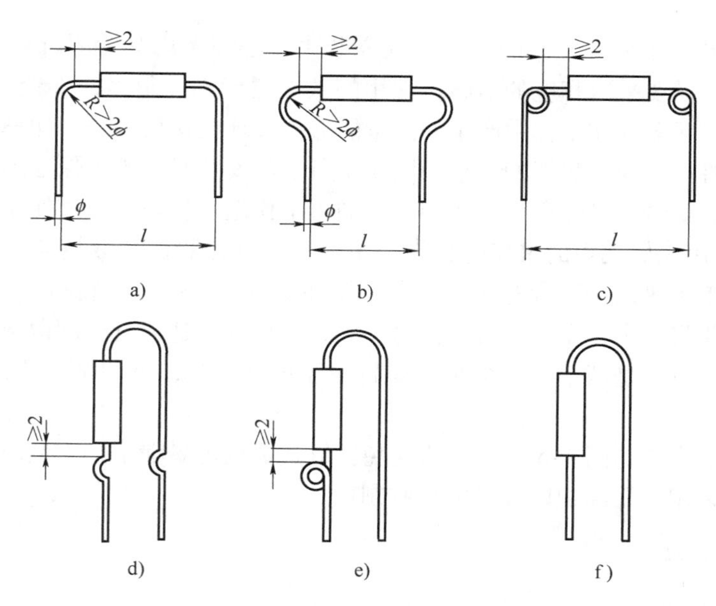

图 4-1　元器件引脚成形示意图

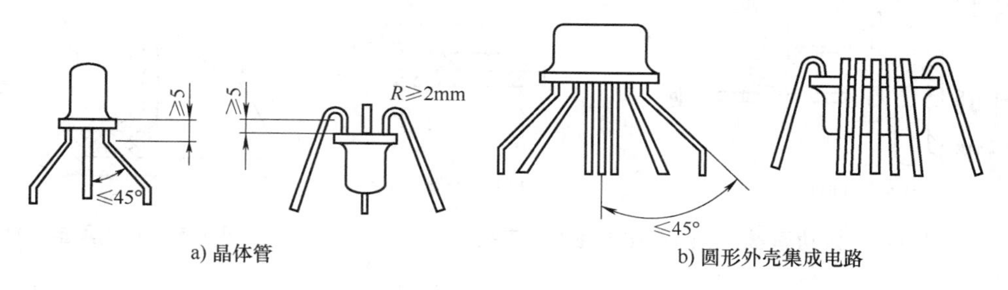

图 4-2　晶体管及圆形外壳集成电路引脚成形要求

3. 电子产品安装工艺要求

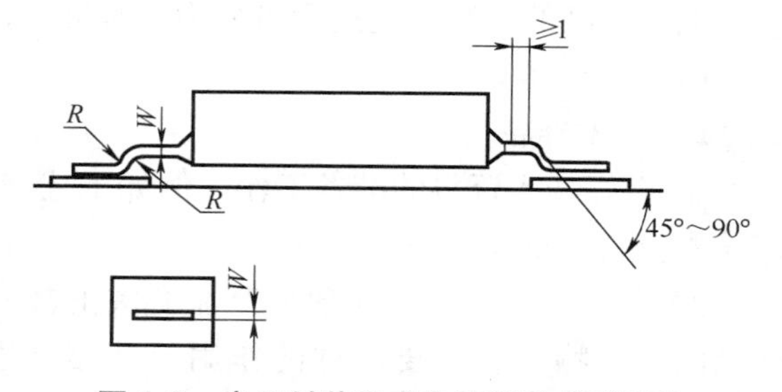

图 4-3　扁平封装集成电路引线成形要求

为了确保产品质量，整机的安装工艺应严格按照工艺文件要求进行。如何才能做到严格执行工艺文件呢？人是关键因素。因此需要对安装工作人员进行严格的岗前培训，提高他们的质量意识，使其能够自觉地执行工艺文件，并使其具有较高的技术素质，有能力执行工艺文件。电子产品的安全性和可靠性是衡量其质量的两个重要因素，因此安装工艺应该达到以下基本要求。

（1）保证导通与绝缘的电气性能　安装好的电子产品，长期工作在振动、温度、湿度等自然条件变化的环境中时，应能保证“通者恒通、断者恒断”，因此在制定工艺文件时已经充分考虑了各个方面的因素。

（2）保证机械强度　电子产品在使用的过程中，不可避免地需要运输和搬动，会发生各种有意或无意的振动、冲击，如果机械安装不够牢固，电气安装不够可靠，都有可能因为加速运动的瞬间受力使安装受到损害。

（3）保证传热、电磁等方面的要求　在安装中，必须考虑某些零部件在传热、电磁方面的要求，因此，需要采取相应的措施。常用的散热器标准件很多，不论采用哪一种款式，其目的都是为了使元器件在工作中产生的热量能够更好地传送出去。大功率的晶体管在机壳上安装时，利用机壳作为散热器的方法如图4-4所示。安装时，既要保证绝缘的要求，又不能影响散热效果，即希望导热而不希望导电。如果工作温度较高，应该使用云母垫片；低于100℃时，可以采用完好无损的聚酯薄膜作为垫片。并且在器件和散热器之间填上硅胶，能够降低热阻、改善传热效果。穿过散热器和机壳的螺钉也要套上绝缘管，如图4-4a所示。紧固螺钉时，不要将一个拧紧以后再去拧另一个，这样容易造成管壳同散热器贴合不严，影响散热性能。正确方法是两个（或多个）螺钉轮流逐渐拧紧，可使贴合严密并减小内应力，如图4-4b所示。

金属屏蔽盒的安装如图4-5所示，为避免接缝造成的电磁泄漏，安装时在中间垫上导电衬垫。衬垫通常采用金属编织网或导电橡胶制成。

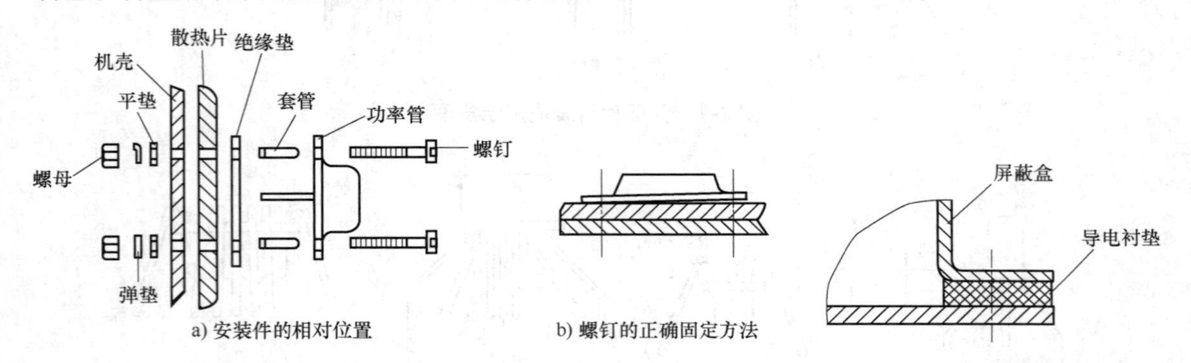

a) 安装件的相对位置　b) 螺钉的正确固定方法

图4-4　大功率器件散热器在机壳上的安装

图4-5　金属屏蔽盒的安装

4. 电子产品安装工艺过程

电子产品的安装工艺过程可分为安装准备、部件安装和整件安装三个阶段。

（1）安装准备

1）技术准备。

① 做好技术资料的准备工作，例如工艺文件、必要的技术图样等。特别是新产品的生产技术资料，更应准备齐全。

② 安装人员应熟悉和理解产品有关的技术资料，例如产品性能、技术条件、安装图、产品的结构特点、主要部件的作用及其相互连接关系、关键部件安装时的注意事项及要求等。

2）生产准备。

① 生产组织准备。根据工艺文件，确定工序步骤和安装方法，进行流水线作业安排、人员配备等。

② 安装工具和设备准备。在电子产品的部件安装和整件安装中，目前使用的大部分是手工工具，但在某些大型企业中要求一致性强的产品大批量生产的流水线上，为保证产品质量，提高劳动生产率，配备了一些专用安装设备。常用手工安装工具有电烙铁、剪刀、斜口钳、尖嘴钳、平嘴钳、剥线钳、螺钉旋具（用于装拆六角螺母和螺钉）等。

③ 材料准备。按照产品的材料工艺文件，进行购料、领料、备料等工作。

（2）部件安装　一台电子整机产品通常由各种不同的部件组成，部件安装质量的好坏将直接影响着整机的质量。在生产厂中，部件安装一般在生产流水线上进行，有些特殊部件也可由有关专业生产厂家提供。

1）印制电路板的安装。电子产品的部件安装中，印制电路板的安装元器件数量最多，工作量也较大。印制电路板的安装质量和产品质量关系密切。印制电路板安装的主要工作是装插元器件和焊接，这部分内容详见有关章节。

2）机壳、面板的安装。产品的机壳、面板既要安装部分零部件，构成产品的主体骨架，同时也对产品的机内部件起保护作用，为使用、运输和维护带来方便。而优美的外观造型又具有观赏价值，可以提高产品的竞争力。产品的机壳、面板的安装要求主要有以下几点。

① 注塑成形后的机壳、面板，经过喷涂、烫印等工艺后，安装过程中要注意保护，工作台面上应放置塑料泡沫垫或橡胶软垫，防止弄脏、划损面板、机壳。

② 进行面板、机壳和其他部件的连接安装时、要准确安装到位，并注意安装程序，一般是先轻后重，先低后高。紧固螺钉时，用力要适度，既要紧固，又不能用力过大造成滑牙穿透，损坏部件。

③ 面板、机壳、后盖上的铭牌、装饰板、控制指示、安全标记等应按要求端正牢固地装在指定位置。

④ 面板上安装的各种可动件，应操作灵活可靠。

3）其他常用部件的安装。

① 屏蔽件的安装。为了保证屏蔽效果，屏蔽件安装时，要保证接地良好。对螺纹联接或铆接的屏蔽件，螺钉、铆钉的紧固要做到牢靠、均匀。对于锡焊安装的屏蔽件，焊缝要做到光滑无毛刺。

② 散热件的安装。散热件和相关元器件的接触面要平整贴紧，以便增大散热面积。连接紧固件要拧紧，使它们接触良好，以保证散热效果。

（3）整件安装　整件安装又叫整机总装，是把组成整机的有关零件和部件等半成品安装成合格的整机产品的过程。这些半成品在进入整件安装前应是通过检验合格的，例如，具有一定功能的印制电路板部件应经过调试合格后方可进入总装。整件安装工艺流程框图如图 4-6 所示。

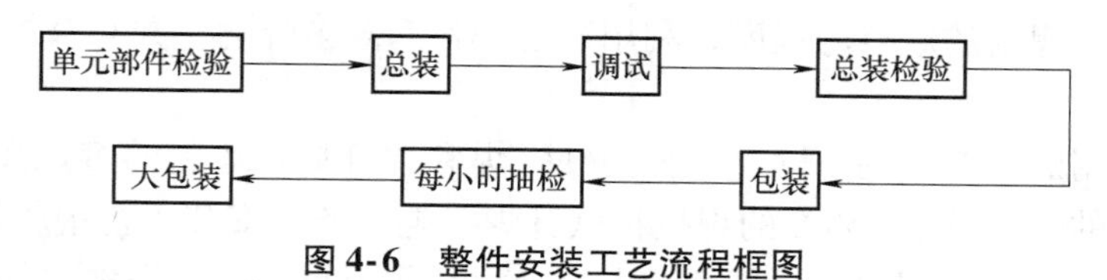

图 4-6　整件安装工艺流程框图

整件安装注意事项如下：

1）整件安装应有清洁、整齐、明亮、温度和湿度适宜的生产环境。安装时应按要求戴好白纱手套再进行操作。操作人员应熟悉安装工艺卡的内容要求，必要时应熟悉整机产品性能、结构。

2）进入整件安装的零件、部件应经过检验，并被确定为要求的型号、品种、规格的合格产品，或调试合格的单元功能板。若发现有不合要求的，应及时更换或修理。

3）安装时应确定好零件、部件的位段、方向、极性，不要装错。安装原则一般是：从里到外，从下到上，从小到大，从轻到重，前道工序不影响后道工序，后道工序不改变前道工序。

4）安装的元器件、零件、部件应端正牢固。紧固后的螺钉头部应用红色胶粘剂固定，铆接的铆钉不应有偏斜、开裂、毛刺或松动现象。

5）操作时应细心，不能破坏零件的精度、表面粗糙度、镀覆层，不能让焊锡、线头、螺钉、垫圈等异物落在整机中，同时应注意保护好产品外观。

6）总装接线要整齐、美观、牢固，导线或线把的放置要稳固和安全，要防止导线绝缘层被损伤，以免造成短路或漏电现象。电源线或高压线一定要连接可靠，不可受力。

7）水平导线或线把应尽量紧贴底板放置，坚直方向的导线可沿边框四角敷设，导线转弯时弯曲半径不宜过小。抽头、分叉、转弯、终端等部位或长线束中间每隔 20～30cm 用线夹固定。交流电源或高频引线可用塑料支柱、支承架空布线，以减小干扰。

8）对产品的性能、寿命、可靠性、安全性等实用性有严重影响或工艺上有严格要求和严重影响下道工序的关键工位工序，应设置“质量管理点”，通过对质量管理点的强化控制来保证产品的质量。

4.1.2 电子产品焊接工艺

焊接是电子设备安装的重要工艺。焊接质量的好坏，直接影响电子电路及电子装置的工作性能。高质量的焊接可为电路提供良好的稳定性、可靠性，不良的焊接方法会导致元器件损坏，给测试带来很大困难，有时还会留下隐患，使设备不能正常工作。因此，了解和掌握必要的焊接操作技能是很重要的。

1. 焊接分类及特点

焊接一般分熔焊、接触焊和钎焊三大类。

（1）熔焊　熔焊是指在焊接过程中，将焊件接头加热至熔化状态，在不外加压力的情况下完成焊接的方法。如电弧焊、气焊等。

（2）接触焊　在焊接过程中，必须对焊件施加压力（加热或不加热）完成焊接的方法。如超声波焊、脉冲焊、摩擦焊等。

（3）钎焊　钎焊采用比被焊件熔点低的金属材料作焊料，将焊件和焊料加热到高于焊料的熔点而低于被焊物的熔点的温度，利用液态焊料润湿被焊物，并与被焊物相互扩散，实现连接。

钎焊根据使用焊料熔点的不同又可分为硬钎焊和软钎焊。焊料的熔点高于 450℃ 的焊接称硬钎焊；焊料的熔点低于 450℃ 的焊接称软钎焊。电子产品安装工艺中所谓的“焊接”就是软钎焊的一种，主要使用锡、铅等低熔点合金材料作焊料，因此俗称“锡焊”。

2. 焊接机理

焊接是将焊料、被焊金属同时加热到最佳温度，焊料熔入被焊接金属材料的缝隙属表面相互浸润、扩散，最后形成合金层，从而将被焊金属永久牢固地结合。

（1）润湿　又称浸润，是指熔融焊料在金属表面形成均匀、平滑、连续并附着牢固的焊料层。浸润程度主要决定于焊件表面的清洁程度及焊料的表面张力。金属表面看起来是比较光滑的、但在显微镜下面看，有无数的凹凸不平、晶界和伤痕，熔化的焊料就是沿着这些表面上的凸凹和伤痕靠毛细作用润湿扩散开去的，因此焊接就是焊锡在焊件上的流淌。流淌的过程一般是松香在前面清除氧化膜，焊锡紧跟其后。润湿的好坏用润湿角表示，如图 4-7 所示。

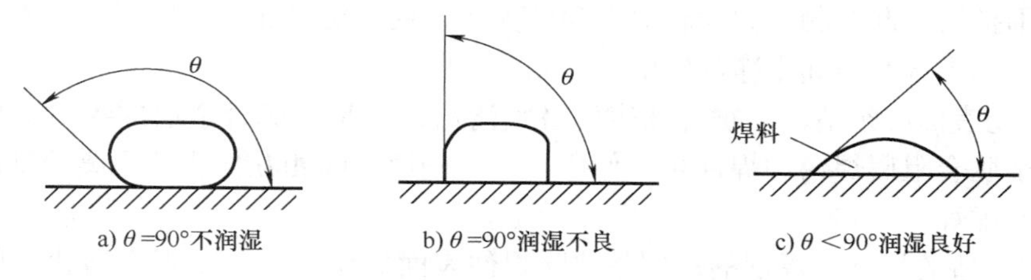

图 4-7　润湿好坏示意图

从以上叙述可知，润湿条件之一是被焊金属表面必须保持清洁。只有这样，焊料和被焊金属的原子才可以自由地相互吸引。

（2）扩散　伴随着熔融焊料在焊件上扩散的润湿现象还出现焊料向固体金属内部扩散的现象。例如，用锡铅焊料焊接铜件，焊接过程中既有表面扩散，又有晶界扩散和晶内扩散。锡铅焊料小的铅只参与表面扩散，而锡和铜原子之间的相互扩散，这是不同金属性质决定了扩散的不同。正是由于这种扩散作用，在两者界面形成新的合金，从而使焊料和焊件牢固地结合。

（3）合金层　扩散的结果使锡原子和被焊金属铜的交接处形成合金层，从而得到一个牢固可靠的焊接点。下面以锡铅焊料焊接铜件为例说明。在低温（250～300℃）条件下，铜和焊锡的界面就会生成 Cu3Sn 利 Cu6Sn5。若温度超过 300℃，除生成这些合金外，还要生成 Cu31Sn8 等金属间化合物。

焊点界面层的厚度因焊接温度和时间不同而不同，一般为 3～10μm。图 4-8 所示是锡铅焊料焊接紫铜时的部分断面金属组织的放大说明。

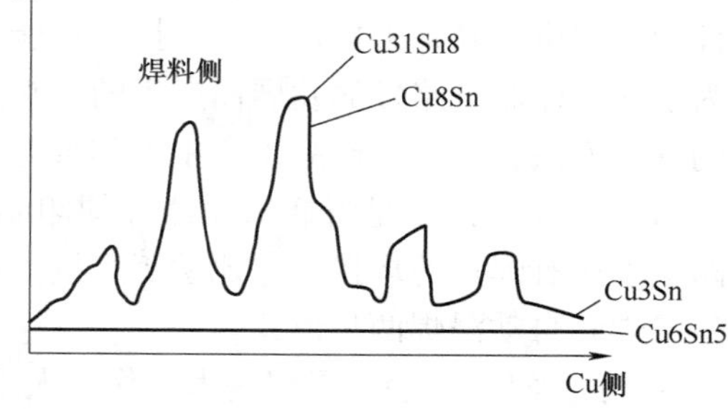

图 4-8　锡铅焊料焊接紫铜组织说明图

上图说明：在温度（t）适当时，焊接会生成 Cu3Sn 利 Cu6Sn5；当温度过高时，会生成 Cu31Sn8 等其他合金。这是由于温度过高而使钢熔进过多，将使焊接部位的物理特性、化学性质、机械特性及耐腐蚀性等发生变化。从焊点表面看，过热或时间过长会使焊料表面失去特有的金属光泽，而使焊点呈灰白色，形成颗粒状的外观。同时，靠近合金层的焊料层，其成分发生变化，也会使焊料失去结合作用，从而使焊点丧失机械、电气性能。正确的焊接时间为 2～5s，且一次焊成，切忌时间过长和反复修补。

3. 形成合金层的条件

1）焊接材料必须具有充分的可焊性。所谓可焊性，是指被焊接的金属材料与焊锡在适当的温度和助焊剂的作用下，焊锡原子容易与被焊接的金属原子相结合，形成良好的焊点的特性。并非所有的金属都具有良好的可焊性。有些金属如铬、铝、钨等，可焊性非常差，即使一些易焊的金属如紫铜、黄铜等，因为表面容易形成氧化膜而不易焊接，为了提高可焊性，一般须采用表面镀锡、镀银等措施。

衡量材料的可焊性，有专门指定的测试标准和测试仪器。实际上，根据焊锡的基本原理很容易比较材料的可焊性。例如，将一定量的焊料放到已加热到焊接温度的被焊物上，焊料熔化并向周围扩散。此时测量并比较润湿角的大小，便可定量比较不同材料、不同镀层的可焊性。一般共晶焊锡与表面干净的铜的润湿角为20°。

2）被焊物表面必须清洁。被焊物表面必须清洁，这是形成合金层的绝对必要条件。因为氧化膜和杂质会阻碍焊锡和焊件相互作用，达不到原子间相互作用的距离处难以生成真正的合金，容易虚焊。

3）选用合适的焊剂。焊剂的作用是清除焊件表面氧化膜并减小焊料熔化后的表面张力以利于润湿。不同焊件、不同的焊接工艺，应选择不同的焊剂，如镍铬合金、不锈钢、铝等材料，必须使用专用的特殊焊剂实施焊接。

4）焊接的温度和时间要适当。加热时应注意：不但要将焊锡加热熔化，而且要将焊件加热到可熔化焊锡的温度。只有在足够高的温度下才能使焊料充分润湿，并充分扩散形成合金层。正确的加热时间为2～5s，加热时间过长将使被焊物温度过高，容易使被焊物损坏。

从以上叙述可知，焊接时若满足上述4个条件，就能在几秒钟内发生各种物理及化学的连锁反应，从而使焊料和被焊金属间的表层形成合金。

4.1.3 电子产品焊接技术

电子产品的焊接技术有手工焊接技术、自动焊接技术和表面安装技术等，前面章节已经讲述了手工焊接技术，下面介绍自动焊接技术和表面安装技术。

1. 自动焊接技术

当今电子技术飞速发展，电子元器件也日趋集成化、小型化和微型化，印制电路板上元器件的排列也越来越密集，手工焊接已不能满足对提高效率和可靠性的要求。自动焊接技术是为了适应印制电路板的发展而产生的，它大大提高了生产效率，已成为当前印制电路板焊接的主要方法，在电子产品生产中得到普遍使用。

（1）浸焊　浸焊是将插好元器件的印制电路板浸入熔融状态的锡锅中，一次完成印制电路板上所有焊点的焊接。它比手工焊接生产效率高，操作简单，适于批量生产。浸焊包括手工浸焊和自动浸焊两种形式。

1）手工浸焊。手工浸焊是由操作工人手持夹具将已插好元器件、涂好助焊剂的印制电路板浸入锡锅中焊接，操作过程如下：

① 锡锅准备：锡锅熔化焊锡的温度在230～250℃为宜，但有些元器件和印制电路板较大，可将焊锡温度提高到260℃左右。为了及时去除焊锡层表面的氧化层，应随时加入松香助焊剂。

② 涂覆助焊剂：将插装好元器件的印制电路板浸渍松香助焊剂。

③ 浸锡：用夹具夹住印制电路板的边缘，以与锡锅内的焊锡液成30°～45°倾角浸入，然后与锡液保持平行浸入锡锅内，浸入的深度以印制电路板厚度的50%～70%为宜，浸锡的时间为3～5s。浸焊完成后仍按原浸入的角度缓慢取出，如图4-9所示。

④ 冷却：刚焊接完成的印制电路板上有大量余热未散，如不及时冷却，可能会损坏印制电路板上的元器件。可采用风冷或其他方法降温。

⑤ 检查焊接质量：焊接后可能会出现连焊、虚焊、假焊等，可用手工焊接补焊。如果大部分未焊好，应检查原因，重复浸焊。但印制电路板只能浸焊两次，否则，会造成印制电路板变形、铜箔脱落，元器件性能变差。

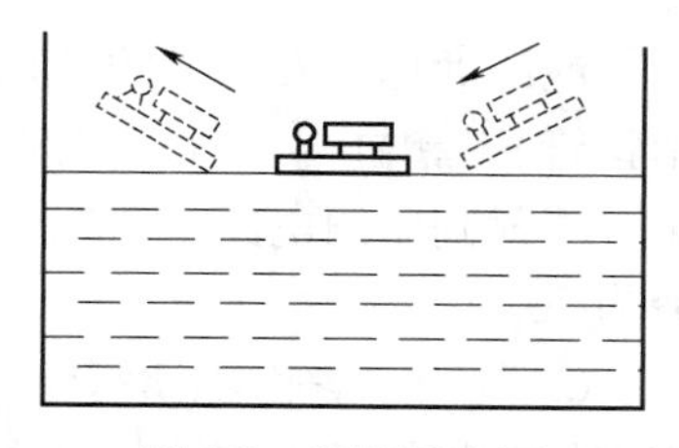

图4-9 浸焊示意图

2）自动浸焊。

① 工艺流程。图4-10是自动浸焊的工艺流程图。

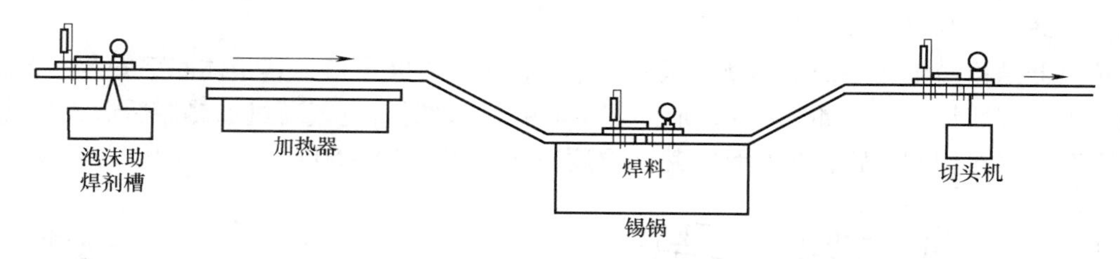

图4-10 自动浸焊的工艺流程图

把插装好元器件的印制电路板用专用夹具安装在传送带上。首先喷上泡沫助焊剂，再用加热器烘干，然后放入熔化的锡锅进行浸锡，待锡冷却凝固后再送到剪腿机剪去过长的引脚。

② 自动浸锡设备。

a. 普通浸锡机。普通浸锡机在浸焊时，将振动头安装在印制电路板的专用夹具上，当印制电路板浸入锡锅停留2～3s后，开启振动头振动2～3s，这样既可振动掉多余的焊锡，也可使焊锡渗入焊接点内部。

b. 超声波焊接机。超声波焊接机是通过向锡锅内辐射超声波来增强浸锡效果，使焊接更可靠，适用于一般浸锡较困难的元器件浸锡。一般由超声波发生器、换能器、水箱、焊料槽及加温设备等几部分组成。

3）浸焊的优缺点。

① 优点：浸焊比手工焊接效率高，设备也比较简单。

② 缺点：由于锡槽内的焊锡表面是静止的，表面上的氧化物极易粘在被焊物的焊接处，容易造成虚焊；又由于温度高，容易烫坏元器件，并导致印制电路板变形。所以，在现代的电子产品中已被波峰焊取代。

（2）波峰焊　波峰焊是目前应用最广泛的自动焊接工艺。波峰焊采用波峰焊机进行焊接。波蜂焊机的主要结构是一个温度能自动控制的熔锡缸，缸内装有机械泵和具有特殊结构的喷嘴。机械泵能根据焊接的要求，连续不断地从喷嘴压出液态锡波。当置于传送机构上的印制电路板以一定速度进入时，焊锡以波峰的形式溢出至印制电路板板面进行焊接。

1）波峰焊设备主要部分的功能。

① 泡沫助焊剂发生槽。涂覆助焊剂是利用波峰焊机上的涂覆装置，把助焊剂均匀地涂覆在印制电路板上。涂覆的方式有发泡式、浸渍式、喷雾式，其中以发泡式最常用。

泡沫助焊剂发生槽的结构：在塑料或不锈钢制槽缸内装有一根微孔型发泡管（瓷管或塑料管），槽缸内盛有助焊剂。当发泡管接通压缩空气时，助焊剂即从微孔内喷出细小的泡沫，喷射到印制电路板覆铜的一面，如图4-11所示。为使助焊剂喷涂均匀，微孔的直径一般为10μm。

② 气刀。它由不锈钢管或塑料管制成，上面有一排小孔，向着印制电路板表面喷出压缩空气，将板面上多余的助焊剂排除，并把元器件引脚和焊盘间的"真空"气泡吹破，使整个焊面皆喷涂助焊剂，以提高焊接质量。

③ 热风器和两块预热板。热风器的作用是将印制电路板焊接面上的水淋状助焊剂逐渐加热，使其成糊状，增加助焊剂中活性物质的作用，同时也逐步缩小印制电路板和锡槽焊料的温差，防止印制电路板变形和助焊剂脱落。

热风器结构简单，一般由不锈钢板制成箱体，上加百叶窗口，其箱体底部安装一个小型风扇，中间安装加热器，如图4-12所示。当风扇叶转动时，空气通过加热器后形成热气流，经过百叶窗口对印制电路板进行预加热，温度一般控制在40~50℃。

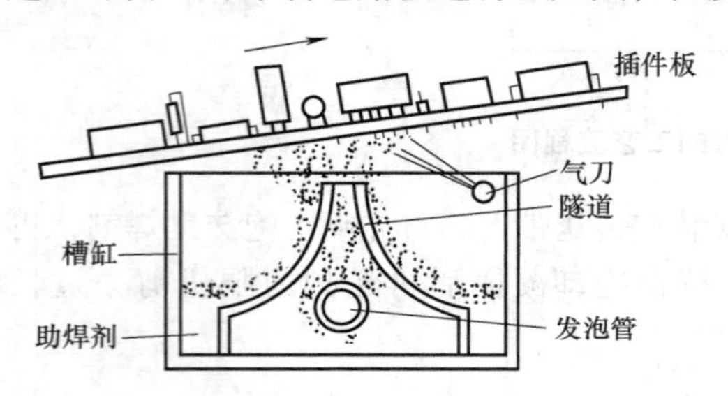

图4-11 泡沫助焊剂发生槽

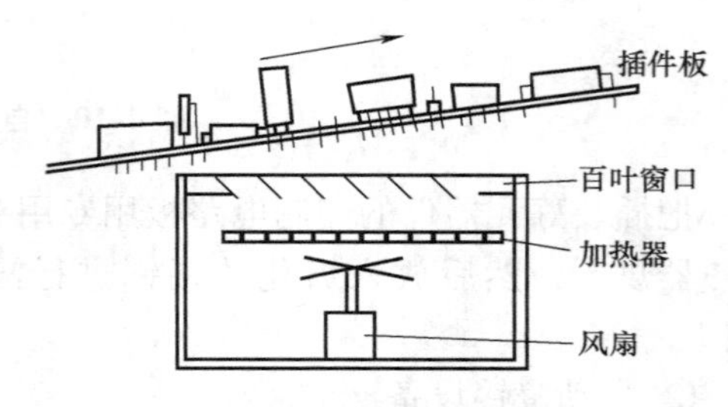

图4-12 热风器示意图

预热板的热源有多种，如用电热丝、红外石英管等。对预热板的技术要求是加热要快。

对印制电路板加热要求温度均匀、节能、温度易控制。一般要求第一块预热板使印制电路板焊盘或金属化孔（双层板）温度达到80℃左右，第二块使其温度达到100℃左右。

④ 波峰焊锡槽。波峰焊锡槽是完成印制电路板波峰焊接的主要设备之一。熔化的焊锡在机械泵（或电磁泵）的作用下由喷嘴源源不断地喷出而形成波峰，如图4-13所示。当印制电路板经过波峰时元器件被焊接。

波峰焊设备的型号和品种有很多，就波峰形状而言，可分为λ波、Z波、T波、双T波和双λ波等几种；就构造而言，有圆周形和直线形两种。波峰焊锡槽结构及焊接方式如图4-13所示。

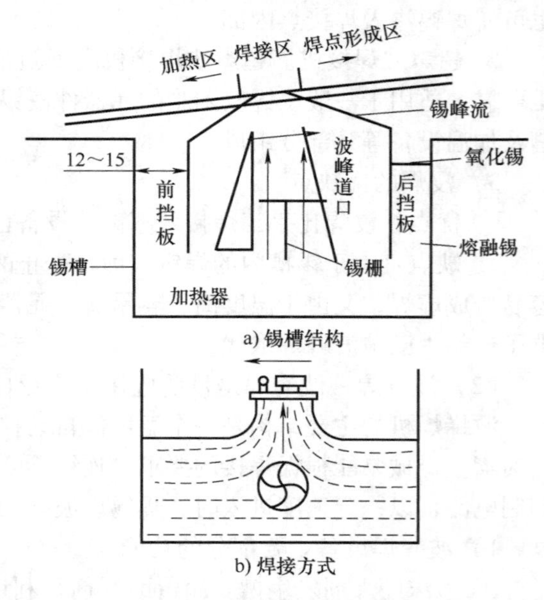

图4-13 波峰焊锡槽结构及焊接方式示意图

2）波峰焊设备操作要点。

① 焊接温度：焊接温度是指喷嘴出口处焊料波峰的温度。一般温度控制在230～250℃，温度过低会使焊点毛糙、拉尖、不光亮，甚至造成虚焊或假焊；温度过高易使氧化加快，印制电路板变形，甚至烫坏元器件。温度调节要根据印制电路板材质与尺寸、环境温度和传送带速度作相应调整。

② 按时清除锡渣：锡槽中锡料长时间与空气接触容易形成氧化物，氧化物积累多了会在泵的作用下随锡喷到印制电路板上，使焊点无光泽，造成渣孔和桥连等缺陷，所以要定时（一般为4h）清除氧化物。也可在熔融的焊料中加入防氧化剂，这不但可防止氧化还能将氧化物还原成锡。

③ 波峰的高度：波峰的高度最好调节到印制电路板厚度的1/2～2/3为宜。波峰过低会造成漏焊和挂锡，波峰过高会造成堆锡过多，甚至烫坏元器件。

④ 传送速度：传送速度一般控制在0.3～1.2m/s，依据具体情况决定。冬季，印制电路板线条宽、元器件多、元器件热容量大时，速度可稍慢一些，反之速度可快一些。速度过快，则焊接时间过短，易造成虚焊、假焊、漏焊、桥连、气泡等现象。速度过慢，则焊接时间过长，温度过高，易损坏印制电路板和元器件。

⑤ 传送角度：传送角度一般选在5°～8°之间，根据印制电路板面积及所插元器件多少决定。

⑥ 分析成分：锡槽中的焊锡使用一段时间后，会使锡铅焊料中的杂质增加，主要是铜离子杂质影响焊接质量。一般要三个月化验分析一次，若超过了准许含量，则应采取措施，甚至调换。

3）清洗。印制电路板焊接完成后，一般都会或多或少地有助焊剂残留物附在基板上，这些残留物会对基板造成不良影响（如短路、漏电、腐蚀、接触不良等）。所以要对板间残留的助焊剂等污物及时清洗。要求清洗材料对助焊剂的残留物有较强的溶解和去污能力，并且对焊点不应有腐蚀作用。清洗方法主要包括：

① 液相清洗法。液相清洗法一般采用工业酒精、汽油、去离子水等做清洗液。这些液体溶剂对助焊剂的残留物和污物有溶解、稀释和中和作用。清洗时用手工工具蘸一些清洗液去清洗印制电路板，或用机器设备对清洗液加压，使之成为大面积的宽波形式来冲洗印制电路板。液相清洗法清洗质量好、速度快、有利于实现清洗工序自动化，但是设备较复杂。

② 气相清洗法。气相清洗法是在密封的设备里，采用毒性小、性能稳定、具有良好清洗能力、防燃防爆和绝缘性能较好的低沸点溶剂做清洗剂，如三氯三氟乙烷。清洗时，溶剂蒸气在清洗物表面冷凝形成液体，液体流动冲掉清洗物表面的污物，使污物随着清洗液流走，达到清洗的目的。

③ 超声波清洗法。越声波清洗法是把液体放入清洗槽内，在槽内使用超声波。超声波是一种疏密的振动波，这种振动波对液体有压力的作用，使液体形成气泡，这种压力是变化的。压力作用达到一定值时，气泡迅速增长，然后又突然闭合。在气泡闭合时，由于液体间相互作用产生了强大的冲击波，依靠这种冲击波达到清洗印制电路板的目的。

（3）再流焊　随着电子产品“轻、薄、短、小”的发展趋势，焊接技术在浸焊、波峰焊的基础上也向前发展。再流焊又称回流焊，就是伴随微型化电子产品的出现而发展起来的一种新的焊接技术。它主要应用于片状元器件的焊接。

再流焊就是先将焊料加工成一定粒状的粉末，加上适当的液态粘合剂，使之成为有一定流动性的糊状焊膏，用它将元器件粘在印制电路板上，通过加热使焊膏中的焊料熔化而再次流动，从而达到将元器件焊接到印制电路板上的目的。其工艺流程图如图 4-14 所示。

在工艺流程中，可以使用手工、半自动或自动丝网印刷机，像油印一样将糊状焊膏（由锡铅焊料、粘合剂和抗氧化剂组成）印到印制电路板后，再将元器件与印制电路板粘接，然后在加热炉中将焊膏加热到液态。加热的温度根据焊膏的熔化温度准确控制（一般锡铅合金焊膏的熔点为 223℃）。在整个焊接过程中，印制电路板需经过预热区、再流焊区和冷却区。焊接完毕经测试合格后，还应对印制电路板进行整形、清洗、烘干并涂覆防腐剂。

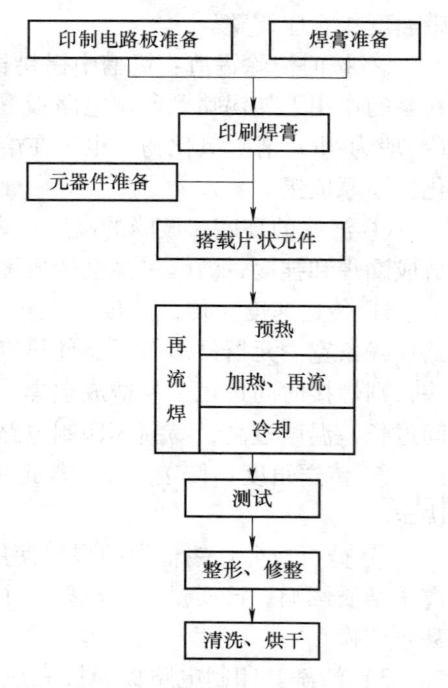

图 4-14　再流焊工艺流程图

（4）其他焊接方法　除了上述几种焊接方法以外，超声波焊、热超声金丝球焊、机械热脉冲焊也应用到了微电子元器件组装中。特别是新发展起来的激光焊，能在几毫秒的时间内将焊点加热到熔化温度实现焊接，热应力影响极小，可以同锡焊相比，是一种很有潜力的焊接方法。

随着微处理技术的发展，微机控制的焊接设备已应用到了电子焊接中，如微机控制电子束焊接。还有一种光焊技术，采用光敏导电胶代替剂，将电路芯片粘在印制电路板上用紫外线固化焊接，已应用在 MOS 集成电路的全自动化生产线上。

今后，随着现代电子工业的不断发展，传统的焊接方法将不断被改进和完善，而新的高效率的焊接方法也将不断涌现。

2. 表面安装技术

表面安装技术（SMT）是一门包括电子元器件、装配设备、焊接方法和装配辅助材料等内容的系统性综合技术，是突破了传统的印制电路板（PCB）通孔基板插装元器件方式，并在此基础上发展起来的当前最热门的电子组装技术。

目前使用的通孔安装技术（THT），由于元器件有引脚，当电路密集到一定程度，会产生引脚间相互接触的短路故障，并且元器件的引脚还会成为天线干扰其他电路。因此，采用表面安装技术具有以下优点：

1）高密集。表面安装元件（SMC）、表面安装器件（SMD）的体积只有传统元器件的 1/10～1/3，可以装在 PCB 的两面，有效利用了印制电路板的面积，减轻了电路板的重量。采用 SMT 后可使电子产品体积缩小 40%～60%，重量减轻 60%～80%。

2）高可靠。SMC 和 SMD 无引脚或引脚很短，重量轻，因而抗振能力强，失效率可比 THT 至少降低一个数量级，大大提高产品可靠性。

3）高性能。SMT 的密集安装减小了电磁干扰和射频干扰，尤其高频电路中减小了分布参数的影响，提高了信号传输速度，改善了高频特性，使整个产品性能提高。

4）高效率。SMT 更适合自动化大规模生产。采用计算机集成制造系统（CIMS）可使整个生产过程高度自动化，将生产效率提高到新的水平。

5）低成本。SMT 使 PCB 面积减小，成本降低；无引脚和短引脚使 SMD、SMC 成本降低；安装中省去引脚成型、打弯、剪线等工序；频率特性提高，减小调试费用；焊点可靠性提高，减小调试和维修成本。采用 SMT 可使总成本下降 30% 以上。

（1）SMT 的安装方式　由于电子产品的多样性和复杂性以及包括经济因素在内的种种原因，目前和未来的一段时期内，表面安装方式还不能完全取代通孔安装，在实际生产中主要存在三种装配方式。

1）全部采用表面装配。印制电路板上没有通孔插装元器件，各种 SMC 和 SMD 均被贴装在印制电路板的一面或两面，如图 4-15a 所示。

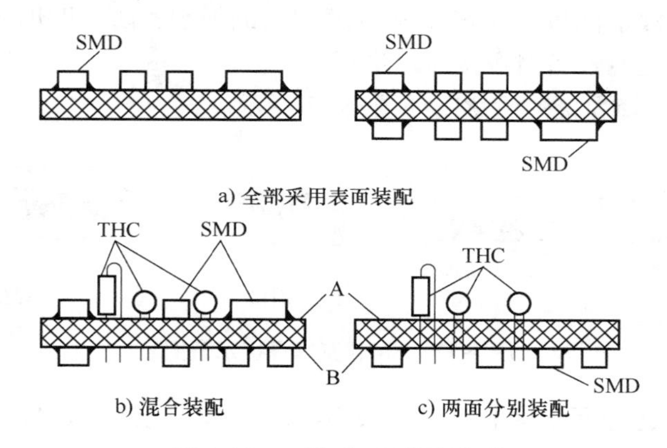

图 4-15　三种 SMT 装配方式

2）混合装配。在印制电路板的 A 面（也称“元器件面”）上既有通孔插装元器件，又有各种表面贴装元器件；在印制电路板的 B 面（也称“焊接面”）上，只装配体积较小的表面贴装元器件。如图 4-15b 所示。

3）两面分别装配。在印制电路板的 A 面上只装配通孔插装元器件，而表面贴装元器件贴装在印制电路板的 B 面，如图 4-15c 所示。

第一种装配结构充分体现出 SMT 的技术优势，这种印制电路板的体积最小，价格最低，但后两种混合装配的印制电路板也会长期存在，因为某些元器件至今不能采用表面装配形式。从印制电路板的装配焊接工艺来看，第三种装配结构除了要使用粘合剂把 SMT 元器件粘贴在印制电路板上，其余元器件和传统通孔插装方式区别不大，因此可以利用现已普及的波峰焊设备，而前两种需要采用再流焊设备。

（2）SMT 的工艺流程　SMT 的基本工艺主要取决于所采用的焊接方式。

1）SMT 波峰焊工艺流程。印制电路板采用波峰焊接的工艺流程如图 4-16 所示。

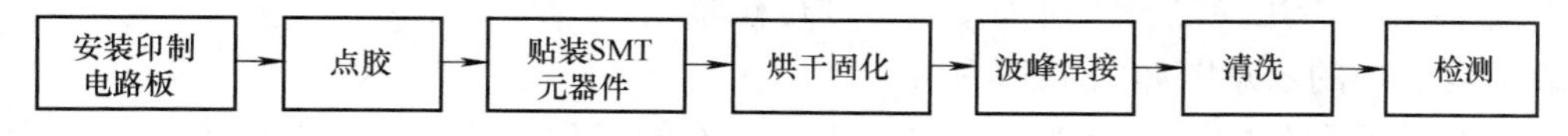

图 4-16　SMT 波峰焊工艺流程

① 安装印制电路板。将制作好的印制电路板固定在带有真空吸盘、板面有 XY 坐标的台面上。

② 点胶。采用手动、半自动或全自动点胶机，将粘合剂点在 SMT 元器件的中心位置，要避免粘合剂污染元器件的焊盘。

③ 贴装 SMT 元器件。采用手动、半自动或全自动贴片机，把 SMC、SMD 贴装到表面安装印制电路板（SMB）规定的位置上，使它们的电极准确定位于各自的焊盘。

④ 烘干固化。用加热或红外线照射的方法，使粘合剂固化，把表面贴装元器件比较牢固地固定在印制电路板上。

⑤ 波峰焊接。用波峰焊机焊接。在焊接过程中，由于表面贴装元器件浸没在熔融的锡液中，所以，表面贴装元器件应具有良好的耐热性能，并且粘合剂的熔化温度要高于焊锡的熔点。

⑥ 清洗。用超声波清洗机去除 SMB 表面残留的助焊剂，防止助焊剂腐蚀电路板。

⑦ 检测。用专用检测设备对焊接质量进行检验。

印制电路板采用波峰焊接的示意图如图 4-17 所示。

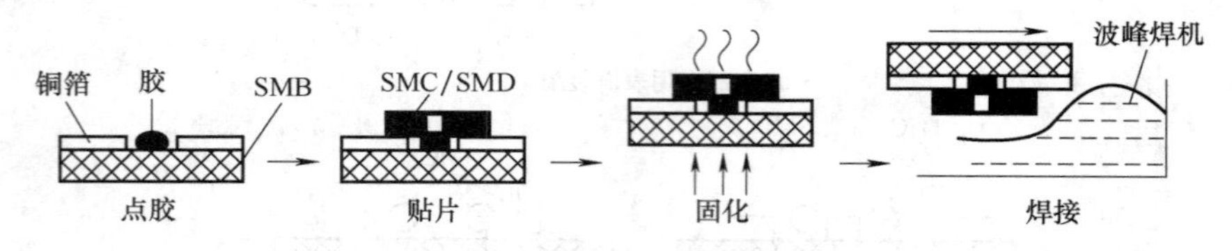

图 4-17 SMT 波峰焊接示意图

2）SMT 再流焊工艺流程。印制电路板采用再流焊的工艺流程如图 4-18 所示。

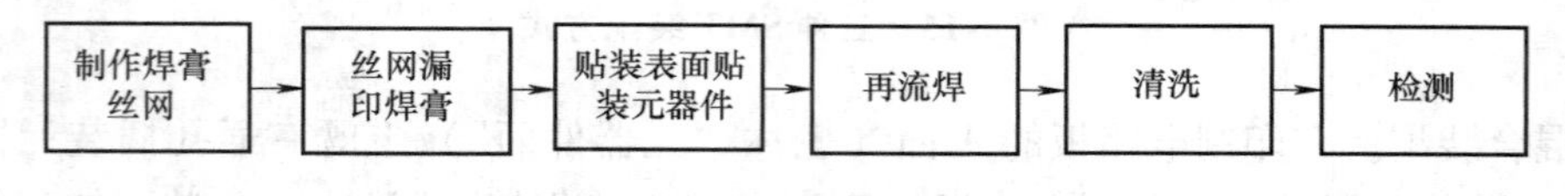

图 4-18 SMT 再流焊工艺流程

① 制作焊膏丝网。按照表面贴装元器件在印制电路板上的位置及焊盘的形状，制作用于漏印焊膏的丝网。目前，多数采用不锈钢模板取代丝网，提高了精确度和使用寿命。

② 丝网漏印焊膏。把焊膏丝网（或不锈钢模板）覆盖在印制电路板上，漏印焊膏。要精确保证焊膏均匀地漏印在元器件的电极焊盘上。

③ 贴装表面贴装元器件。采用手动、半自动或全自动贴片机，把 SMC、SMD 贴装到 SMB 规定的位置上，使它们的电极准确定位于各自的焊盘。

④ 再流焊。用再流焊接设备进行焊接，在焊接过程中，焊膏熔化再次流动，充分浸润元器件和印制电路板的焊盘，焊锡溶液靠表面张力使相邻焊盘之间的焊锡分离而不至于短路。

⑤ 清洗。用超声波清洗机去除 SMB 表面残留的助焊剂，防止助焊剂腐蚀电路板。

⑥ 检测。用专用检测设备对焊接质量进行检验。

SMT 再流焊的示意图如图 4-19 所示。

（3）贴片元器件的手工焊接与拆焊方法　前面所述为专业工厂的生产方法，对于业余爱好者和维修人员来讲，一般只采用电烙铁手工操作，故要求操作者应具有熟练使用电烙铁

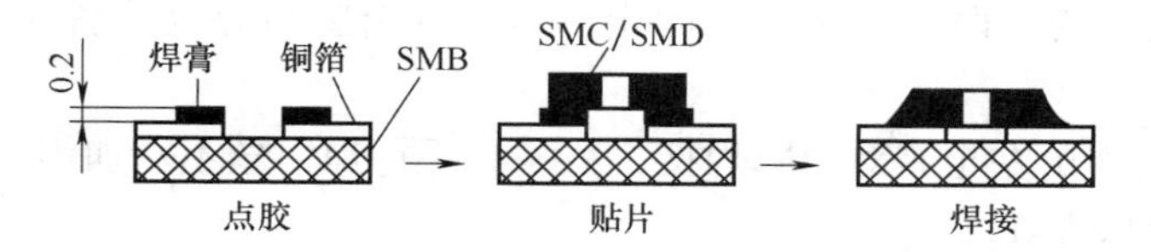

图 4-19　SMT 再流焊的示意图

的能力。手工焊接在无专业设备的情况下，对产品的开发试制和维修，都有着重要意义。

1）贴片元器件的手工焊接。贴片元器件的焊接与插装元器件的焊接不同，后者是通过引脚插入通孔，焊接时不会移位，且元器件与焊盘分别在印制电路板的两侧，焊接比较容易。贴片元器件在焊接过程中容易移位，焊盘与元器件在印制电路板的同一侧，焊接端子形状不一，焊盘细小，焊接技术要求高。因此，焊接时必须细心谨慎，提高精度。

① 一般贴片元器件的手工焊接。贴片元器件手工焊接示意图如图 4-20 所示，主要包括以下几个步骤：

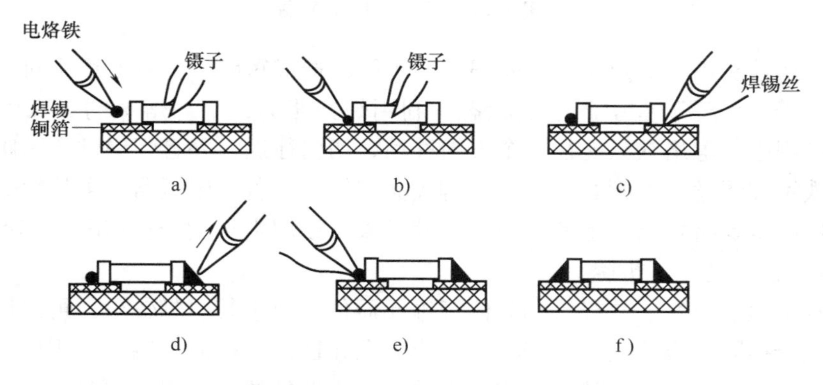

图 4-20　贴片元器件手工焊接示意图

a. 用镊子夹住待焊元器件，放置到印制电路板规定的位置，元器件的电极应对准焊盘，此时镊子不要离开。

b. 另一只手拿电烙铁，并在烙铁头上沾一些焊锡，对元器件的一端进行焊接，其目的在于将元器件固定。元器件固定后。镊子可以离开。

c. 按照分立元器件点锡焊的焊接方法，焊接元器件的另一端。焊好后，再回到先前焊接的一端进行补焊。焊接完成后，标准焊点如图 4-20f 所示。

焊接时，电烙铁的功率为 25W 左右，最高不超过 40W，且功率和温度最好是可调控的；烙铁头要尖，带有抗氧化层的长寿烙铁头最佳。焊接时间（电烙铁、焊锡和元器件电极接触时间）控制在 3s 内，所用焊锡丝直径为 0.6～0.8mm，最大不超过 1.0mm。

② SOP 集成电路的手工焊接。

SOP（小外形封装）集成电路可采用电烙铁拉焊的方法进行焊接。拉焊时应选用宽度为 2.0～2.5mm 的扁平式烙铁头和直径为 1.0mm 的焊锡丝，其步骤如下：

a. 检查焊盘，焊盘表面要清洁，如有污物可用无水乙醇清除。

b. 检查 IC 引脚，若有变形，用镊子仔细调整。

c. 将 IC 放在焊接位置上，此时应注意 IC 的方向，各引脚应与其焊盘对齐，然后用点锡焊的方法先焊接其中的一两个引脚将其固定。当所有引脚与焊盘位置无偏差时，方可进行拉焊。

d. 一手持电烙铁由左至右对引脚焊接，另一只手持焊锡丝不断加锡，如图 4-21 所示。最后将引脚全部焊好。

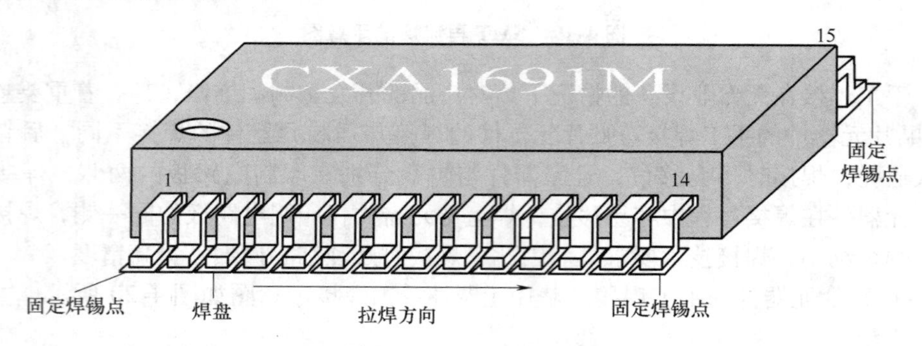

图 4-21 手工拉焊示意图

拉焊时，烙铁头不可触及器件引脚根部，否则易造成短路，并且烙铁头对器件的压力不可过大，应处于“漂浮”在引脚上的状态，利用焊锡张力，引导熔融的焊珠由左向右徐徐移动。拉焊过程中，电烙铁只能往一个方向移动，切勿往返，并且焊锡丝要紧跟电烙铁，切忌只用电烙铁不加锡丝，否则容易造成引脚大面积短路。若发生短路，可从短路处开始继续拉焊，也可用电烙铁将短路点上的多余锡引渡下来，或用尖头镊子从熔融的焊点中间划开。

2）贴片元器件的手工拆除。

对于片状电阻、电容、二极管和晶体管等元器件，由于其引脚较少，可采用电烙铁、吸锡线与镊子配合拆除，方法是：首先将吸锡线放在元器件一端的焊锡上，用电烙铁加热吸锡线，吸锡线自动将焊锡吸走；然后再用电烙铁加热元器件的另一端，同时用镊子夹着贴片元器件并向上提，即可将贴片元器件拆卸下来，如图 4-22 所示。最后用吸锡线清理焊盘。

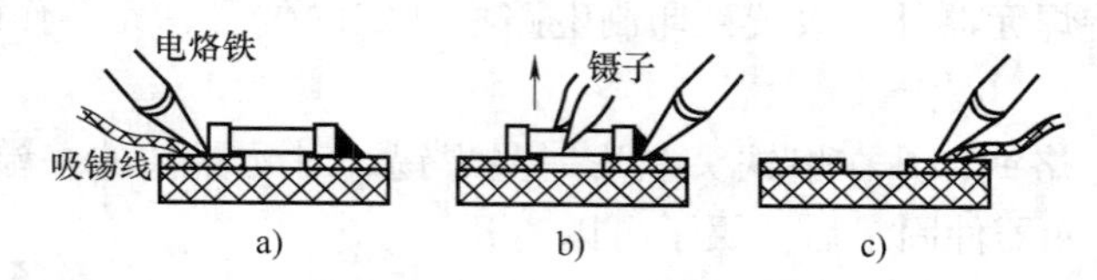

图 4-22 贴片元器件手工拆除示意图

对于引脚较多的 SOP 封装贴片 IC，拆卸起来费时相对要多些。首先在 IC 的一边引脚上加足够多的焊锡，使之形成锡柱；然后用同样的方法在另一边引脚上也形成锡往；再用烙铁在锡柱上加热，待锡柱变成液态状，即可用镊子将 IC 取下；最后用吸锡线清理焊盘。有条件的，可采用热风枪加热后直接拆除。

4.2 电子产品调试

为了使电子产品达到设计文件所规定的技术指标和功能，在整机安装完成后一定要进行单元部件调试和整机调试。为了确保将符合质量指标的产品提供给用户，在安装前和安装后还应做好对原材料、元器件、零部件、整机的检验工作。

电子产品的调试包括两个工作阶段的内容：研制阶段的调试和生产阶段的调试。这两种调试共同之处在于：先用测试仪器调整各个单元电路的参数，以满足其性能指标要求；然后，对整个产品进行整体测试。研制阶段的调试与生产阶段的调试的不同之处在于：研制阶段调试是为了满足产品功能的要求，要不断地对电路中元器件进行改动或确定哪些元器件需用可调元器件代替，以及确定调试的具体内容和步骤。

4.2.1　电子产品调试准备工作

为了保证电子产品的调试质量，在确保产品调试工艺文件完整的基础上，对调试工作一般应有以下要求：

（1）对调试人员的要求　调试人员应理解产品工作原理、性能指标和技术条件；了解所使用仪器的性能指标和使用环境要求；熟悉产品的调试工艺文件，明确本工序的调试内容、方法、步骤及注意事项。

（2）对环境的要求　调试场地应整齐清洁，避免高频电压电磁场干扰，例如强功率电台、工业电焊等干扰会引起测量数据不准确。调试高频电路时应在屏蔽室内进行。调试大型整机的高压部分时，应在调试场地周围挂上“高压”警告牌。

（3）仪器仪表的放置和使用方面的要求　根据工艺文件要求，准备好测试所需要的各类仪器仪表，核查仪器仪表的计量有效性、测试准确度及测试范围等。仪器仪表的放置应符合调试工作的要求。

（4）技术文件和工装准备等的要求　技术文件是产品调试的依据。调试前应准备好产品的技术说明书、电路原理图、检修图和工艺过程指导卡等技术文件。对大批量生产的产品，应根据技术文件要求准备好各种装备工具。

（5）被测件准备的要求　调试前必须检查调试电路是否正确实装、连接，有无短路、虚焊、错焊、漏焊等现象。

（6）通电调试要求　通电前，应检查直流电源极性是否正确，电压数值是否合适。同时还要注意不同类电子产品的通电顺序。例如，电子管广播电视发射机，通电时应先加灯丝电压，等几分钟再加低压，最后加高压，关机时则相反；而普通广播电视接收机一般都是一次性通电。通电后，应观察机内有无放电、打火、冒烟等现象，有无异常气味，各种调试仪器指示是否正常。如发现异常现象，应立即按顺序断电。

4.2.2　电子产品调试方法

由于电子产品种类繁多、功能各异、电路复杂，各产品单元电路的数量及类型也不相同，所以调试程序也各不相同。简单的小型电子产品，安装完毕即可直接进行整机调试，而对较复杂的大中型电子产品，其调试程序如下：

（1）通电前的检查工作　在通电前应检查电路板上的接插件是否正确、到位，焊点是否有虚焊和短路现象。只有这样，才能提高调试效率、减小不必要的麻烦。

（2）电源调试　电源是各单元电路和整机正常工作的基础。通常在电源电路调试正常后，再进行其他项目的调试。通常电源部分是一个独立的单元电路，电源电路通电前应检查电源变换开关是否位于要求的档位上（如 110V 档、220V 档），输入电压是否正确；是否装入符合要求的熔丝等。通电后，应注意有无放电、打火、冒烟现象，有无异常气味，电源变压器是否有超常温升。若有这些现象，应立即断电检查，待正常后才可进行电源调试。

电源电路调试的内容主要是测试各输出电压是否达到规定值、电压波形有无异常或调节后是否符合设计要求等。通常先在空载状态下进行调试，目的是防止因电源未调好而引起负载部分的电路损坏。还可加假负载进行检测和调整，待电源电路调试正常后，接通原电路检测其是否符合要求，当达到要求后，固定调节元器件的位置。

(3) 各单元电路的调试　电源电路调试结束后，可按单元电路功能依次进行调试。例如电视机生产的调试可分为行扫描、场扫描、亮度通道、显像管及其附属电路、中放通道、高频通道、色度通道、伴音通道等电路调试。直至各部分电路均符合技术文件规定的指标为止。

(4) 整机调试　各单元电路、部件调好后，便可进行整机总装和调整。在调整过程中，应对各项参数分别进行测试，使测试结果符合技术文件规定的各项技术指标。整机调试完毕，应紧固各调整元器件。

4.3 电子产品工艺文件编制

工艺文件是根据产品的设计文件，结合本企业的实际情况编制而成的。它是产品加工、安装、检验的技术依据，也是生产管理的主要依据。在生产中，只有每一步都严格按照工艺文件的要求去做，才能保证生产出合格的产品。

4.3.1 电子产品工艺文件介绍

根据电子产品的特点，工艺文件通常可分为基本工艺文件、指导技术的工艺文件和统计汇编资料等。

1. 基本工艺文件

基本工艺文件是供企业组织生产、进行生产技术准备工作的最基本的技术文件。基本工艺文件应包括：

1) 零件工艺过程。

2) 安装工艺过程。

3) 元器件工艺表、导线及加工表等。

2. 指导技术的工艺文件

指导技术的工艺文件是指导技术和保证产品质量的技术条件。

3. 统计汇编资料

统计汇编资料是为企业管理部门提供的各种明细表，作为管理部门规划生产组织、编制生产计划、安排物资供应、进行经济核算的技术依据，主要包话：

1) 专用工装。

2) 标准工具。

3) 材料消耗定额。

4) 工时消耗定额。

4. 管理工艺文件用的格式

包括：

1）工艺文件封面。

2）工艺文件目录。

3）工艺文件更改通知单。

4）工艺文件明细表。

4.3.2　电子产品工艺文件编制方法

1. 工艺文件的编制方法

电子整机产品安装生产过程有准备工序、流水线工序和调试检验工序。工艺文件应按照工序编制。

（1）准备工序工艺文件的编制　准备工序的内容有：元器件的筛选、元器件引脚的成形和搪锡、线圈和变压器的绕制、导线的加工、线把的捆扎、地线成形、电缆制作、剪切套管、打印标记等。这些工作不适合流水线安装，应按工序分别编制相应的工艺文件。

（2）流水线工艺文件的编制　电子产品的安装和焊接工序，大多在流水线上进行。编制流水线工艺文件主要为了确定以下几个问题：

1）确定流水线上需要的工序数目，此时应考虑各工序的平衡性，其劳动量和工时应大致接近。

2）确定每个工序的工时，一般小型机每个工序的工时不超过5min，大型机不超过30min，再进一步计算日产量和生产周期。

3）确定工序顺序，要考虑省时、省力，操作方便。

另外，安装和焊接工序应分开。每个工序尽量不使用多种工具，以便工人操作简单，易熟练掌握，保证优质高产。

下面以插件工艺文件的编制为例，进行详细说明：

在不具备SMT和AI设备的企业，所有的元器件都在插件流水线上组装；在有表面安装技术（SMT，Surface Mounted Technology）和自动插件（AI，Automatic Insertion）设备的企业，也有部分元器件是不适应机插、机贴的，这些元器件也必须内插件流水线来完成组装。因此，学习插件工艺文件的编制是必要的。

编制插件工艺文件是一项细致而繁琐的工作，必须综合考虑合理的次序、难易的搭配、工作量的均衡等因素，因为插件工人在流水线作业时，每人每天插入的元器件数量高达8000~10000个，在这样大数量的重复操作中，若插件工艺编排不合理，会引起差错率的明显上升，所以合理地编排插件工艺是非常重要的，应使工人在思想比较放松的状态下，也能正确高效地完成作业内容。

1）编制要领。各道插件工位的工作量安排要均衡，做到以下几点：

① 工作量（按标准工时定额计算）差别小于等于3s。

② 电阻器避免集中在某几个工位安装，应尽量平均分配给各道工位。

③ 外形完全相同而型号规格不同的元器件，绝对不能分配给同一工位安装。

④ 型号、规格完全相同的元器件应尽量安排给同一工位。

⑤ 需识别极性的元器件应平均分配给各道工位。

⑥ 安装难度高的元器件，也要平均分配。

⑦ 前道工位插入的元器件不能造成后道工位安装的困难。

⑧ 插件工位的顺序应掌握先上后下、先左后右，这样可减少前后工位的影响。

⑨ 工位顺序要考虑省时、省力，操作方便，尽量避免工件来回翻动，重复往返。

在满足上述各项要求的情况下，每个工位的插件区域应相对集中，有利于提高插件速度。

2）编制步骤及方法（以某小收音机为例）。

① 计算生产节拍时间。

每天工作时间：8h。

上班准备时间：15min。

上、下午休息时间：各15min。

计划日产量：1000台。

$$\begin{aligned}每天实际作业时间 &= 每天工作时间 - (准备时间 + 休息时间)\\ &= 8\times60\text{min} - (15+15\times2)\text{min} = 435\text{min}\\ &= 435\times60\text{s} = 26100\text{s}\end{aligned}$$

$$节拍时间(\text{s}) = 每天实际作业时间(\text{s}) \div 计划日产量$$

② 计算印制电路板插件总工时。将元器件分类列在表4-1内，按标准工时定额查出单件的定额时间，最后累计算出印制电路板插件所需的总工时（以某小收音机为例）。

表4-1　元器件插件工时

序号	元器件名称	数量/只	等额时间/s	累计时间/s
1	小功率碳膜电阻	13	3	39
2	跨接线	4	3	12
3	中周（5脚）	3	4	12
4	小功率晶体管（需整形）	5	5.5	27.5
5	小功率晶体管	2	4.5	9
6	电容（无极性）	12	3	36
7	电解电容（有极性）	7	3.5	24.5
8	音频变压器（5脚）	2	5	10
9	二极管	1	3.5	3.5
合计总工时/s				173.5

③ 计算插件工位数。插件工位的工作量安排一般应考虑适当的余量，当计算值出现小数时一般总是采取进位的方式。

插件工位数 = 插件总工时节拍时间 ÷ 每人每天实际作业时间 = 173.5s ÷ 26.1s = 6.55

所以根据上式得出，日产1000台收音机的插件工位人数应确定为7人。

④ 确定工位工作量时间。

$$工位工作量时间 = 插件总工时 \div 人数 = 173.5\text{s} \div 7 = 24.78\text{s}$$

$$工作量允许误差 = 节拍时间 \times 10\% = 26.1\text{s} \times 10\% \approx 2.6\text{s}$$

（注：工作量允许误差是指各个工位工作量时间之间的最大允许误差）

⑤ 划分插件区域：按编制要领将元器件分配到各工位。

⑥ 对工作量进行统计分析：对每个工位的工作量进行统计分析，见表 4-2。

表 4-2　工作量统计

类型＼工位序号	一	二	三	四	五	六	七
电阻数/只	1	2	2	2	2	2	2
跨接线/只	1				2	1	
二极管、晶体管数/只	2	1	1	1	1	1	1
瓷片电容/只	2	2	2	2	1	1	2
电解电容/只		1	1	2	1	1	1
中周、线圈数/只	1	1	1				
变压器/只						1	1
有极性元器件数/只	2	2	2	3	3	2	2
元器件品种数/只	6	6	6	5	6	7	6
元器件个数/只	7	7	7	7	7	7	7
工时数/s	25	25	25	24.5	24	25	25

⑦ 编写安装工艺过程卡（参考表 4-7）。

调试检验工序工艺文件的编制应标明测试仪器、仪表的等级标准及连接方法，标明各项技术指标的规定值及其测试条件和方法，并明确规定检验项目和检验方法。

2. 工艺文件的格式及填写方法

1）工艺文件封面。工艺文件封面在工艺文件装订成册时使用。简单的设备可按整机装订成册，复杂的设备可按分机单元等装订成册。工艺文件封面见表 4-3。

2）工艺文件目录。工艺文件目录是工艺文件装订顺序的依据。它既可作为移交工艺文件的清单，也便于查阅每一种组件、部件和零件所具有的各种工艺文件的名称、页数和装订次序，见表 4-4。

3）元器件工艺表。为提高插装效率，对购进的元器件要进行预处理加工而编制的元器件加工汇总表，是供整机产品、分机、整件、部件内部电器连接的准备工艺使用的，见表 4-5。

4）导线及扎线加工表。列出整机产品所需各种导线和扎线等线缆用品。使用此表既方便、醒目，又不易出错，见表 4-6。

5）安装工艺过程卡。安装工艺过程卡是整机安装的重要文件，应用范围较广。准备工作的各工序和流水线的各工序都要用到它。其中，安装图、连线图、线把图等都采用图卡合一的格式，即在一幅图样上既有图形，又有材料表和设备表。主要材料可按操作前后次序排列。有些要求在图形上不易表达清楚，可在图形下方加注简要说明，见表 4-7。

6）工艺说明及简图。工艺说明及简图可用作调试说明及调试简图、检验说明、工艺流程框图、特殊工艺要求的工艺图等，见表 4-8。

表 4-3　工艺文件封面

工艺文件

第一册
共 6 页
共 1 册

产品型号　　R-218T
产品名称　　调频调幅收音机
产品图号
本册内容　　元器件工艺、导线加工、基板插件
　　　　　　焊接安装

批准

年　月　日

表 4-4　工艺文件目录

工艺文件目录			产品名称或型号		产品图号
			R-218T 调频调幅收音机		
序号	产品代号	零、部、整件图号	零、部、整件图号	页数	备注
1	G1		工艺文件封面	1	
2	G2		工艺文件目录	2	
3	G3		元器件工艺表	3	
4	G4		导线及扎线加工表	4	
5	G5		安装工艺过程卡	5	
6	G6		工艺说明及简图	6	

旧底图总号

底图总号	更改标记	数量	文件名	签名	日期	签名	日期	第 2 页
						拟制		
						审核		共 6 页
日期	签名							
								第　册 第　页

表 4-5　元器件工艺表

工艺表			产品名称或型号						产品图号			
			R-218T 调频调幅收音机									
序号	位号	名称、型号、规格	L/mm						数量	设备	工时定额	备注
			A 端	B 端		正端	负端					
1	R1	电阻 RT14-220Ω	10	10					1			
2	R2	电阻 RT14-2. 2kΩ	10	10					1			
3	R3	电阻 RT14-100kΩ	10	10					1			
4	C7	电容器 CC1-1pF	10	10					1			
5	C10	电容器 CC1-15pF	10	10					1			
6	C2、C3、C4	电容器 CC1-30pF	10	10					3			
7	C8	电容器 CC1-180pF	10	10					1			
8	C17	电容器 CC1-103	10	10					1			
9	C11	电容器 CC1-473	10	10					1			
10	C6、C21、C22	电容器 CC1-104	10	10					3			
11	C16、C18	电容器 CD11-1μF	8	8					2			
12	C9、C15	电容器 CD11-4. 7μF	8	8					2			
13	C5、C19	电容器 CD11-10μF	8	8					2			
14	C20、C23	电容器 CD11-220μF	8	8					2			
15	L1	0. 47mm16 圈电感	8	8					1			
16	L2	0. 47mm7 圈电感（细）	8	8					1			
17	L4	0. 6mm7 圈电感	8	8					1			
18	L5	0. 47mm7 圈电感（粗）	8	8					1			
19	CF1	L10. 7A 陶瓷滤波器	8	8					1			
20	CF2	455B 陶瓷滤波器	8	8					1			

旧底图总号

简图：

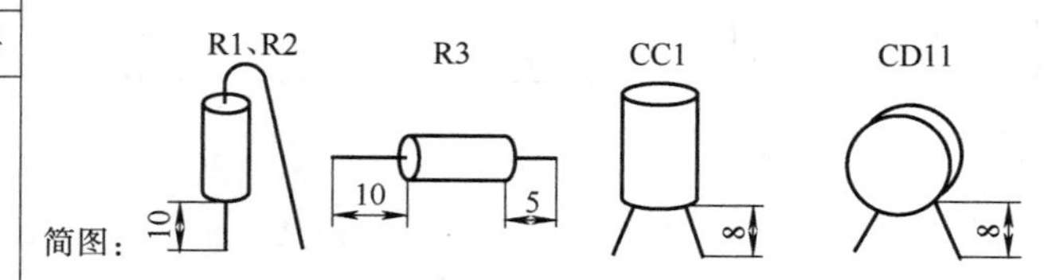

底图总号	更改标记	数量	文件名	签名	日期	签名		日期	第 2 页
						拟制			
						审核			共 6 页
日期　签名									
									第　册
									第　页

表4-6 导线及扎线加工表

导线及扎线加工表								产品名称或型号		产品图号		
								R-218T调频调幅收音机				
序号	线号	材料		导线修剥尺寸/mm				导线焊接处		设备	工时定额	备注
		名称规格	颜色	L全长	A剥头	B剥头	数量	A端焊接处	B端焊接处			
1	W1	塑料线 AVR1×12	红	12	4	4	1	印制电路板A	印制电路板B			
2	W2	塑料线 AVR1×12	蓝	24	4	4	1	印制电路板C	印制电路板D			
3	W3	塑料线 AVR1×12	黄	24	4	4	1	印制电路板E	印制电路板F			
4	W4	塑料线 AVR1×12	白	24	4	4	1	印制电路板G	印制电路板H			
5	W5	塑料线 AVR1×12	白	24	4	4	1	印制电路板I	印制电路板J			
6	W6	塑料线 AVR1×12	白	65	4	4	1	印制电路板K	印制电路板L			
7	W7	塑料线 AVR1×12	红	90	4	4	1	印制电路板B	印制电路板M			
8	W8	塑料线 AVR1×12	白	70	4	4	1	印制电路板N	扬声器（-）			
9	W9	塑料线 AVR1×12	黑	70	4	4	1	印制电路板O	扬声器（+）			
10	W10	塑料线 AVR1×12	白	70	4	4	1	印制电路板P	拉杆天线			

简图：

旧底图总号								
底图总号	更改标记	数量	文件名	签名	日期	签名	日期	第2页
					拟制			
					审核			共6页
日期 签名								
								第 册 第 页

表 4-7　安装工艺过程卡

<table>
<tr><td rowspan="2"></td><td colspan="5" rowspan="2">安装工艺过程卡</td><td colspan="2">安装件名称</td><td colspan="3">安装件图号</td></tr>
<tr><td colspan="2">基板插件焊接工艺</td><td colspan="3"></td></tr>
<tr><td rowspan="2">位号</td><td colspan="2">装入件及辅助材料</td><td rowspan="2">车间</td><td rowspan="2">工序号</td><td rowspan="2">工种</td><td rowspan="2">工序（步骤）内容及要求</td><td rowspan="2">设备及工装</td><td rowspan="2">工时定额</td><td rowspan="2">备注</td></tr>
<tr><td>代号、名称、规格</td><td>数量</td></tr>
<tr><td>IC1</td><td>CXA1691M 集成电路</td><td>1</td><td></td><td>1</td><td></td><td>焊在印制电路板的铜箔面</td><td>电烙铁</td><td></td><td></td></tr>
<tr><td>R3</td><td>电阻 RT14-100kΩ</td><td>1</td><td></td><td>2</td><td></td><td>按安装图位号插、焊电阻</td><td>偏口钳</td><td></td><td></td></tr>
<tr><td>L1</td><td>0.47mm16 圈电感</td><td>1</td><td></td><td>3</td><td></td><td></td><td></td><td></td><td></td></tr>
<tr><td>L2</td><td>0.47mm7 圈电感（细）</td><td>1</td><td></td><td></td><td></td><td></td><td></td><td></td><td></td></tr>
<tr><td>L4</td><td>0.6mm7 圈电感</td><td>1</td><td></td><td></td><td></td><td></td><td></td><td></td><td></td></tr>
<tr><td>L5</td><td>0.47mm7 圈电感（粗）</td><td>1</td><td></td><td></td><td></td><td></td><td></td><td></td><td></td></tr>
<tr><td>R1</td><td>电阻 RT14-220Ω</td><td></td><td></td><td>4</td><td></td><td></td><td></td><td></td><td></td></tr>
<tr><td>R2</td><td>电阻 RT14-2.2kΩ</td><td></td><td></td><td></td><td></td><td></td><td></td><td></td><td></td></tr>
<tr><td>C7</td><td>电容器 CC1-1pF</td><td></td><td></td><td></td><td></td><td></td><td></td><td></td><td></td></tr>
<tr><td>10</td><td>电容器 CC1-15pF</td><td></td><td></td><td></td><td></td><td></td><td></td><td></td><td></td></tr>
<tr><td>C2、C3、C4</td><td>电容器 CC1-30pF</td><td></td><td></td><td></td><td></td><td></td><td></td><td></td><td></td></tr>
<tr><td>C8</td><td>电容 CC1-180pF</td><td></td><td></td><td></td><td></td><td></td><td></td><td></td><td></td></tr>
<tr><td>C17</td><td>电容器 CC1-103</td><td></td><td></td><td></td><td></td><td></td><td></td><td></td><td></td></tr>
<tr><td>C11</td><td>电容器 CC1-473</td><td></td><td></td><td></td><td></td><td></td><td></td><td></td><td></td></tr>
<tr><td>C6、C21、C22</td><td>电容器 CC1-104</td><td></td><td></td><td></td><td></td><td></td><td></td><td></td><td></td></tr>
<tr><td>C16、C18</td><td>电容器 CD11-1μF</td><td></td><td></td><td></td><td></td><td></td><td></td><td></td><td></td></tr>
<tr><td>C9、C15</td><td>电容器 CD11-4.7μF</td><td></td><td></td><td></td><td></td><td></td><td></td><td></td><td></td></tr>
<tr><td>C5、C19</td><td>电容器 CD11-10μF</td><td></td><td></td><td></td><td></td><td></td><td></td><td></td><td></td></tr>
<tr><td>C20、C23</td><td>电容器 CD11-220μF</td><td></td><td></td><td></td><td></td><td></td><td></td><td></td><td></td></tr>
<tr><td>CF1</td><td>L10.7A 陶瓷滤波器</td><td></td><td></td><td></td><td></td><td></td><td></td><td></td><td></td></tr>
<tr><td>CF2</td><td>455B 陶瓷滤波器</td><td></td><td></td><td></td><td></td><td></td><td></td><td></td><td></td></tr>
<tr><td>T1</td><td>AM 本振线圈（红）</td><td></td><td></td><td>5</td><td></td><td rowspan="5">本振线圈、中圈、耳机插口和音量开关电位器要插平后才可焊接</td><td></td><td></td><td></td></tr>
<tr><td>T2</td><td>AM 中周（白）</td><td></td><td></td><td></td><td></td><td></td><td></td><td></td></tr>
<tr><td>T3</td><td>FM 调频中周（绿）</td><td></td><td></td><td></td><td></td><td></td><td></td><td></td></tr>
<tr><td>BE</td><td>耳机插口</td><td></td><td></td><td>6</td><td></td><td></td><td></td><td></td></tr>
<tr><td>RP</td><td>音量开关电位器</td><td></td><td></td><td></td><td></td><td></td><td></td><td></td></tr>
</table>

<table>
<tr><td colspan="2">旧底图总号</td><td colspan="9"></td></tr>
<tr><td colspan="2">底图总号</td><td>更改标记</td><td>数量</td><td>文件名</td><td>签名</td><td>日期</td><td colspan="2">签名</td><td>日期</td><td rowspan="2">第 2 页</td></tr>
<tr><td colspan="2" rowspan="2"></td><td></td><td></td><td></td><td></td><td></td><td>拟制</td><td></td><td></td></tr>
<tr><td></td><td></td><td></td><td></td><td></td><td>审核</td><td></td><td></td><td rowspan="2">共 6 页</td></tr>
<tr><td>日期</td><td>签名</td><td></td><td></td><td></td><td></td><td></td><td></td><td></td><td></td></tr>
<tr><td rowspan="2"></td><td rowspan="2"></td><td></td><td></td><td></td><td></td><td></td><td></td><td></td><td></td><td rowspan="2">第　册
第　页</td></tr>
<tr><td></td><td></td><td></td><td></td><td></td><td></td><td></td><td></td></tr>
</table>

表 4-8 工艺说明及简图

	工艺说明及简图	名称	编号或图号
		R-218T 调频调幅收音机	
		工艺名称	工序名称
		基板插件安装图	

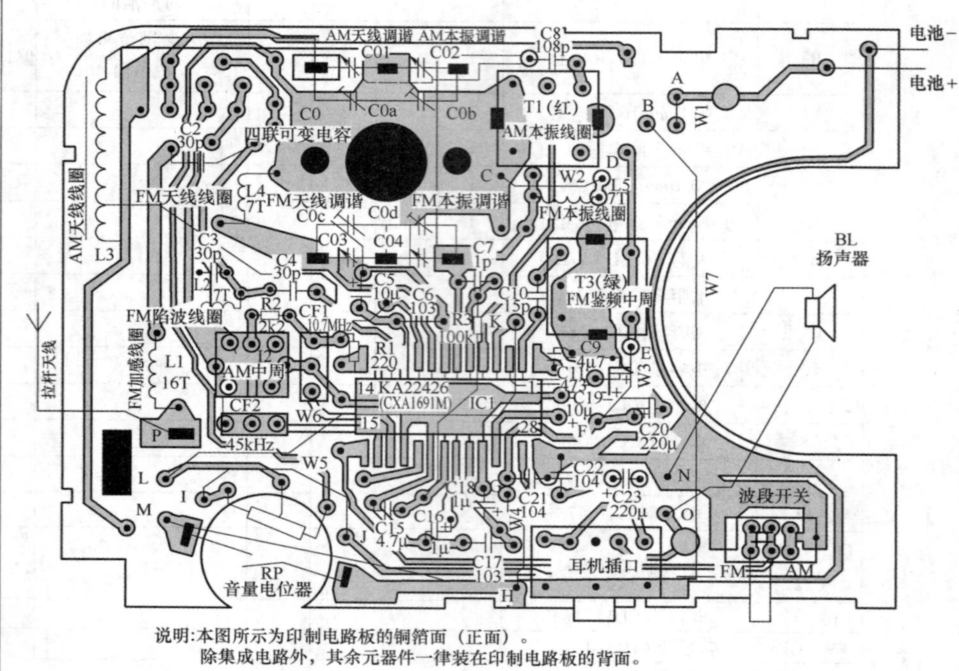

旧底图总号

说明：本图所示为印制电路板的铜箔面（正面）。
除集成电路外，其余元器件一律装在印制电路板的背面。

底图总号		更改标记	数量	文件名	签名	日期	签名		日期	第 2 页
							拟制			
							审核			共 6 页
日期	签名									
										第 册 第 页

4.4 技能训练

本节主要在熟悉前面基本知识基础上，通过两个小型电子产品电路的安装、焊接、测试，了解电路原理图及工作原理，并与实物对照了解电子产品的内部构造，训练动手能力，掌握元器件的识别、简易测试以及整机调试工艺，熟练使用电烙铁、剪钳、万用电表等电子工具。

4.4.1 声控小夜灯电路的安装与调试

1. 电路原理分析

本电路是一个简单声控电路，如图4-23所示，R1为传声器MIC的偏置电阻，R2、R3使VT1处于临界截止状态，当传声器MIC接收到音频信号后，通过C1耦合给VT1基极，在音频信号的正半周加深VT1的导通，同时把VT2的基极电位拉低，VT2截止，对电路没有多大影响；在音频信号的负半周使VT1反偏压截止，VT2导通，VT3也导通，白炽灯点亮。

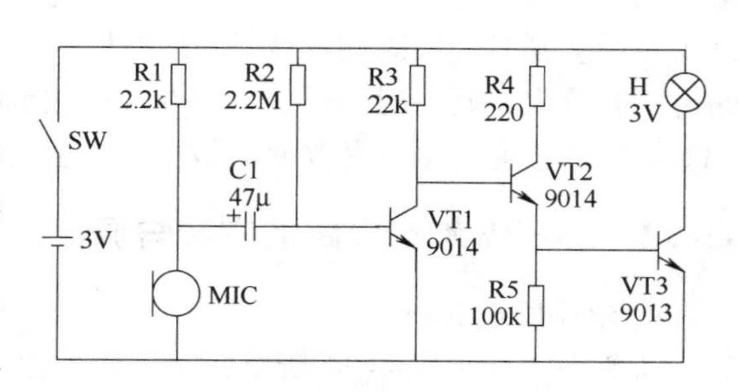

图4-23 声控小夜灯原理图

2. 电路安装步骤

1）准备工作：准备好电工工具、电烙铁、焊锡、松香、万用表、元器件及PCB（第3章已制作）等。

2）器件分类：根据元器件清单（见表4-9）清点好所需元器件及其他配件，并分类。

3）元器件测量：用万用表测量电阻、电容、晶体管等元器件，识别出其极性，判断其好坏。

4）器件加工：根据安装工艺要求及印制电路板布局，用工具加工好元器件、导线等。

5）安装：参照原理图按从左到右、先低后高、先小后大等安装原则进行元器件安装。

6）焊接：加热电烙铁，按焊接工艺要求，进行电路焊接。

7）修剪、校正：用斜嘴钳剪掉元器件多出来的引脚，并用电烙铁进行焊点修正。

8）电路检查：用直观法观察元器件是否安装正确、引脚间是否存在短路、焊点是否存在虚焊等，检查时可用万用表进行测量。

9）通电测试。

表4-9 元器件清单

序号	名称/编号	参数	数量	序号	名称/编号	参数	数量
1	按键开关	SW	1	9	白炽灯/H	3V	1
2	传声器	MIC	1	10	晶体管/VT1、VT2	9014	2
3	电阻/R1	2.2kΩ	1	11	晶体管/VT3	9013	1
4	电阻/R2	2.2MΩ	1	12	导线	带绝缘	若干
5	电阻/R3	22kΩ	1	13	电池盒	变通	1
6	电阻/R4	220Ω	1	14	电池	1.5V	2
7	电阻/R5	100kΩ	1	15	印制电路板	第3章已做好	1
8	极性电容/C1	47μF	1				

3. 电路调试步骤

在电路检查无误前提下可接通电源进行调试。如果接上电源时，发现元器件冒烟、有异味、发烫等异常现象，应马上断开电源进行电路检查，找出原因、排除故障；如果电路正常，则用嘴对着传声器讲话，白炽灯就发光，由于电容 C1 充放电需要一个过程，所以白炽灯点亮后会延时一段时间。调整 C1 的大小可以改变点亮后延时熄灭的时间，容量小延时时间短，容量大，延时时间长，可以在 1 微法到几百微法选取。改变 R2 阻值的大小可以改变 VT1 临界截止度，也就是改变灵敏度，阻值大，灵敏度高，反之则低。

4.4.2 心形流水灯电路的安装与调试

1. 电路原理分析

从原理图（如图 4-24 所示）上可以看出，供电电压 4.5 ~ 5V，18 只 LED 被分成 3 组，每当电源接通时，3 只晶体管会争先导通，但由于元器件存在差异，只会有 1 只晶体管最先导通，这里假设 VT1 最先导通，则 LED1 这一组点亮，由于 VT1 导通，其集电极电压下降使得电容 C1 左端下降，接近 0V，由于电容两端的电压不能突变，因此 VT2 的基极也被拉到近似 0V，VT2 截止，故接在其集电极的 LED2 这一组熄灭。此时 VT2 集电极的高电压通过电容 C2 使 VT3 基极电压升高，VT3 也将迅速导通，LED3 这一组点亮。因此在这段时间里，VT1、VT3 的集电极均为低电平，LED1 和 LED3 这两组被点亮，LED2 这一组熄灭，但随着电源通过电阻 R3 对 C1 的充电，VT2 的基极电压逐渐升高，当超过 0.7V 时，VT2 由截止状态变为导通状态，集电极电压下降，LED2 这一组点亮。与此同时，VT2 的集电极下降的电压通过电容 C2 使 VT3 的基极电压也降低，VT3 由导通变为截至，其集电极电压升高，LED3 这一组熄灭。接下来，电路按照上述过程循环，3 组 18 只 LED 便会被轮流点亮，同一时刻有 2 组共 12 只 LED 被点亮。这些 LED 被交叉排列呈一个心形图案，不断地循环闪烁发光，达到动感显示的效果。

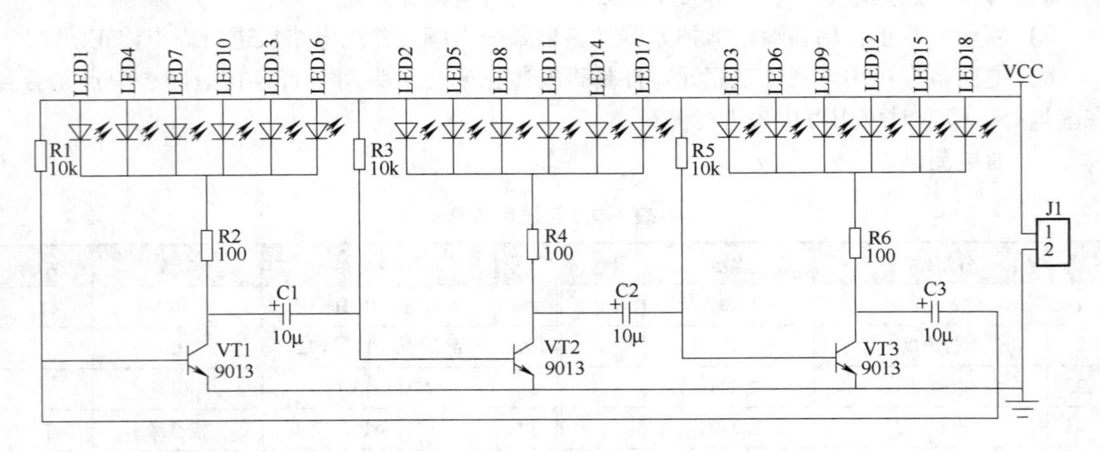

图 4-24 心形流水灯原理图

2. 电路安装步骤

1）准备工作：准备好电工工具、电烙铁、焊锡、松香、万用表、元器件及 PCB（第 3 章已制作）等。

2）器件分类：根据元器件清单（见表 4-10）清点好所需元器件及其他配件，并分类。

表 4-10　元器件清单

序号	名称/编号	参数	数量	序号	名称/编号	参数	数量
1	电阻/R1、R3、R5	10kΩ	3	6	电池盒	3 节装	1
2	电阻/R2、R4、R6	100Ω	3	7	电池	1.5V	3
3	电容/C1、C2、C3	10μF	3	8	导线	带绝缘	若干
4	晶体管/VT1、VT2、VT3	9013	3	9	印制电路板	第 3 章已做好	1
5	发光二极管/LED1-18	红色	18				

3）元器件测量：用万用表测量电阻、电容、晶体管等元器件，识别出其极性，判断其好坏。

4）器件加工：根据安装工艺要求及印制电路板布局，用工具加工好元器件、导线等。

5）安装：参照原理图按从左到右、先低后高、先小后大等安装原则进行元器件安装。

6）焊接：加热电烙铁，按焊接工艺要求，进行电路焊接。

7）修剪、校正：用斜嘴钳剪掉元器件多出来的引脚，并用电烙铁进行焊点修正。

8）电路检查：用直观法观察元器件是否安装正确、引脚间是否存在短路、焊点是否存在虚焊等，检查时可用万用表进行测量。

9）通电测试。

3. 电路调试步骤

1）如果发光二极管不亮，则用万用表检查一下电源电压是否正常，焊接是否存在虚焊现象。

2）如果发现某一只二极管不亮，则测量该二极管两端电压是否正常或该管是否已损坏。

3）如果发光二极管不闪烁及循环，则检查晶体管 VT1、VT2、VT3 工作电压是否正常。

本章小结

本章主要介绍了电子产品的安装和装配工艺要求及过程、电子产品的焊接工艺及技术、电子产品工艺文件的编制。

电子产品安装工艺要求及过程是一个电子产品完成装配的全过程，应严格按工艺文件的要求进行，应保证电子产品的安全性和可靠性。整机装配的准备工艺是装配的第一道工序，是装配质量的关键。主要包括导线的加工、元器件引脚的加工、屏蔽导线的加工、电缆的加工、线把的扎制等。焊接通常分为熔焊、钎焊和接触焊三大类。钎焊按焊料熔点的不同分为硬钎焊和软钎焊，锡焊属于软钎焊。锡焊具有熔点低、适用范围广、容易形成焊点、操作简便等特点，在电子产品的焊接中占有主要地位。焊接的机理为焊料在金属表面的润湿、焊料的扩散、生成牢固的合金层三个阶段。焊接技术包括手工焊接技术、自动焊接技术和表面安装技术。表面安装的焊接工艺有波峰焊接工艺和再流焊接工艺，以及手工焊接及拆焊工艺。电子产品的调试分单元部件调试和整机调试。调试的目的是使电子产品达到规定的各项指标，实现预定功能，以确保电子产品的质量。

工艺文件是电子产品生产管理和加工过程的依据，因此，工艺文件的编制应按一定的规范和格式编写。工艺文件包括基本工艺文件、指导技术的工艺文件和统计汇编资料等。

习 题

1. 整机装配的准备工作包括哪些内容？
2. 导线的加工有哪些步骤？
3. 屏蔽线接地端的处理有哪几种方式？
4. 电子产品装配工艺过程有哪几个阶段？
5. 机壳、面板装配时有什么要求？
6. 什么叫焊接？锡焊有哪些特点？
7. 什么是SMT技术？它有哪两大类工艺？
8. 电子产品进行调试的目的是什么，其主要内容包括什么？
9. 整机调试的一般程序是什么？
10. 在设计工艺文件时，对走线应考虑些什么？
11. 电子产品工艺文件是如何分类的？
12. 电子产品工艺文件的作用是什么？
13. 工艺文件的编制原则和编制要求有哪些？
14. 试编写R-218T调频调幅收音机的插件工艺文件（参考表4-8中的简图）。

第5章 常用电子产品安装与调试实例

教学导航

教	知识重点	1. 模拟电路的装配 2. 数字电路的装配 3. 高频电路的装配
	知识难点	1. 电子电路原理图识读 2. 整机调试分析，故障排除
	推荐教学方式	以实际操作为主，教师进行适当讲解，充分发挥教师的指导作用，鼓励学生多动手、多体会，通过训练，让学生在做中掌握电子产品安装、调试等技能
	建议学时	18 学时
学	推荐学习方法	以自己实际操作为主，紧密结合本章内容，通过自我训练，互相指导、总结，掌握常见各种电子产品装配和调试的方法
	必须掌握的理论知识	1. 电子产品安装、调试的流程 2. 电子产品故障分析、排除的方法
	需要掌握的工作技能	1. 熟练使用常用工具 2. 掌握电子元器件检测技能 3. 掌握电子产品安装、焊接和调试的技能
做	技能训练	训练内容为直流稳压电源、可调电源、小夜灯、分立元器件功放、集成式功放、门铃电路、六位数字钟、八路抢答器、对讲机、晶体管收音机、集成电路收音机等电路安装与调试

5.1 模拟电路实例

5.1.1 直流稳压电源

通过整流滤波电路所获得的直流电源电压是比较稳定的，但是当电网电压波动或负载电流变化时，输出电压会随之改变。电子设备一般都需要稳定的电源电压，因此必须进行稳压。生活中，小功率电子产品大多采用稳压电源，有并联型稳压电路、串联型稳压电路、集成稳压电路及开关型稳压电路。

随着电子电路集成化的发展和功率集成技术的提高，出现了各种各样的集成稳压管。集成稳压管是指将晶体管串联稳压电路中的调整管、取样放大、基准电压等全部集成在一块半导体芯片上而形成的一种电子集成稳压器。集成稳压器与一般分立元器件的稳压器比较，具有性能好、可靠性高、组装和调试方便等优点。

1. 项目描述

本例介绍的直流稳压电源，能固定输出 +5V 的直流电压，采用三端稳压器 7805 集成芯片，把交流电转换为稳定的直流电。

2. 知识准备

1）工具、仪器仪表、焊接材料清单的识读。直流稳压电路装配所需工具、仪器仪表及焊接材料见表 5-1。

表 5-1 所需工具、仪器仪表及焊接材料

项　　目	序　　号	名　　称	备　　注
所需工具	1	电烙铁及烙铁架	
	2	尖嘴钳	
	3	斜口钳	
	4	镊子	
	5	小一字、十字槽螺钉旋具	
所需仪器仪表	1	万用表	
	2	示波器	
焊接材料		焊锡丝、松香、洗板水	

2）元器件清单的识读。对照元器件清单（见表 5-2）认真整理元器件，看实际元器件与清单是否相符，有无少或多的元器件，如果存在少元器件的情况，应立即报告老师进行补充。

表 5-2 元器件清单

序　　号	名　　称	规　　格	位　　号	数　　量
1	电阻	1kΩ	R1	1
2	电解电容	470μF/25V	C1	1
3	电解电容	200μF/25V	C2	1
4	瓷片电容	0.1μF	C3、C4	2
5	整流二极管	1N4001	VD1 ~ VD4	4
6	三端稳压器	LM7805	7805	1
7	发光二极管	红色	VL	1
8	接线端子	两端	J1、J2	2
9	印制电路板			1

3. 装配准备

（1）电路框图的识读　直流稳压电源电路框图如图 5-1 所示，它是由桥式整流电路、

稳压电路及滤波电路等组成的。

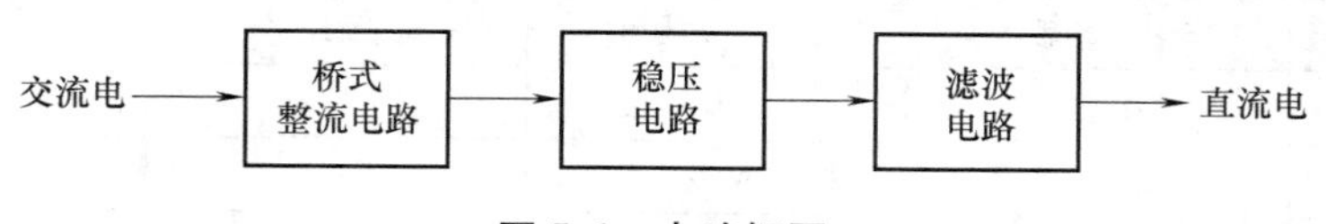

图 5-1　电路框图

（2）电路原理图的识读　直流稳压电源电路工作原理如图 5-2 所示，220V 交流电加到变压器，经变压器降压后的交流电压再经二极管 VD1 ~ VD4 整流后，得到脉动直流电，再经滤波电容滤波后变成 10.5V 左右的直流电。将此直流电压加到三端稳压器 LM7805 的输入端，从输出端就有稳定的直流电压输出。

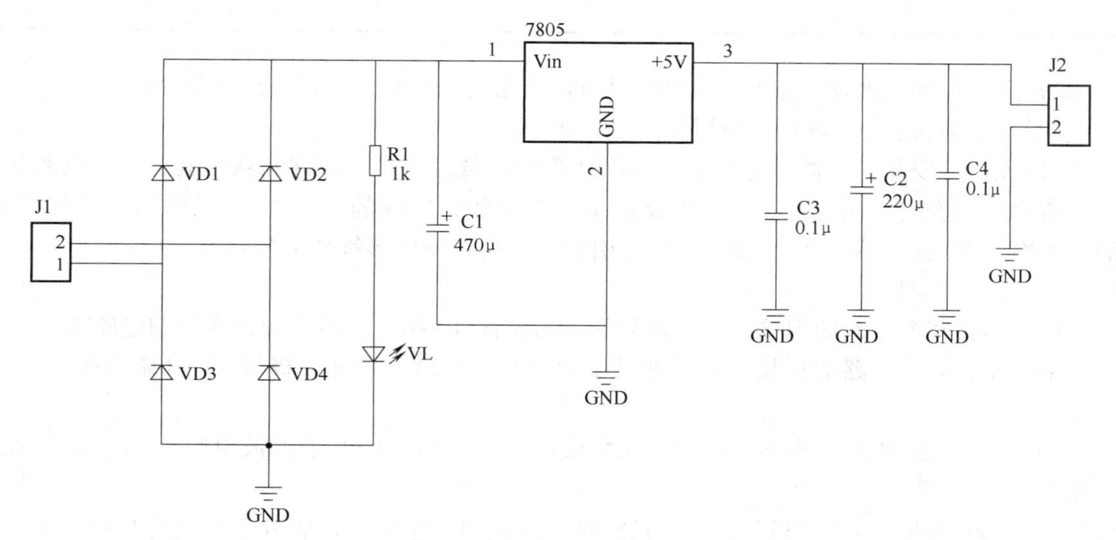

图 5-2　直流稳压电源电路原理图

4. 任务实现

（1）元器件的检测与预处理

1）元器件的检测。在直流稳压电源电路中，主要的元器件有变压器、整流二极管、三端稳压器、电解电容、瓷片电容、电阻、发光二极管，在安装之前必须对它们进行检测，以确保元器件是好的。根据元器件清单，将所有要焊接的元器件进行检测一遍，并将检测结果填到表 5-3 中。

表 5-3　元器件检测表

序　号	名　称	位　号	检 测 结 果	备　注
1	电阻	R1		
2	电解电容	C1		
3		C2		
4	瓷片电容	C3		
5		C4		

（续）

序　号	名　称	位　号	检测结果	备　注
6	整流二极管	VD1		
7		VD2		
8		VD3		
9		VD4		
10	三端稳压器	7805		
11	发光二极管	VL		
12	接线端子	J1		
13		J2		

2）元器件的预处理。按照元器件预处理的方法对该电路的元器件进行预处理。

（2）元器件的插（贴）装与焊接

1）元器件安装。元器件清点完毕、检测准确无误后，即可在直流稳压电源印制电路板上焊接和产品安装。注意：在印制电路板上所焊接的元器件的焊点要大小适中、光滑、圆润、干净无毛刺；无漏、假、虚、连焊，引脚加工尺寸及成形符合工艺要求。

2）元器件焊接。

第一步：整流电路的焊接，先将四只整流二极管（VD1～VD4）焊接在印制电路板上。

第二步：滤波电路的焊接，焊接滤波电容（C1、C2）、发光二极管 VL 和限流电阻 R1 在电路板上。

第三步：稳压电路的焊接，焊接三端集成稳压器（LM7805）及滤波电容（C3、C4）在电路板上。

3）注意事项。五只二极管的正、负极性不能接错；整流二极管外部颜色为黑色，一端有银环的是负极，发光二极管为红色玻壳封装，导线长的一端是正极；安装二极管时，二极管要卧式并紧贴 PCB 安装。

（3）产品的检测与调试

1）直流稳压电路焊接安装的检查。手工锡焊的检查可分为目视检查和手触检查两种。

① 目视检查。就是从外观上检查焊点有无焊接缺陷，是否达到工艺所规定的标准和要求。

② 手触检查。即在外观检查的基础上，采用手触检查，主要是检查元器件在印制电路板上有无松动、焊接是否可靠、有无机械损伤。可用镊子轻轻拨动焊点看有无虚假焊，或夹住元器件的引脚轻轻拉动看有无松动现象。

2）直流稳压电路的功能调试。为了确保稳压电路能够正常工作，也就是要输出 5V 左右的直流电压，在完成直流稳压电路的焊接与安装后，有必要对电路进行仔细检查，确保无误后，通电进行功能调试。

用万用表直流电压档测量输出端电压，看是否在 5V 左右，用示波器观测输出端电压波形，看波形是否平稳。

5.1.2 可调电源

1. 效果图

可调电源的效果图如图 5-3 所示。

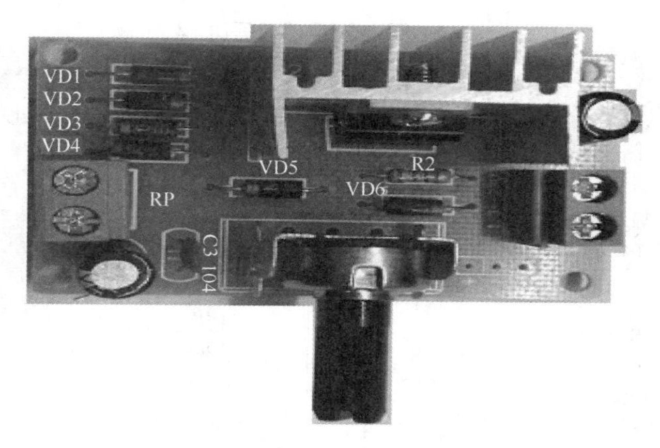

图 5-3 可调电源效果图

2. 项目描述

通常电子产品在使用的过程中，会用到各种不同的电压，可调电源能满足这个需求。本项目要求制作可调直流电源，输出电压范围是 1.25～12V，负载电流为 1.5A。

3. 知识准备

（1）电路原理框图的识读　可调电源电路设计简单，主要由整流电路、滤波电路、稳压电路、调节电路及滤波电路等构成，如图 5-4 所示。

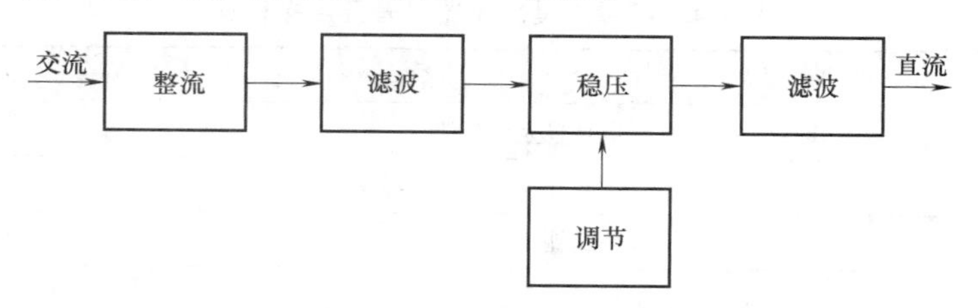

图 5-4 可调电源电路原理框图

（2）电路原理图的识读　可调电源电路原理图如图 5-5 所示。220V 的交流电经变压器降压后再经过四个二极管整流，把交流电转换为直流电，但它的电压大小还在变化。通过电容器 C1 滤波，在电压较高时向电容器中充电，电压较低时便由电容器向电路供电。

经过 C1 滤波后的比较稳定的直流电送到三端稳压集成电路 LM317 的 Vin 端（3 脚）。电容 C1 可以消除自激振荡。LM317 是三端稳压器：由 Vin 端给它提供工作电压以后，它便可以保持其 Vout 端（2 脚）比其 ADJ 端（1 脚）的电压高 1.25V。因此，我们只需要用极小的电流来调整 ADJ 端的电压，便可在 Vout 端得到比较大的电流输出，并且电压比 ADJ 端高出恒定的 1.25V。通过调整电位器 RP 的抽头位置来改变输出电压，LM317 会保证接入 ADJ 端和 Vout 端的那部分电阻上的电压为 1.25V。所以，当抽头向上滑动时，输出电压将会升高。

图中 C3 的作用是对 LM317 的 1 脚的电压进行微小的滤波，减少输出纹波电压，以提高输出电压的质量。图中 VD5 的作用是当有意外情况使得 LM317 的 3 脚电压比 2 脚电压还低的时候防止从 C2 上有电流倒灌入 LM317 而引起其损坏。

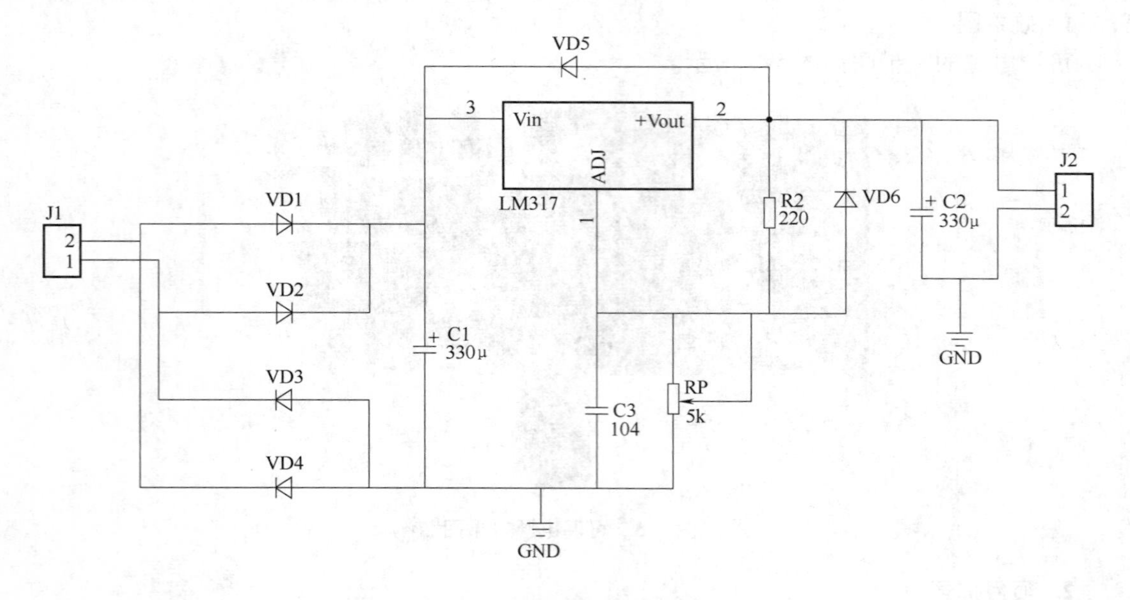

图 5-5　可调电源电路原理图

4. 装配准备

1）工具、仪器仪表及焊接材料清单的识读。

可调电源电路安装与调试所需工具、仪器仪表及焊接材料见表 5-4。

表 5-4　所需工具、仪器仪表及焊接材料

项　目	序　号	名　称	备　注
所需工具	1	电烙铁及烙铁架	
	2	尖嘴钳	
	3	斜口钳	
	4	镊子	
	5	小一字、十字槽螺钉旋具	
所需仪器仪表	1	万用表	
	2	示波器	
焊接材料		焊锡丝、松香、洗板水	

2）元器件清单的识读。

对照表 5-5 认真整理元器件，看实际元器件与清单是否相符，有无少或多的元器件，如果存在少元器件的情况，学生应立即报告老师进行补充。

5. 任务实现

（1）元器件的检测与预处理

1）元器件的检测。根据元器件列表，将所有要焊接的元器件进行检测一遍，并将检测

结果填入表 5-6 中。

表 5-5　元器件清单

序　号	名　称	规　格	位　号	数　量
1	电阻	220Ω	R2	1
2	电位器	5kΩ	RP	1
3	三端稳压器	LM317	U1	1
4	二极管	1N4007	VD1 ~ VD6	6
5	电容器	104	C3	1
6	电解电容	330μF	C1、C2	2
7	印制电路板			1
8	散热片			1

表 5-6　元器件检测表

序　号	名　称	位　号	检 测 结 果	备　注
1	电阻	R2		
2	电位器	RP		
3	电解电容	C1		
4		C2		
5	瓷片电容	C3		
6	二极管	VD1		
7		VD2		
8		VD3		
9		VD4		
10		VD5		
11		VD6		
12	三端稳压器	LM317		
13	接线端子	J1		
14		J2		
15	散热片			

2）元器件的预处理。根据工艺要求对元器件进行预处理。把元器件的引脚拉直进行工艺加工。

（2）元器件的插（贴）装与焊接　按照工艺要求对元器件进行插（贴）装与焊接。

第一步：先安装四只整流二极管，二极管要卧式安装，注意二极管的极性。再安装二极管 VD5、VD6，电阻 R2，电容 C1、C2、C3，并焊接好。

第二步：安装两个接线端子 J1、J2，并焊接好。

第三步：安装三端稳压器 LM317，安装散热片，用螺钉把稳压器和散热片固定好，焊接好后再扭紧。

第四步：安装电位器，电位器的旋钮要朝外，焊接时，要多点焊锡，把电位器焊接牢固，以防松动。

（3）产品的检查与调试　组装完成并经目视、手触检查无误后，为了确保电路能够正常工作，必须对电路进行测试和调试。把接线端子 J1 接 9V 的交流电，用万用表的直流档测量接线端子 J2，同时调节电位器，观察万用表指针的变化情况。

5.1.3　小夜灯

1. 效果图

小夜灯的效果图如图 5-6 所示。

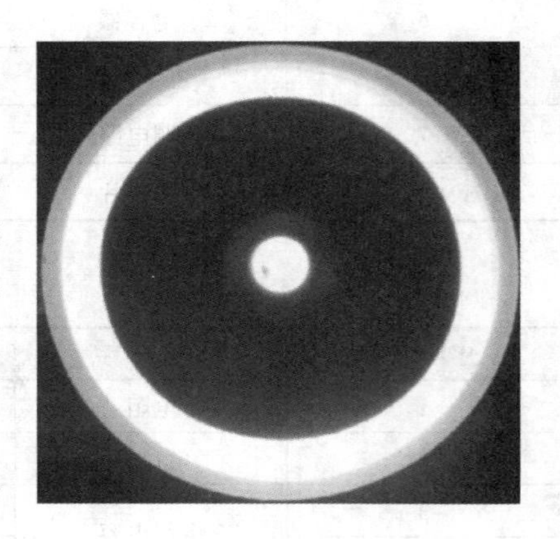

图 5-6　小夜灯效果图

2. 项目描述

小夜灯自发明至今深受消费者欢迎，小夜灯灯光柔和，除能给人们在夜晚起居提供照明作用外。同时还兼具一灯多用之功能，如加入驱蚊精油或驱蚊液可成环保驱蚊灯，能达到无毒驱蚊的效果；加入食醋则可达到消毒杀菌、净化空气之功效，新装修居室还可以分解有害气体。

智能的光控小夜灯，在周围黑暗的条件下小夜灯会自动开启，特别适合婴童居室。同时小夜灯品种丰富，可选性强，具有装饰、点缀家居之功效。花样繁多的小夜灯如图 5-7 所示。

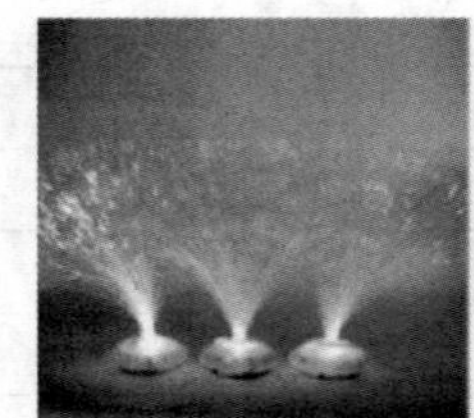
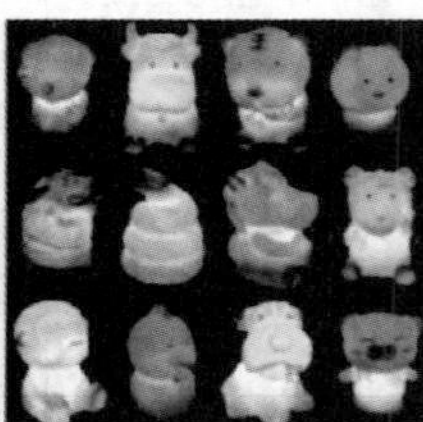

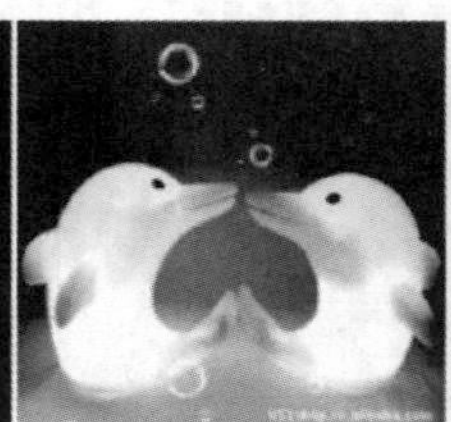

图 5-7　花样繁多的小夜灯

3. 知识准备

1）电路框图的识读。小夜灯电路框图如图 5-8 所示，它是由阻容降压电路、桥式整流电路、稳压电路、调整电路、光电控制电路和输出电路组成的。

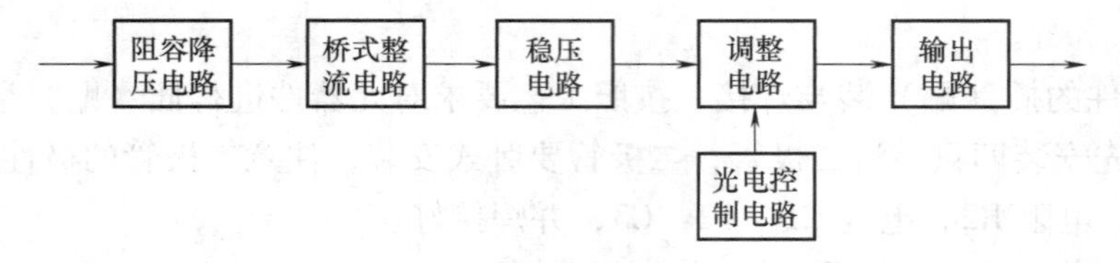

图 5-8　小夜灯电路框图

2）电路原理图的识读。电路工作原理如图 5-9 所示，交流 220V 电压经电容器 C、泄放电阻器 R1 降压，二极管 VD1 ~ VD4 整流，稳压二极管 VS 稳压后，为照明灯 LED1 ~ LED4 和光电控制电路提供 12V 左右的直流电压。白天，R4 受光照射而呈低阻状态，晶体管 VT 截止，LED1 ~ LED4 不亮。夜晚，R4 变为高阻状态，晶体管 VT 基极电位升高（经电阻器 R5 与光敏电阻器 R4 分压），二极管饱和导通，LED1 ~ LED4 通电发光。

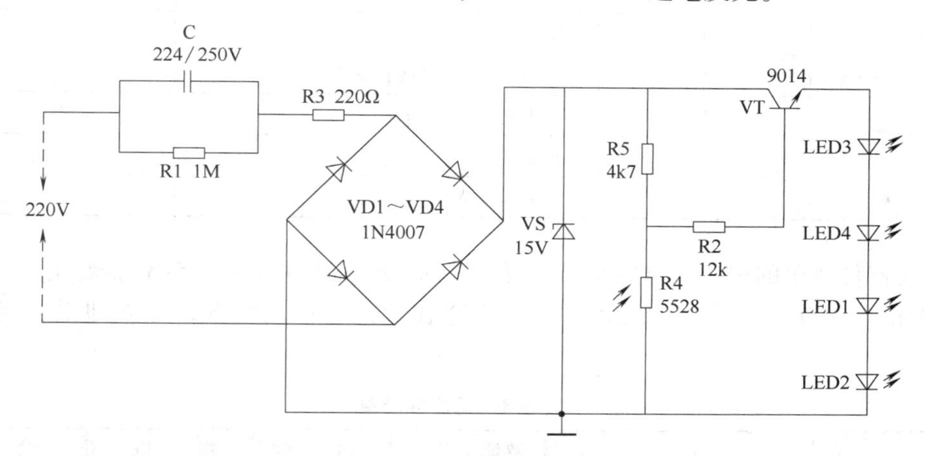

图 5-9　小夜灯电路原理图

控制电路部分是利用光敏电阻 R4 的光敏特性和晶体管的导通条件实现控制发光二极管 LED 的亮与灭。它在白天不工作，夜晚自动点亮，可用于卧室等需要夜间微光照明的场所；本电路具有能根据光线的强弱自动控制开关灯，省电、节能、稳定性高的优点。

3）PCB 图的识读。小夜灯 PCB 空板正反面示意图如图 5-10 所示。

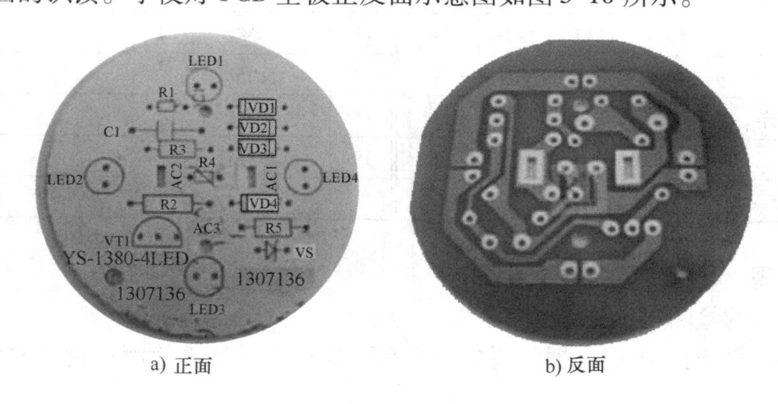

a) 正面　　b) 反面

图 5-10　小夜灯 PCB 空板正反面示意图

观察每个元器件安装的位置、安装尺寸、电源的正负端等信息，有极性的元器件要注意安装的方向，如二极管、晶体管、电解电容、变压器等器件的安装；因该图比较简单，请同学们对照印制电路板图画出对应的原理图，提高识图的水平。

4. 装配准备

1）工具、仪器仪表、焊接材料清单的识读。小夜灯电路装配所需工具、仪器仪表及焊接材料见表 5-7。

表 5-7 所需工具、仪器仪表及焊接材料

项　目	序　号	名　称	备　注
所需工具	1	电烙铁及烙铁架	
	2	尖嘴钳	
	3	斜口钳	
	4	镊子	
	5	小一字、十字槽螺钉旋具	
所需仪器	1	万用表	
	2	示波器	
焊接材料		焊锡丝、松香、洗板水	

2）元器件清单的识读。对照元器件清单认真整理元器件（见表5-8），看实际元器件与清单是否相符，有无少或多的元器件，如果存在少元器件的情况，应立即报告老师进行补充。

表 5-8 元器件清单

序号	名　称	规　格	位　号	数量	序号	名　称	规　格	位　号	数量
1	电阻	1MΩ	R1	1	11	外壳			1
2	电阻	12kΩ	R2	1	12	插头		AC	2
3	电阻	220Ω	R3	1	13	色环纸			1
4	电阻	4.7kΩ	R5	1	14	光敏盖			1
5	光敏电阻	5528	R4	1	15	螺钉			3
6	发光二极管	5mm	LED1 ~ LED4	4	16	导线			2
7	二极管	1N4007	VD1 ~ VD4	4	17	反光纸			1
8	稳压二极管	15V	VS	1	18	说明书			1
9	电容	224/250V	C	1	19	电路板			1
10	晶体管	9014	VT	1					

5. 任务实现

（1）元器件的检测与预处理

1）元器件的检测。根据元器件清单将所有要焊接的元器件检测一遍，并将检测结果填到表5-9中。

表 5-9 元器件检测结果

序　号	名　称	位　号	检测结果	备　注
1	电阻	R1		
2		R2		
3		R3		
4		R5		

（续）

序　　号	名　　称	位　　号	检测结果	备　　注
5	涤纶电容	C		
6	光敏电阻	R4		
7	整流二极管	VD1、VD2、VD3、VD4		
8	稳压二极管	VS		
9	晶体管	VT		
10	LED	LED1、LED2、LED3、LED4		

2）元器件的顶处理。按照元器件预处理的方法对该电路的元器件进行预处理。

（2）元器件的插（贴）装与焊接

1）元器件安装。元器件清点完毕、检测准确无误后，即可在小夜灯印制电路板上焊接和产品安装；在印制电路板上所焊接的元器件的焊点要大小适中、光滑、圆润、干净无毛刺；无漏、假、虚、连焊，引脚加工尺寸及成形符合工艺要求。

2）安装步骤。

第一步：在PCB安装板上将四只电阻焊接好，如图5-11所示。焊接时注意各元器件对应位置确保无误时再进行焊接，安装电阻时，电阻要卧式并紧贴PCB安装；每次焊接完毕后，应将元器件多余的引脚部分修剪完美。

第二步：将四只整流二极管和一只稳压二极管安装在电路板上，如图5-12所示。五只二极管的正、负极性不能接错：整流二极管外部颜色为黑色，一端有银环的是负极，稳压二极管为红色玻壳封装，一端有黑环的是负极。二极管要卧式并紧贴PCB安装。

图5-11　第一步装配示意图

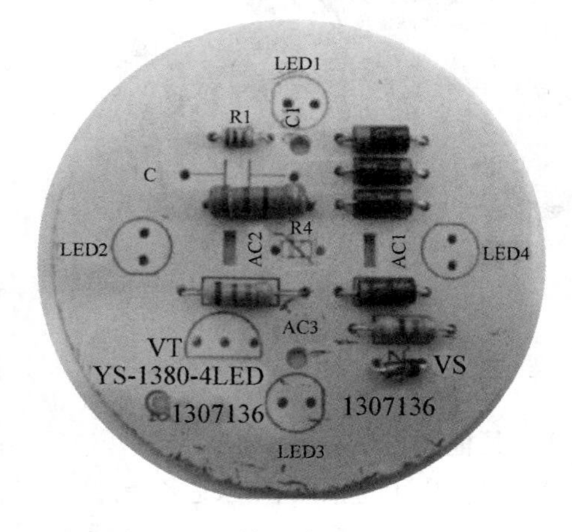

图5-12　第二步装配示意图

第三步：将四只高亮度发光二极管立式并紧贴PCB上安装、焊接好，如图5-13所示。发光二极管的正负极不能接错，一只焊错会导致全部发光二极管不亮。发光二极管安装时，管帽的直边要与PCB安装板上LED安装图形的直接对准，该直边表示LED的负极。

第四步：安装晶体管VT及电容C，如图5-14所示。晶体管的引脚具体可参照说明书；焊接时速度要快，以免烫坏晶体管。电容无正负极之分，尽量紧贴PCB安装即可。

第五步：安装光敏电阻，如图 5-15 和图 5-16 所示。安装光敏电阻时，其高度为 0.6cm 左右。注意热缩管要穿入其中一个引脚。

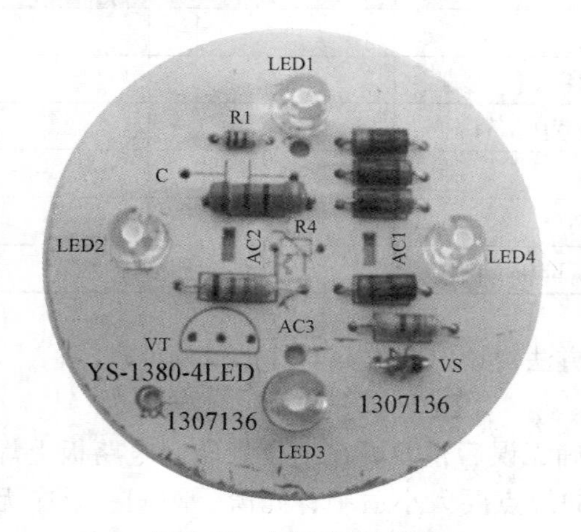

图 5-13 第三步装配图

图 5-14 第四步装配图

每一步操作完毕后，都必须将元器件的引脚修剪掉，焊接面引脚修剪的越短越好，不要让引脚与外壳接触。如图 5-16 所示。

图 5-15 第五步装配图

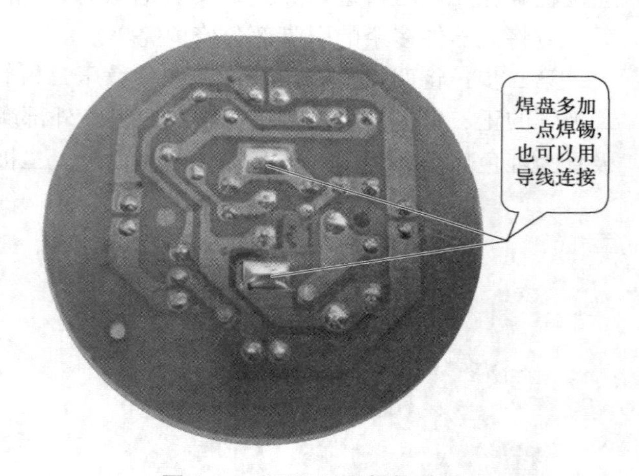

图 5-16 PCB 反面焊接效果图

3）其他固件的处理。

① 出于设计的原因，出现多余件时，请把它剪掉，用锉刀打平，如图 5-17 所示。

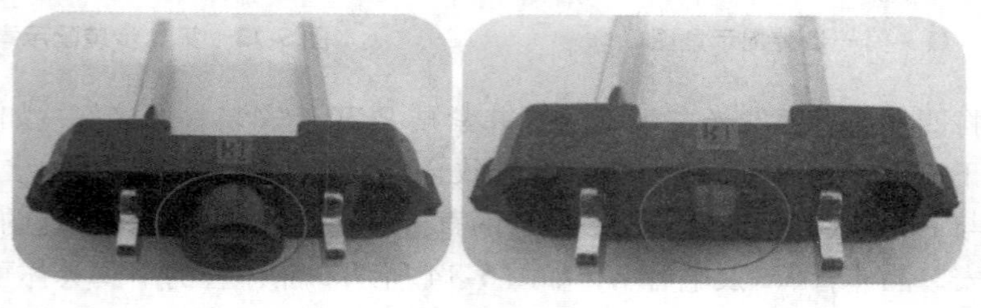

图 5-17 多余件处理

② 插座从外壳插入，再用螺钉固定。

③ 用 502 胶将面盖和色环盖以及光敏盖粘在一起。

④ 把螺钉上好后，再用 502 将底盖和色环盖粘在一起，如图 5-18 所示。安装完成的实物图如图 5-19 所示。

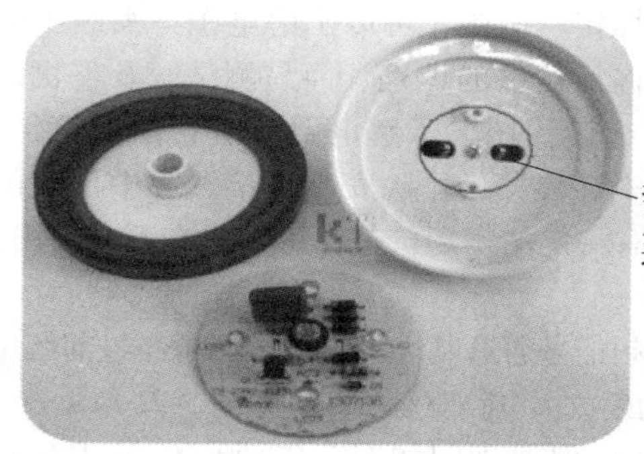

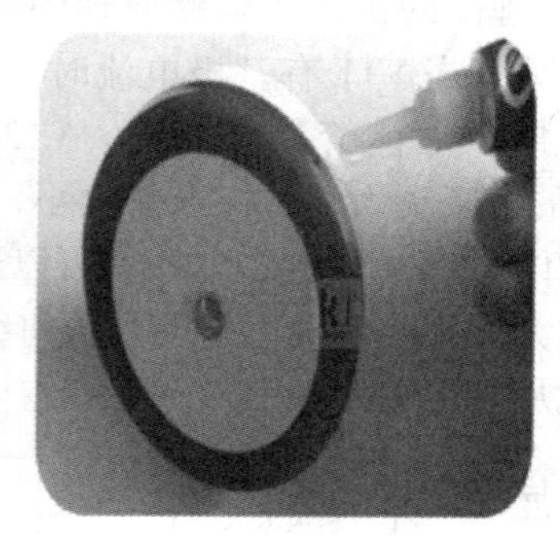

图 5-18　安装底盖

（3）产品的检测与调试

1）小夜灯电路焊接安装的检查。手工锡焊的检查可分为目视检查和手触检查两种。

目视检查。就是从外观上检查焊点有无焊接缺陷，是否达到工艺所规定的标准和要求。

手触检查。即在外观检查的基础上，采用手触检查，主要是检查元器件在印制电路板上有无松动、焊接是否可靠、有无机械损伤。可用镊子轻轻拨动焊点看有无虚假焊，或夹住元器件的引脚轻轻拉动看有无松动现象。

2）小夜灯电路的功能调试。为了确保小夜灯电路能够正常工作，也就是说要稳定、准确地反映白天、黑夜灯的变化，在完成小夜灯电路的焊接与安装后，有必要对电路进行仔细检查，确保无误后，通电进行功能调试。

图 5-19　装配完成实物图

5.1.4　分立元器件功放

1. 效果图

分立元器件功放效果图如 5-20 所示。

2. 项目描述

通过动手组装“分立电子开关、OTL功放”这个活动过程，了解电子产品的装配工艺；锻炼动手能力，掌握元器件的识别，能进行一些简易测试，进一步达到在制作娱乐中学到电子技术、积累实践经验的目的。

图5-20　分立元器件功放效果示意图

通过对本制作的安装、焊接、试验，可以了解电子产品装配的全过程，提高动手能力，掌握元器件的识别、简易测试，及整机调试工艺。对照原理图看懂装配接线图，了解电路原理，图形符号，并与实物对照，认真细致地安装焊接，排除安装焊接过程中出现的故障。安装成功后此产品也有一定的实用价值，可当作有源音箱用。

3. 知识准备

1）电路框图的识读。音频信号通过基极电流放大，再经过前级偏置放大电路，最后通过互补功率放大电路驱动负载，如图5-21所示。

2）电路原理图的识读。电路原理图如图5-22所示，VT1负责整机电源的开关，当VT1有基极电流时，晶体管就会导通，当VT1没有基极电流时，晶体管就会截止。VT2是VT1的基极电流放大管，由于R3的电阻很大，基极电流很小，不可能让VT1可靠导通，但是，经过VT2放大后，这个电流就可以达到毫安级，可以使VT1有较大的开关电流。VT3是前级偏置放大，要降低噪声，就要从前级开始，否则，噪声会经后级逐级放大，变化很明显。为了避免从基极输入端引入噪声，本电路中，VT3的基极采用了独立的电源滤波。

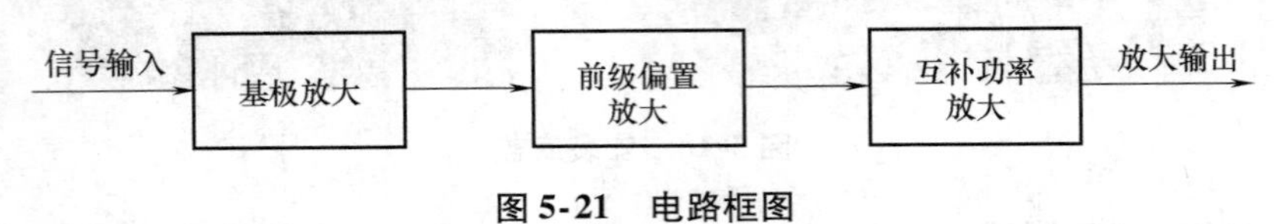

图5-21　电路框图

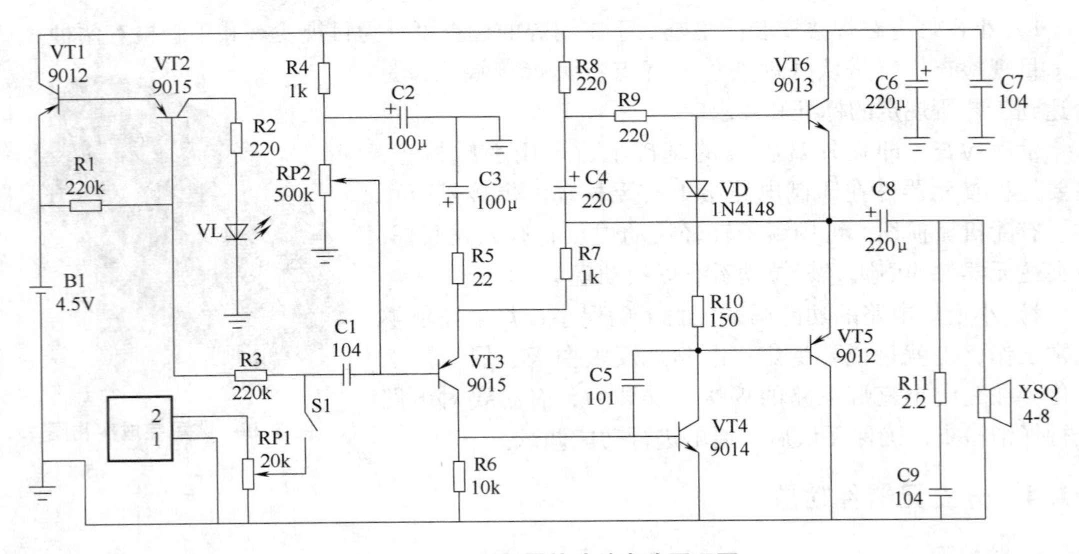

图5-22　分立元器件功放电路原理图

本制作产品，用电脑USB供电或其他外接电源供电，杂音也比较小。VT4是推动级放大。输入信号经过VT3、VT4两级放大后，具备了驱动VT5、VT6（输出级）的能力。本功放电路只有三级，主要由第一、二级（VT3、VT4）决定最大放大倍数，第三级（VT5、VT6）决定最大电流的驱动能力。为了取得较大的电路放大倍数，VT3、VT4要选放大倍数大的晶体管，为了增大负载能力，VT5、VT6应该用大功率大电流的晶体管。

4. 装配准备

（1）工具、仪器仪表、焊接材料清单的识读　分立元器件功放电路装配所需工具、仪器仪表及焊接材料见表5-10。

表5-10　所需工具、仪器仪表及焊接材料

项　目	序　号	名　称	备　注
所需工具	1	电烙铁及烙铁架	
	2	尖嘴钳	
	3	斜口钳	
	4	镊子	
	5	小一字、十字槽螺钉旋具	
所需仪器	1	万用表	
	2	示波器	
焊接材料		焊锡丝、松香、洗板水	

（2）元器件清单的识读　对照表5-11认真整理元器件，看实际元器件与清单是否相符，有无少或多的元器件，如果存在少元器件的情况，应立即报告老师进行补充。

表5-11　元器件清单

序号	名　称	规格	位号	数量	序号	名　称	规　格	位号	数量
1	电阻1/6W—5%	220kΩ	R1，R3	2	16	晶体管	9014	VT4	1
2		220Ω	R2，R8，R9	3	17	电位器	20kΩ带开关	RP1	1
3		1kΩ	R4，R7	2	18	可调电阻	500kΩ	RP2	1
4		22Ω	R5	1	19	二极管	3ϕ红色发光二极管	VL	1
5		10kΩ	R6	1	20	插针	1针		4
6		150Ω	R10	1	21	电路板			1
7	电阻1/4W—5%	2.2Ω	R11	1	22	导线			2
8	二极管	1N4148	VD	1	23	扬声器			1
9	瓷片电容	104	C1，C7，C9	3	24	信号头+信号线			1
10		101	C5	1	25	电池弹簧			3
11	电解电容	100μF/10V	C2，C3	2	26	螺钉			5
12		220μF/10V	C4，C6，C8	3	27	面壳			1
13	晶体管	9012	VT1，VT5	2	28	后盖			1
14		9015	VT2，VT3	2	29	制作说明			1
15		9013	VT6	1	30	胶袋			1

5. 任务实现

（1）元器件的检测与预处理

1）元器件的检测。根据元器件清单将所有要焊接的元器件检测一遍，并将检测结果填到表 5-12 中。

表 5-12　元器件检测结果

序　号	名　称	位　号	检测结果	备　注
1	电阻	R1，R3		
2		R2，R8，R9		
3		R4，R7		
4		R5		
5		R6		
6		R10		
7		R11		
5	二极管	VD		
6	瓷片电容	C1，C7，C9、C5		
7	电解电容	C2，C3、C4，C6，C8		
8	晶体管	VT1 ~ VT6		
9	电位器	RP1		
10	可调电阻	RP2		
11	二极管	VL		

2）元器件的预处理。按照元器件预处理方法对该电路的元器件进行预处理。

（2）元器件的插（贴）装与焊接

1）元器件安装。元器件清点完毕、检测准确无误后，即可在分立元器件功放印制电路板上焊接和产品安装。元器件装在电路板上安装一般有卧式安装和立式安装：卧式安装适合板上位置宽敞处，元器件一般贴近电路板，元器件引脚一般弯折成 90°；立式安装适合板上位置比较拥挤处，一般不需弯折引脚，或者一部分引脚要进行 180°的弯折。

元器件立式安装和卧式安装是根据实际安装位置决定。请大家先根据元器件孔位，进行管脚弯折。元器件管脚弯折时应弯成直径 1 ~ 3mm 的圆弧，不要弯成直角或者尖角。

将元器件插入电路板，应插到电路板底，元器件不要太高，在焊接面将元器件引脚弯折成 120° ~ 150°，防止翻过电路板后元器件掉落。一般每次插入 3 ~ 8 个元器件后进行一次焊接过程，如果元器件插得太多，元器件引脚会影响电烙铁和焊点的接触，会导致焊接不方便。

插元器件规则：从低到高，从小到大。例如：有短路跳线时要先插短路跳线，先卧式后立式，先电阻后电容，最后安装蜂鸣器等。

2）安装焊接顺序。

- 安装、焊接电阻。
- 安装、焊接二极管 1N4148。

● 安装、焊接电位器。

● 安装、焊接瓷片电容。瓷片电容不分正、负极。

● 安装晶体管。9012，9013，9014，9015，这些晶体管的外形基本一样，要注意分清不能混用，且方向要和电路板上的方向相一致。

● 安装、焊接可调电阻。

● 安装、焊接插针。

● 安装、焊接电源指示灯 VL。VL 和普通二极管一样，有正、负极，请根据需要安装在相应的位置。

● 安装、焊接电解电容，注意电解电容有正、负极，长脚的一边为正极。

在印制电路板上所焊接的元器件的焊点要大小适中、光滑、圆润、干净无毛刺；无漏、假、虚、连焊，引脚加工尺寸及成形符合工艺要求。

（3）产品的检测与调试

1）电路板初步测试检查。

● 检查有没有元器件少装、漏装，有没有装反装错；

● 电路板以及元器件各焊点有没有短路、开路；

● 接线是否正确。

2）通电试验与调试。电路板经检查无误后，接上扬声器、信号输入线和电源就可以试板了。本板装配无误一般都能正常工作。

3）外壳加工与总装。本外壳分面壳（有很多小孔的并装有扬声器的一面，一般叫面壳）和底壳。内有电池位、扬声器位、坐标尺等，对于本制作，需要在面壳上开输入信号线孔。

● 先用刀片在面壳上向下切深度约 0.1 ~ 0.3mm，共两条，然后用刀子分别左右水平削去 0.1 ~ 0.3mm。说明：总共需要加工一个 3mm × 3mm 大小的孔，做成圆形（圆角、半圆），每次不要切削太深太厚，不要用力太大，一定要注意安全。

● 安装电池弹簧片。将负极弹簧，正极片安装在底壳上。安装的时候先装左边，第一个装正极片，第二个装负极片（有弹簧的），第三个装正极。装右边的和左边相反。要把右边的第一和第二片用导线连起来，左边的第二和第三片也用导线连起来。左边的第一片接电路板的正极（标有 DC4.5V 处）右边的第三片接功放板负极（GND）。一定要保证中间那节电池的正极接第一节电池的负极，负极接第三节电池的正极，使三节电池串联起来。

● 用热熔胶或其他胶水固定好扬声器，并接好线到电路板上。注意：扬声器安装不要太贴紧面板，应该让扬声器纸盆与前面板留有一定的间隙，防止纸盆前后运动时撞击前面板产生杂音。但是，扬声器也不能安装得太高，否则，有可能会碰到安装的电池，导致前后盖无法合拢。

● 装进电路板，打好螺钉。总共有六个螺钉孔位，只需要打三个螺钉就完全足够了。

4）常见问题以及解决方法。

● 电位器转到任何位置都不通电，即电源指示灯不亮，即无法开机。先检查电源电压是否正常，VT1、VT2 与相关的外围元器件是否有装错，电源指示灯的正负极装反了也会出现无法开机的情况。

● 电位器转到任何位置都通电，即指示灯亮与不亮，功放部分都有电，即无法关机。这可能是 VT1、VT2 电源开关管短路损坏，或者电位器的中心触点无法与电阻体断开。

• 电源开关机控制正常，但是输出没有声音。请检查扬声器接线是否正确，扬声器是否损坏，电源上只要元器件安装正确，均能正常工作。

• 电源开关机正常，功放输出正常，但是声音变大时，指示灯亮度变暗。这种情况是电池没有电了，声音开大时，负载变大，电源电压变低，导致电源指示灯变暗。

• 最常见故障是声音开大时，声音出现杂音。只要元器件安装正确，一般都能正常工作。出现杂音的情况一般是电池没电了，电源电压过低；再就是扬声器安装不好，纸盆运动时碰到了前面板，当扬声器固定不紧时，有时也会出现吱吱声。

5.1.5 电脑音响

1. 效果图

电脑音响效果图如图 5-23 所示。

2. 项目描述

USB 音响外形多彩时尚，体积小巧、便携，性能出色，小音箱采用的是“主音箱 + 副音箱”的结构方式，USB 接口供电、2 扬声器单元设计，双声道 3D 音效技术，音质完美；特别适合便携式计算机用户和电子爱好者装配使用。

功放电路采用的是双通道音频功放 CS4863 和少量的外围元器件构成。IC 块 CS4863 和 LM4863 一样，都是被广泛应用于高品质小功率音频放大电路中的，因为它具有桥接扬声器放大和单端立体声耳机功放的特性和低功耗关断模式，内部电路还设置有过热保护和“开机浪涌脉冲”抑制电路。

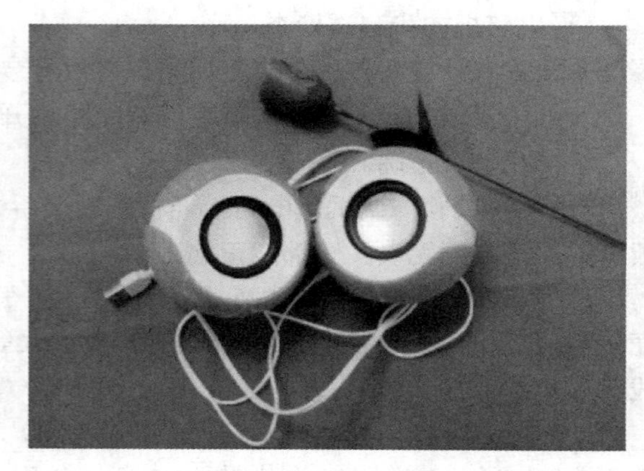

图 5-23 电脑音响效果图

3. 知识准备

（1）电路原理框图的识读 USB 音响功放电路设计简单，主要由音频信号输入电路、音量调节电路、双通道功率放大电路、扬声器和 USB 供电电路几部分构成，如图 5-24 所示。

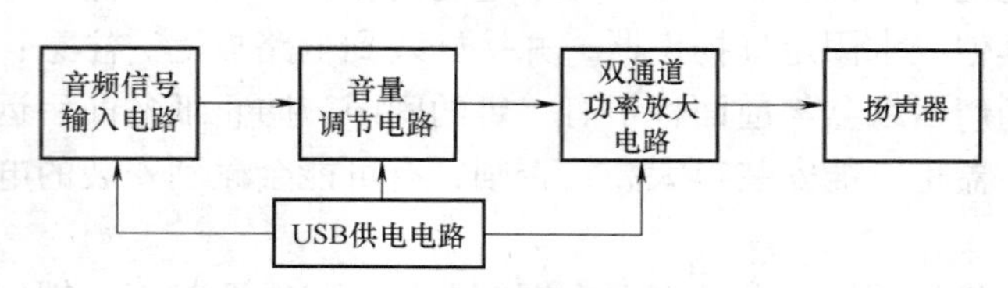

图 5-24 USB 音响功放电路原理框图

（2）电路原理图的识读 USB 音响电路原理图如图 5-25 所示。音频信号（MP3、手机、电脑等）通过音频线经左、右两路输入端 P1、P2 输入，加到立体声盘式电位器的上端，2 路音频信号再分别经过 C1、R2、C4、R3 耦合到功率放大集成电路 CS4863 的输入端 11、6 脚，U1（CS4863）为低电压 AB 类 22W 立体声音频功放 IC，U1 对音频功率放大后由 12、

14 脚输出左声道音频信号，3、5 脚输出右声道音频信号，然后推动两路扬声器工作。R1 和 R4 为反馈电阻。用以改善音质，8、9 脚为中点电压（2.5V），C2 为中点电压滤波电容。C3 为电源滤波电容。

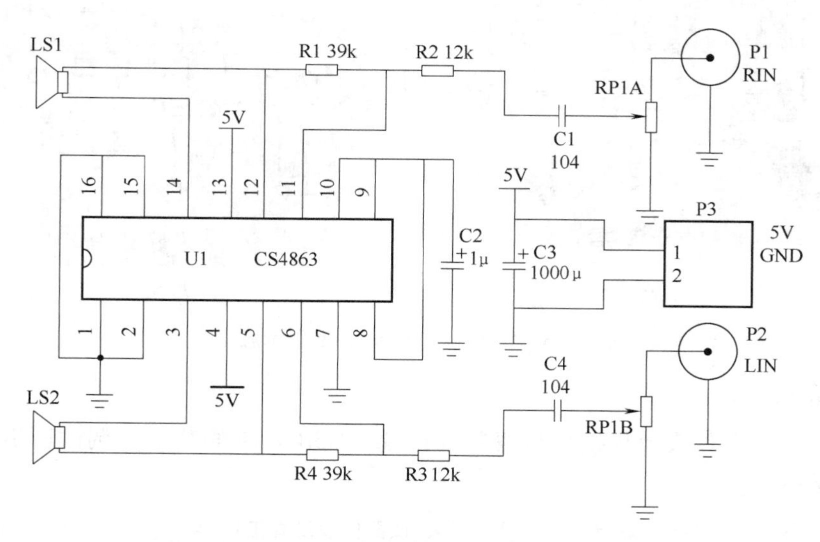

图 5-25 USB 音响电路原理图

IC 块 CS4863 集成了双桥扬声器放大和立体声耳机放大功能。引脚功能见表 5-13。

表 5-13 CS4863 引脚功能图

CS4863 引脚	说　明	输入/输出	功　能
1	SHUTDOWN	输入	关断端口，高电平关断
2，7，15	GND	地	接地端
3	OUTA +	输出	正向输出端 A
4，13	VDD	电源	电源端
5	OUTA-	输出	反向输出端 A
6	INA-/INA	输入	反向输入端 A
8	INA +	输入	正向输入端 A
9	INB +	输入	正向输入端 B
10	BYPASS	输入	电压基准端
11	INB-/INB	输入	反向输入端 B
12	OUTB-	输出	反向输出端 B
14	OUTB +	输出	正向输出端 B
16	HP-IN	输入	耳机/立体模式选择

（3）PCB 图的识读　USB 音响 PCB 正反面示意图如图 5-26 所示。

PCB 的正反面已画出元器件的外形及位置。请同学们仔细观察每个元器件安装的位置、安装尺寸、电源的正负端等信息，有极性的元器件要注意安装的方向，如二极管、晶体管、电解电容、集成电路等器件的安装。

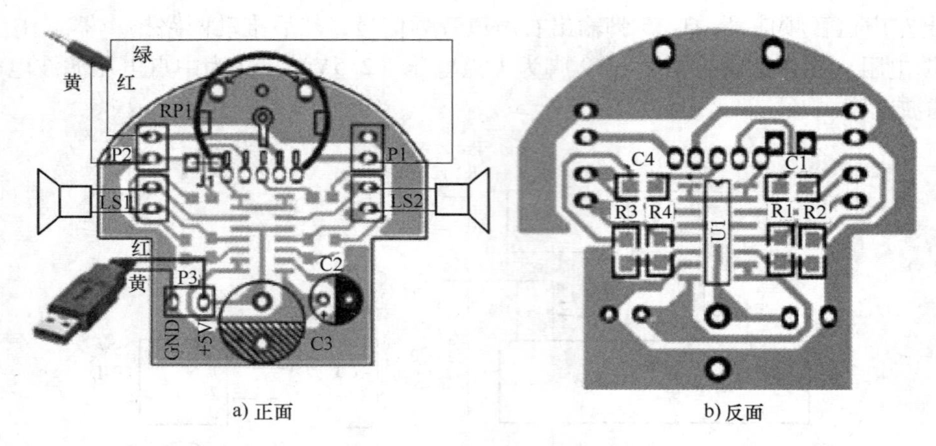

a) 正面 b) 反面

图 5-26 USB 音响 PCB 正反面示意图

4. 装配准备

（1）工具、仪器仪表及焊接材料清单的识读　USB 音响的装配与调试所需工具、仪器仪表及焊接材料见表 5-14。

表 5-14　所需工具、仪器仪表及焊接材料

项目	序号	名　称	备　注
所需工具	1	电烙铁及烙铁架	
	2	尖嘴钳	
	3	斜口钳	
	4	镊子	
	5	小一字、十字槽螺钉旋具	
所需仪器	1	万用表	
	2	示波器	
焊接材料		焊锡丝、松香、洗板水	

（2）元器件清单的识读　对照表 5-15 认真整理元器件，看实际元器件与清单是否相符，有无少或多的元器件，如果存在少元器件的情况，学生应立即报告老师进行补充。

表 5-15　元器件清单

序　号	名　称	规　格	位　号	数　量
1	0805 贴片电阻	39kΩ（393）	R1、R4	2
2	0805 贴片电阻	12kΩ（123）	R2、R3	2
3	电解电容	1000μF	C3	1
4	电解电容	1μF	C2	1
5	0805 贴片电容	0.1μF（104）	C1、C4	2
6	双联电位器	50kΩ	RP1A、RP1B	1
7	集成电路	CS4863	U1	1

（续）

序　号	名　称	规　格	位　号	数　量
8	主音箱后盖			1
9	副音箱后盖			1
10	音箱前盖			2
11	装饰板（上）			2
12	装饰板（下）			2
13	小螺钉	PA2×6		8
14	带垫自攻螺钉	PWA2.6×7×8	LS1、LS2	10
15	副音箱扬声器线			1
16	扬声器	4Ω、3W		2
17	输入及供电线			1
18	电路板	35mm×35mm		1
19	PE 线	ϕ1.0×100mm 黄色	焊主音箱扬声器线	2

5. 任务实现

（1）元器件的检测与预处理

1）元器件的检测。根据元器件列表，将所有要焊接的元器件进行检测一遍，并将检测结果填入表 5-16 中。

表 5-16　元器件检测表

序　号	名　称	规　格	检测结果	备　注
1	贴片电阻	393		
2	贴片电阻	123		
3	电解电容	1μF/50V		
4	电解电容	1000μF		
5	贴片电容	104		
6	双联电位器	50kΩ		
7	集成电路	CS4863		
8	扬声器	4Ω、3W		

2）注意事项。

电阻：要求测量出实际阻值，与标称值对比判断是否正常。

电容器：根据容量标称用万用表判断出容量是否正常。

集成电路：用同一型号对比测量阻值，如阻值比较接近，说明集成电路基本正常。

3）元器件的预处理。

根据工艺要求对元器件进行预处理。

（2）元器件的插（贴）装与焊接　按照工艺要求对元器件进行插（贴）装与焊接。元器件安装应注意，U1 集成块上的圆点对应 PCB 上的缺口，固定后再焊接其他引脚。电解电容C2、C3应注意极性，正极对应PCB上电容图形符号的空心部分，负极对应PCB上电容图形符号的阴影部分。

（3）产品的检查与调试　组装完成并经目视、手触检查无误后，为了确保电路能够正常工作，必须对电路进行测量和调试。本音响电路元器件只要安装无误，即可正常工作。

5.2　数字电路实例

5.2.1　电子门铃

1. 效果图

门铃电路效果图如图5-27所示。

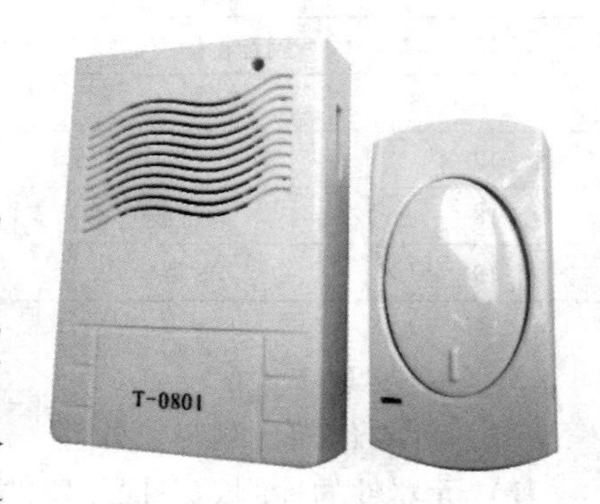

图5-27　门铃电路效果图

2. 项目描述

随着生活水平的提高，人们越来越重视生活质量。假如你在自家客厅或其他离门比较远的地方。有客人来，并敲了门，你可能无法听到。导致客人认为你不在家。这给我们带来了许多不便与麻烦。因此制作一个叮咚门铃很有必要，它能让你清楚地知道是否有人在门外，从而替代敲门带来的不便。本项目制作叮咚门铃，可以通过调节电位器来改变响铃的频率。

3. 知识准备

（1）电路框图的识读　门铃电路框图如图5-28所示，按下开关后，电容器充电，同时555定时器振荡产生信号，驱动扬声器工作，开关断开后，由电容器放电，555定时器也振荡产生信号，驱动扬声器工作。

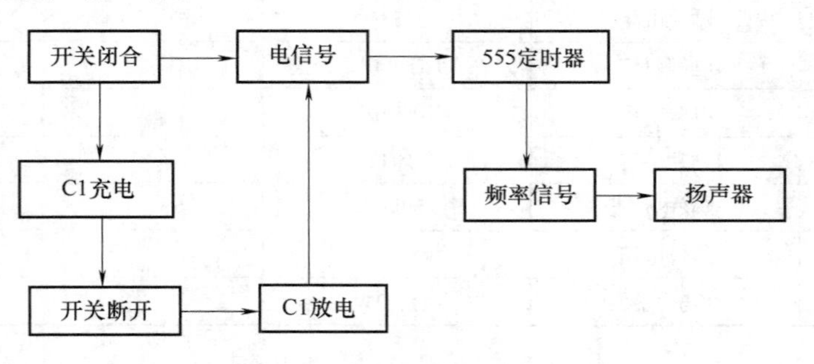

图5-28　门铃电路框图

（2）电路原理图的识读　门铃电路如图5-29所示，基本工作原理是：电路图中的NE555和R1、R2、R3、VD1、VD2、C2构成了一个多谐振荡器，在平日，按钮处于断开的状态，此时VD1、VD2没有导通，R4接地，所以NE555的4号引脚一直处于低电平，而NE555的4号引脚是复位端，当接入低电平时使其复位，所以3号引脚无输出，扬声器不响，并且C2通过R1、R2、R3充电，充电完成后C2两端电压约等于电源电压。

当开关闭合时，VD1正向导通，通过R4向C1充电，C1两端电压升高，此时NE555的4号引脚于高电平，无法使其复位，与此同时，R2、R3以及NE555和C2构成了一个多谐振荡器。这时扬声器可以工作，发出“叮”的响声。

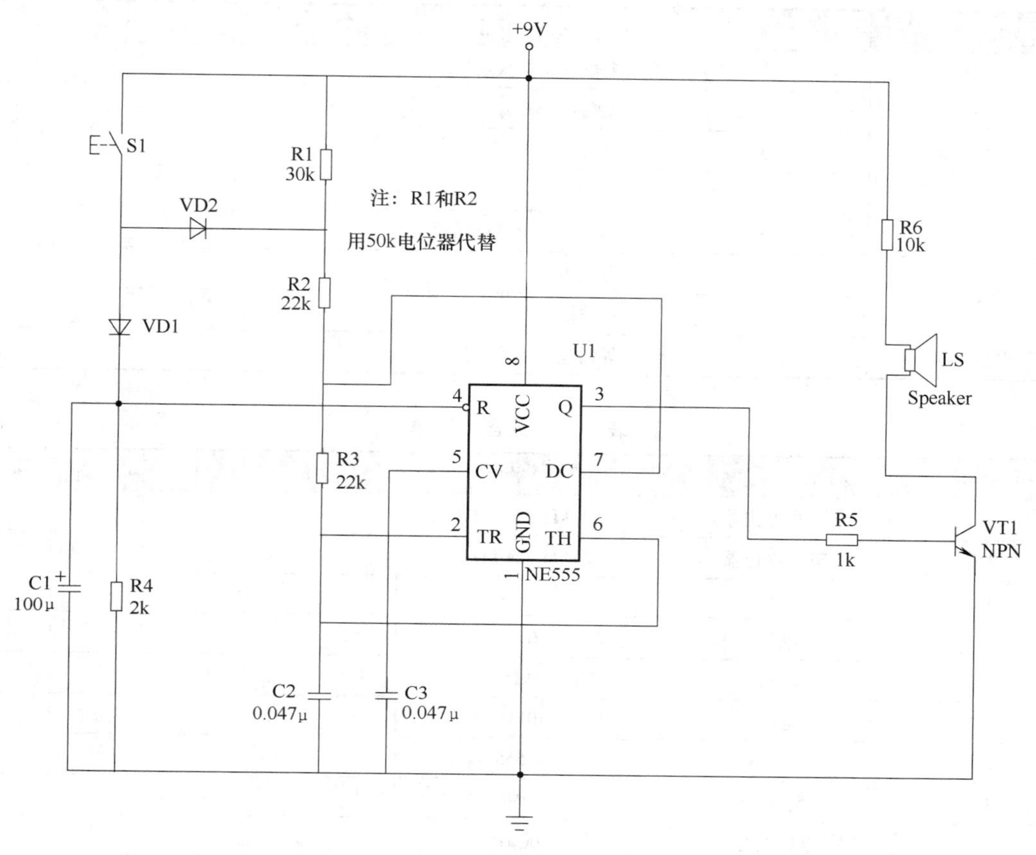

图 5-29　门铃电路原理图

松开开关时，已经充满电的 C1 开始放电，R1、R2、R3、C2 和 NE555 构成一个多谐振荡器。同时由于电阻值的改变，使其频率发生改变，电阻变大，频率变低，发出“咚”的声响。随着 C1 的电压不断下降，最终 4 号引脚输入为低电平，强制将其复位，扬声器不再工作。

综上所述，静态时门铃不响，按下时按 f1 频率响，扬声器发出“叮”的声音，松开时按 f2 频率响，扬声器发出“咚”的声音。

如要改变“叮”声的频率：减小 R2、R3、C2，频率变大，反之则变小。

如要改变“咚”声的频率：减小 R1、R2、R3、C2，频率变大，反之则变小。

如要改变“咚”声持续的时间：减小 C1、R4，则持续时间变短，反之则变长。

4. 装配准备

（1）工具、仪器仪表、焊接材料清单的识读　门铃电路装配所需工具、仪器仪表及焊接材料见表 5-17。

（2）元器件清单的识读　对照表 5-18 认真整理元器件，看实际元器件与清单是否相符，有无少或多的元器件，如果存在少元器件的情况，应立即报告老师进行补充。

表 5-17 所需工具、仪器仪表及焊接材料

项目	序号	名称	备注
所需工具	1	电烙铁及烙铁架	
	2	尖嘴钳	
	3	斜口钳	
	4	镊子	
	5	小一字、十字槽螺钉旋具	
所需仪器	1	万用表	
	2	示波器	
焊接材料		焊锡丝、松香、洗板水	

表 5-18 元器件清单

序号	名称	规格	位号	数量
1	电阻（电位器）	30kΩ（50kΩ）	R1	1
2	电阻（电位器）	22kΩ（50kΩ）	R2	1
3	电阻	22kΩ	R3	1
4	电阻	2kΩ	R4	1
5	电阻	1kΩ	R5	1
6	电阻	10kΩ	R6	1
7	NE555	NE555	U1	1
8	555 底座	DIP-8		1
9	电解电容	100μF	C1	1
10	瓷片电容	0.047μF	C2、C3	2
11	二极管	1N4148	VD1、VD2	2
12	晶体管	9013	VT1	1
13	按键		S1	1
14	蜂鸣器	5V 有源	LS	1

5. 任务实现

（1）元器件的检测与预处理

1）元器件的检测。根据元器件清单，将所有要焊接的元器件进行检测一遍，并将检测结果填到表 5-19 中。

表 5-19 元器件检测结果

序号	名称	位号	检测结果	备注
1	电阻（电位器）	R1		
2	电阻（电位器）	R2		
3	电阻	R3 ~ R6		
4	电解电容	C1		

（续）

序　　号	名　　称	位　　号	检测结果	备　　注
5	瓷片电容	C2、C3		
6	二极管	VD1、VD2		
7	晶体管	VT1		
8	按键	S1		
9	蜂鸣器	LS1		

2）元器件的预处理。按照元器件预处理方法对该电路的元器件进行预处理。

（2）元器件的插（贴）装与焊接

元器件清点完毕、检测准确无误后，即可在门铃电路印制电路板上焊接和产品安装。在印制电路板上所焊接的元器件的焊点要大小适中、光滑、圆润、干净无毛刺；无漏、假、虚、连焊，引脚加工尺寸及成形符合工艺要求。

安装步骤：

1）安装 555 集成电路，方向不要搞反，有缺口左面是 1 脚。

2）安装电源和地。

3）安装二极管和晶体管，方向要接对。

4）为了方便调试，可以把 R1、R2 换成 50kΩ 的电位器。

（3）产品的检测与调试

1）门铃电路焊接安装的检查。从外观上检查焊点有无焊接缺陷，是否达到工艺所规定的标准和要求。

用手触检查，主要是检查元器件在印制电路板上有无松动、焊接是否可靠、有无机械损伤。可用镊子轻轻拨动焊点看有无虚、假焊，或夹住元器件的引脚轻轻拉动看有无松动现象。

2）门铃电路的功能调试。焊接完电路板后，要对所焊电路的性能进行测试和分析。当开关按下时如果没有声音，则首先检查电源是否接触良好，如果电源接触良好，则检查各焊点是否有漏焊或虚焊，如果都没问题，则检查各元器件是否安装正确，直到电路能发出声音为止。如果开关断开时电路一直响，则可能是某部分短路，须仔细检查，直到检查出毛病，电路能发出叮咚两种声音为止。

检查无误后即可进行调试：

① 测量电源和地的电阻，看有没有短路。

② 通电调试，没按按钮时，用示波器查看 555 芯片的 3 脚波形。

③ 按住按钮时，用示波器查看 555 芯片的 3 脚波形。

④ 松开按钮时，用示波器查看 555 芯片的 3 脚波形。

⑤ 声音效果不理想，改变相关参数再进行调试。扬声器声音过小：通过调节功放电路的电位器，增大信号输入电压即可解决音量过小的问题。

5.2.2　数字电子钟

1. 效果图

数字电子钟效果图如图 5-30 所示。

图 5-30 数字电子钟效果图

2. 项目描述

数字钟是个将“时”、“分”、“秒”显示于人的视觉器官的计时装置。它的计时周期为24 小时，显示满刻度为23 时59 分59 秒，另外具有校时功能、闹钟功能、倒计时功能、秒表功能、计数器功能，用途十分广泛。单片机是采用大规模集成电路技术，把具有数据处理能力的中央处理器 CPU、随机存储器 RAM、只读存储器 ROM、多种 I/O 口和中断系统、定时器/计时器等功能集成到一块硅片上，构成的一个小而完善的计算机系统。用单片机构成的数字电子钟电路比较简单，本任务是单片机构成的数字电子钟电路装配与调试。

3. 知识准备

1）电路框图的识读。数字电子钟电路工作原理框图如图 5-31 所示，它主要由单片机电路、晶振电路、按键、驱动电路、选位电路和六位数码管显示电路等组成。

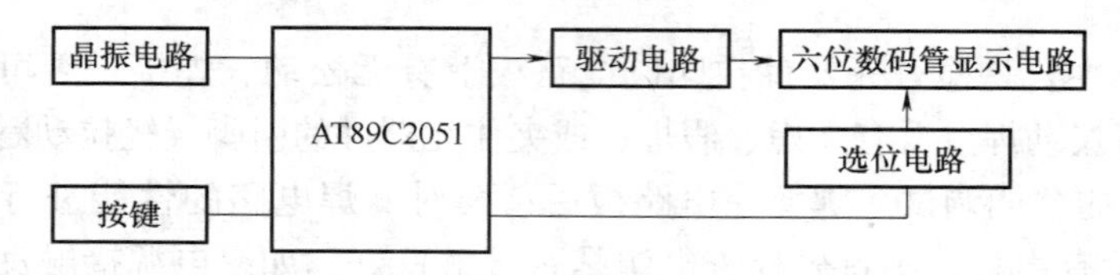

图 5-31 数字电子钟电路工作原理框图

2）电路原理图的识读。在图 5-32 所示的数字电子钟电路原理图中，LED1 ~ LED3 为 3 只两位一体共阳极数码管，构成显示部分主要器件，采用 PNP 型晶体管驱动，各端口配有限流电阻，驱动方式为动态扫描，占用 P3.0 ~ P3.5 端口，段码由 P1.0 ~ P1.6 输出。冒号部分采用 4 个 ϕ3.0 的红色发光二极管，驱动方式为独立端口 P1.7 驱动。

图 5-32 中 S1 ~ S3 为 3 只按键，其采用复用的方式与显示部分的 P3.5、P3.4、P3.2 口复用。其工作方式为，在相应端口输出高电平时读取按键的状态，由单片机消除抖动并赋予相应的键值。

图 5-33 是由有源蜂鸣器和 PNP 型晶体管组成的讯响电路。其工作原理是当 PNP 型晶体管导通后有源蜂鸣器立即发出定频声响。驱动方式为独立端口驱动，占用 P3.7 端口。

输出电路是与讯响电路复合作用的，其电路结构为有源蜂鸣器、5.1kΩ 定值电阻 R16、排针 J3 并联。当有源蜂鸣器无讯响时 J3 输出低电平，当有源蜂鸣器发出声响时 J3 输出高电平。J3 可接入数字电路等。驱动方式为讯响复合输出，不占端口。

输入电路也是与讯响电路复合作用的，其电路结构是在讯响电路的 PNP 型晶体管的基

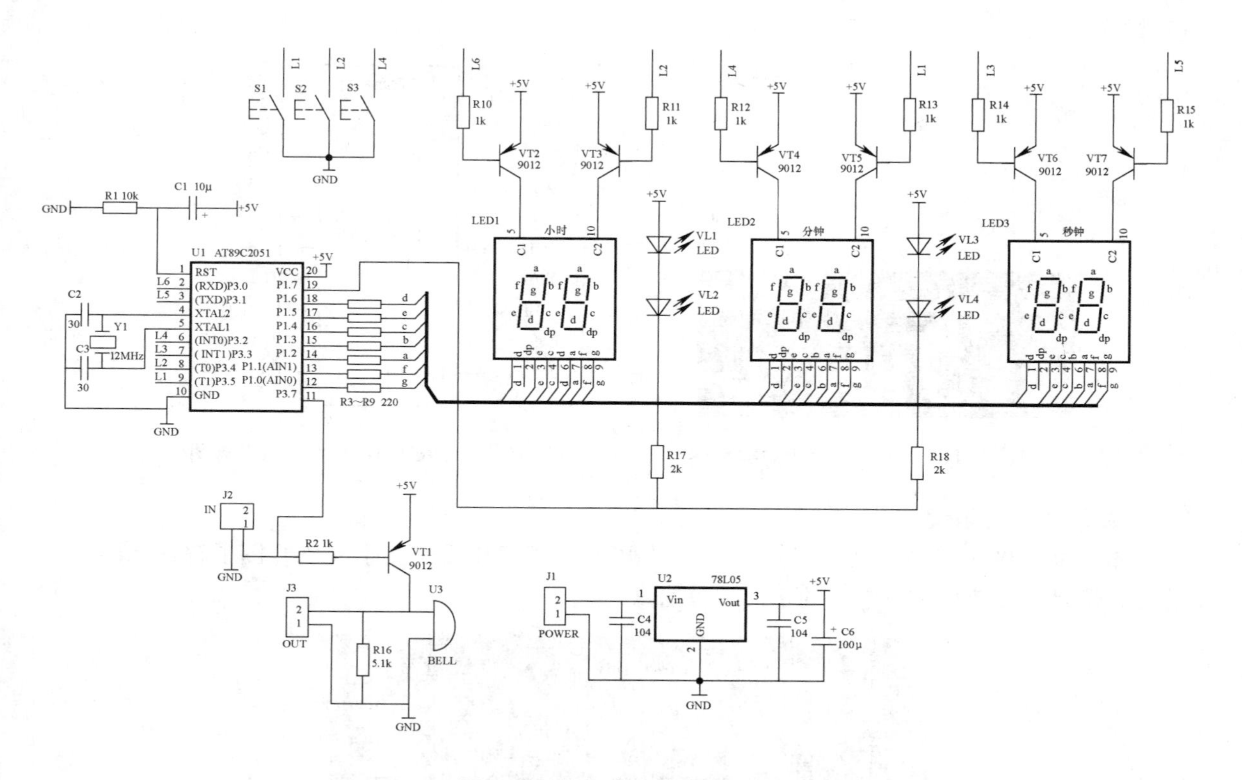

图 5-32　数字电子钟电路原理图

极电路中接入排针 J2。引脚排针可改变单片机 I/O 的电平状态，从而达到输入的目的。驱动方式为复合端口驱动，占用 P3. 7 端口。

AT89C2051 单片机为本产品的核心器件，配合其所有的外围电路，具有上电复位的功能，无手动复位功能。AT89C2051 是一带有 2KB 闪速可编程可擦除只读存储器（EEPROM）的低电压、高性能 8 位 CMOS 微型计算机。它采用 ATMEL 的高密非易失存储技术制造并和工业标准 MCS-51 指令集和引脚结构兼容。通过在单块芯片上组合通用的 CPL1 和闪速存储器，ATMEL 公司的 AT89C2051 是一款强劲的微型计算机，它对许多嵌入式控制应用提供一高度灵活和成本低的解决办法。图 5-34 是 AT89C2051 单片机的实物图；图 5-35 为 AT89C2051 单片机的引脚图。

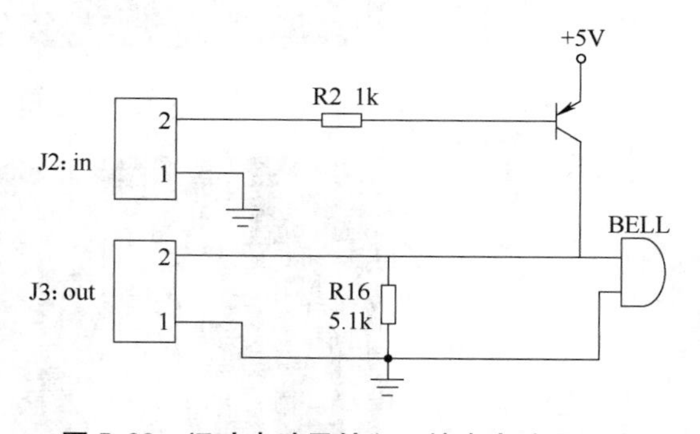

图 5-33　讯响电路及输入、输出电路原理图

校时电路是数字电子钟不可缺少的组成部分，每当数字电子钟与实际时间不符时，需要根据标准时间进行校时。S1、S2 分别是时校正、分校正开关。不校正时，S1、S2 开关是关闭的，当校正时位时，需要把开关 S1 打开，然后用手拨动开关 S3，来回波动一次，就能使时位增加 1，根据需要去拨动开发的次数即可，校正完毕后把开关 S1 闭合。校正分位和校

正时位的方法一样。

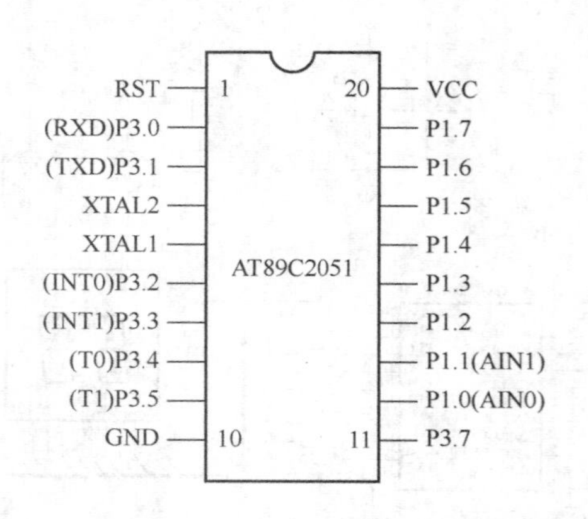

图 5-34　AT89C2051 单片机的实物图　　　图 5-35　AT89C2051 单片机的引脚图

3）PCB 图的识读。

图 5-36、图 5-37 分别是数字电子钟电路 PCB 的正面和反面。通过 PCB 图了解各元器件的安装位置、安装尺寸、电源的正负端等信息。

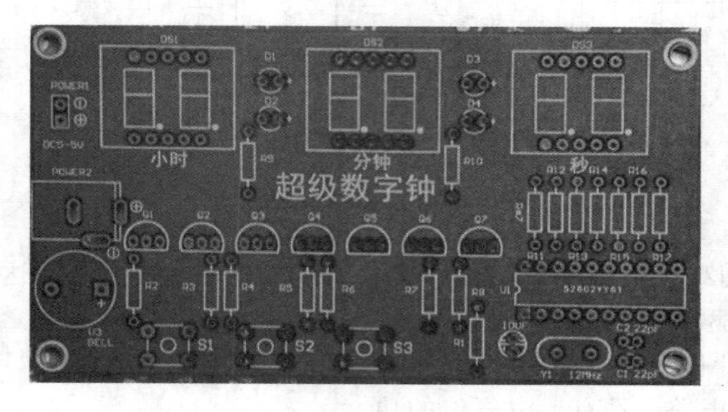

图 5-36　数字电子钟电路 PCB 正面

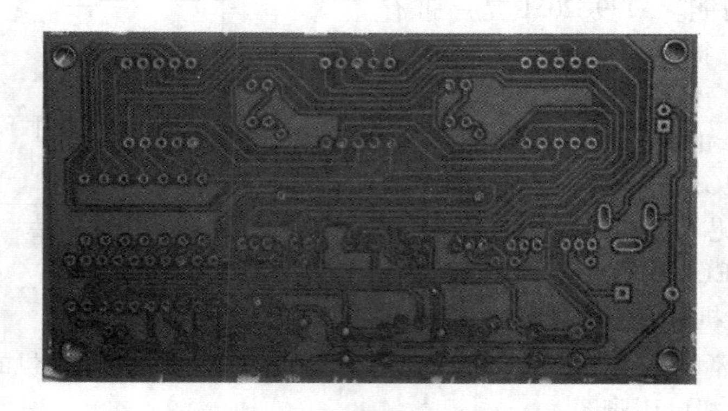

图 5-37　数字电子钟电路 PCB 反面

4. 装配准备

（1）工具、仪器仪表及焊接材料清单的识读　数字电子钟电路元器件安装所需要的工具、仪器仪表及焊接材料见表 5-20。

表5-20　所需工具、仪器仪表及焊接材料

项　目	序　号	名　称	备　注
所需工具	1	电烙铁及烙铁架	
	2	尖嘴钳	
	3	斜口钳	
	4	镊子	
	5	小一字、十字槽螺钉旋具	
所需仪器	1	万用表	
	2	示波器	
焊接材料		焊锡丝、松香、洗板水	

（2）元器件清单的识读　对照表5-21认真整理元器件，看实际元器件与元器件清单是否相符，有无少或多的元器件，如果存在少元器件的情况，应立即报告老师进行补充。

表5-21　元器件清单

序号	名　称	规　格	位　号	数量	序号	名　称	规　格	位　号	数量
1	单片机	AT89C2051	U1	1	12	晶体管	9012	VT1 ~ VT7	7
2	三端集成稳压器	78L05	U2	1	13	电阻	220Ω	R3 ~ R9	7
3	2位共阳数码管	红色0.4寸	LED1 ~ LED3	3	14		1kΩ	R2、R10 ~ R15	7
4	发光二极管	红色	VL1 ~ VL4	4	15		2kΩ	R17、R18	2
5	蜂鸣器	5V有源	U3	1	16		5.1kΩ	R16	1
6	瓷片电容	30pF	C2、C3	2	17		10kΩ	R1	1
7		104	C4、C5	2	18	按键		S1、S2、S3	3
8	晶振	12MHz	Y1	1	19	电路板			1
9	集成电路插座	20P	U1	1	20	电池盒	4节5号		1
10	电解电容	10μF	C1	1	21	说明书	A4双面		1
11		100μF	C6	1					

数字电子钟电路元器件实物如图5-38所示。

图5-38　元器件实物图

5. 任务实现

(1) 元器件的检测与预处理

1) 元器件的检测。根据元器件清单将所有要焊接的元器件检测一遍，并将检测结果填入表5-22中。

表5-22 元器件检测表

序号	名　称	位　号	检测结果	序号	名　称	位　号	检测结果
1	单片机	U1		10	电解电容	C1	
2	三端集成稳压器	U2		11		C6	
3	2位共阳数码管	LED1～LED3		12	晶体管	VT1～VT7	
4	发光二极管	VL1～VL4		13	电阻	R3～R9	
5	蜂鸣器	U3		14		R2、R10～R15	
6	瓷片电容	C2、C3		15		R17、R18	
7		C4、C5		16		R16	
8	晶振	Y1		17		R1	
9	集成电路插座	U1		18	按键	S1、S2、S3	

2) 元器件的预处理。按照元器件焊接前处理工艺要求进行焊接前预处理。

(2) 元器件的插（贴）装与焊接

1) 数字电子钟电路安装注意事项。

U1：集成块和集成电路插座上的缺口对应PCB图上的缺口。

U2：三端集成稳压器78L05外形和晶体管相同，焊接前请认真辨认，不可装错，方向也不能装反，外形应和PCB图符号一致。

LED1～LED3：三只数码管应贴底安装，型号相同可互换使用，方向一定要注意，数码管的小数点应朝下。

U3：蜂鸣器应贴底安装，蜂鸣器上的+号对应PCB上的+号，否则发出的声音会失真。

S1～S3：按键开关应贴底安装，且要注意安装方位。

C1、C6：电解电容应注意极性，正极对应PCB上电容图形符号的空心部分，负极对应PCB上电容图形符号的阴影部分。

Y1（JZ）；晶振应贴底安装，不需要注意极性。

VT1～VT7：晶体管的三个电极应与PCB上符号对应，安装时引脚尽可能短，且7只晶体管高度尽可能保持一致。

VL1～VL4：4只发光二极管应注意极性，安装高度尽可能保持和数码管一致。

R3、R4、B5、R6、R7、R8、R9：7只数码管限流电阻应卧式贴底安装，色环方向尽可能保持一致。

R2、R10、R11、R12、R13、R14、R15：蜂鸣器限流电阻和6只PNP型晶体管限流电阻应卧式贴底安装，色环方向尽可能保持一致。

R17、R18：2只发光二极管限流电阻应卧式贴底安装，色环方向尽可能保持一致。

R1、R16：R1应立式安装，R16应卧式贴底安装。

C2、C3、C4、C5：瓷片电容安装时引脚尽可能短

电池盒：电源特别注意极性，否则会损坏电路，电源盒正极（红线）接J1的VCC，电源盒的负极（黑线）按GND。

2）数字电子钟电路安装顺序原则。一般是按“先小后大，先里后外，先低后高，先卧式后立式”的顺序进行安装，正确插入元器件，其高低、极性要符合规定，而且同类元器件要安装一致，有标识的元器件标识面尽量安装朝外，色环方向或字向尽量保持一致。

3）数字电子钟电路安装顺序。

- R3、R4、R5、R6、R7、R8、R9；
- R2、R10、R11、R12、R13、R14、R15；
- R17、R18；
- R16；
- Y1；
- C2、C3、C4、C5；
- S1、S2、S3；
- U2；
- VT1、VT2、VT3、VT4、VT5、VT6、VT7；
- C1、C6；
- R1；
- VL1、VL2、VL3、VL4；
- U3；
- U1；
- LED1、LED2、LED3；
- J1（电池盒）。

（3）产品的检测与调试

1）数字电子钟的检查。手工锡焊的检查可分为目视检查和手触检查两种。

① 目视检查。目视检查就是从外观上检查元器件是否明显装错位置或方向，焊点有无明显焊接缺陷，可以从以下几个方面进行检查：

U1的方向：集成块上的缺口是否对应PCB上的缺口。

U2：U2的型号是否为78L05，安装方向是否正确。

LED1～LED3：三只数码管的安装方向是否正确，数码管的小数点是否朝下。

U3：蜂鸣器上的+号是否对应PCB上的+号。

S1～S3：按键引脚宽窄是否和印制电路板一致。

Y1（JZ）：晶振是否贴底安装。

电池盒：检查电池盒正极（红线）是否接J1的VCC，电池盒的负极（黑线）是否接GND。

② 手触检查。在外观检查的基础上，采用手触检查，主要是检查元器件在印制电路板上有无松动、焊接是否牢靠、有无机械损伤。可用镊子轻轻拨动焊点看有无虚、假焊，或夹

住元器件的引线轻轻拉动看有无松动现象。

2）数字电子钟电路的功能调试。为了确保数字电子钟电路能够正常工作，也就是说时间要准确，能实现所有功能，在完成数字电子钟电路的焊接与安装后，必须对电路进行测量和调试。此数字电子钟要对单片机下载程序才能正常使用，可通过 KEIL 等单片机程序编译软件编写 C 语言程序，再通过下载软件下载到单片机中。利用通用仪器（示波器或万用表）对电路进行测量，利用按钮进行调整，确保电路能够实现所有功能。

① 不通电用万用表“R×1k”档测试 J1 正反向电阻，正向电阻（黑表笔接地，红表笔接 J1 的 2 端）为 9kΩ 左右，反向电阻（红表笔接地，黑表笔接 JI 的 2 端）为 30kΩ 左右。不通电用万用表“R×1k”档测试 C6（5V 电源）的正反向电阻，正向电阻（黑表笔接电容负极，红表笔接电容正极）为 4.5kΩ 左右，反向电阻（红表笔接电容负极，黑表笔接电容正极）也为 4.5kΩ 左右。

② 通电测量 C6 两端直流电压为 5V 左右，正常上电后即显示 10：10：00，寓意十全十美。

③ 功能按键说明：按键自左到右依次为 S1、S2、S3，S1 为功能选择按键，S2 为功能扩展按键，S3 为数值加一按键。

④ 功能调试说明：操作时，连续短时间（小于 1s）按动 S1，即可在以下的 6 个功能中连续循环。中途如果长按（大于 2s）S1. 则立即回到时钟功能的状态。

时钟功能：上电后即显示“10：10：00”，寓意十全十美。

校时功能：短按一次 S1，即当前时间和冒号为闪烁状态，按动 S2 则小时位加 1，按动 S3 则分钟位加 1，秒时不可调。

闹钟功能：短按两次 S1. 显示状态为 22：10：00，冒号为长亮。按动 S2 则小时位加 1，按动 S3 则分钟位加 1，秒时不可调。当按动小时位超过 2s 时则会显示--：--：--，这个表示关闭闹钟功能。闹钟声为蜂鸣器长鸣 3s。

计时功能：短按两次 S1，显示状态为 0，冒号为长灭。按动 S2 则从低位依次显示高位，按动 S3 则相应位加 1，当 S2 按到第 6 次时会在所设定的时间状态下开始倒计时，再次按动 S2 将进入调整功能，并且停止倒计时。

秒表功能：短按四次 S1，显示状态为 00：00：00，冒号为长亮。按动 S2 则开始秒表记时，再次按动 S2 则停止计时，当停止计时的时候按动 S3 则秒表清零。

计数器功能：短按五次 S1，显示状态为 00：00：00，冒号为长灭，按动 S2 则计数器加 1，按动 S3 则计数器清零。

5.2.3 八路抢答器

1. 效果图

八路抢答器电路效果如图 5-39 所示。

2. 项目描述

抢答器应用非常广泛，是一种在各种竞赛、抢答场合中的必备设备，它能够准确、公正、直观地判断出第一位抢答者，并能迅速、客观地分辨出最先获得发言权的选手。

而要保证公平，只靠人眼来判断是远远不够的，必须要在抢答器的设计这一源头上下功夫。对于抢答器，我们都不陌生，抢答器不仅考验选手的反应速度，同时也要求选手具备足

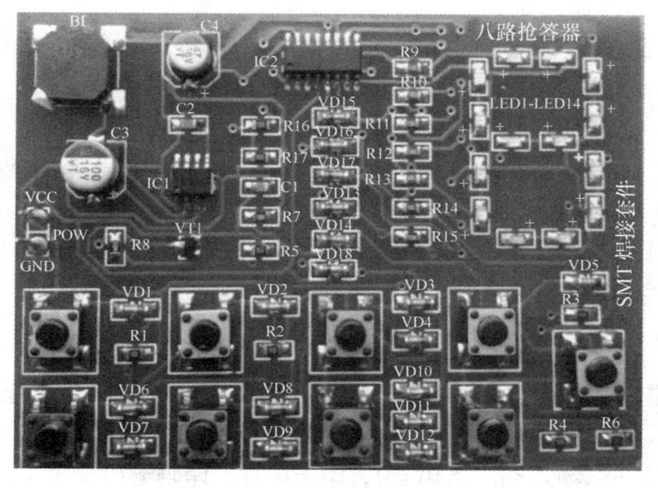

图 5-39　八路抢答器效果图

够的知识面和一定的勇气；它适用于很多竞赛场合，真正实现先抢先答，让最先抢到题的选手来回答问题；选手们都站在同一个起跑线上，体现了公平公正的原则，也增添了娱乐性、刺激性，一定程度上丰富了人们的业余生活。

3. 知识准备

（1）电路框图的识读　全贴片八路抢答器电路框图如图 5-40 所示，它是由输入抢答电路、复位电路、编码优先电路、锁存电路、译码电路、显示电路、语音提示电路和电源电路组成的。

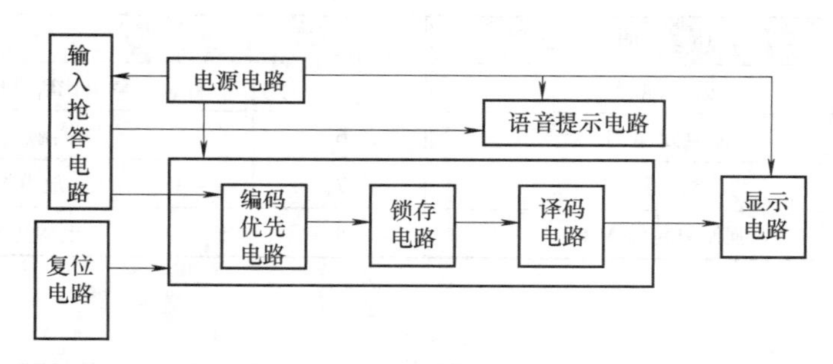

图 5-40　八路抢答器电路框图

（2）主要元器件的识读

1）显示译码器 CD4511 的识读。CD4511 是一个用于驱动共阴极 LED（数码管）显示器的 BCD 码—七段码译码器。

其特点如下：

具有 BCD 转换、译码、消隐、锁存控制、七段译码及 CMOS 电路，能提供较大的拉电流功能；通常以反相器作输出级。

可以直接驱动 LED 显示器。CD4511 的内部有上拉电阻，在输入端与数码管引脚端接上限流电阻就可工作。

CD4511 引脚图如图 5-41 所示。

CD4511 引脚功能介绍如下：

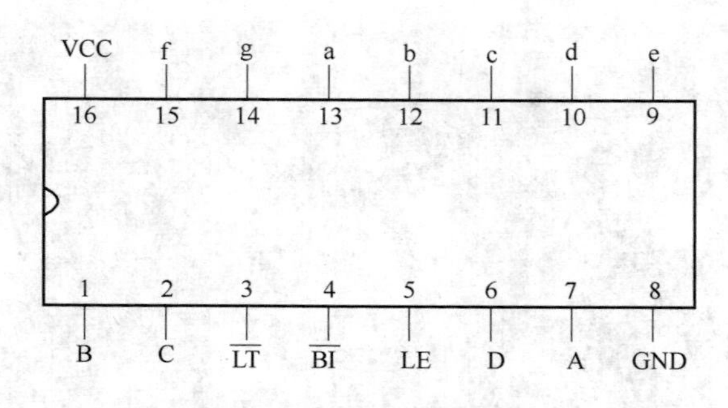

图 5-41　CD4511 引脚图

$\overline{BI}$：4 号引脚是消隐输入控制端。当$\overline{BI}=0$时，不管其他输入端状态如何，七段数码管均处于熄灭（消隐）状态。不显示数字。

$\overline{LT}$：3 号引脚是测试输入端。当$\overline{BI}=0$，$\overline{LT}=0$时，译码输出全为 1，不管输入 DCBA 状态如何，七段均发亮，显示“8”。它主要用来检测数码管是否损坏。

LE：锁定控制端。当 LE =0 时，允许译码输出；LE =1 时译码器是锁定保持状态，译码器输出被保持在 LE =0 时的数值。

A、B、C、D：8421BCD 码输入端。

a、b、c、d、e、f、g：译码输出端，输出为高电平 1 有效。

2）NE555。NE555 时基电路引脚功能见表 5-23；其外形图、内部结构图分别如图 5-42 和图 5-43 所示。

表 5-23　NE555 时基电路引脚功能

引　脚	功　能	引　脚	功　能
1	公共地端	5	调节比较器的基准电压
2	低触发端 TL	6	高触发端 TH
3	输出端 V	7	放电端 DIS
4	强制复位端 MR	8	电源正极 VCC

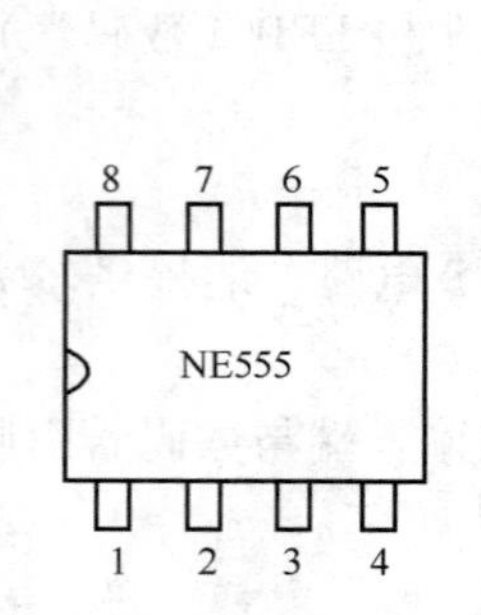

图 5-42　NE555 时基电路

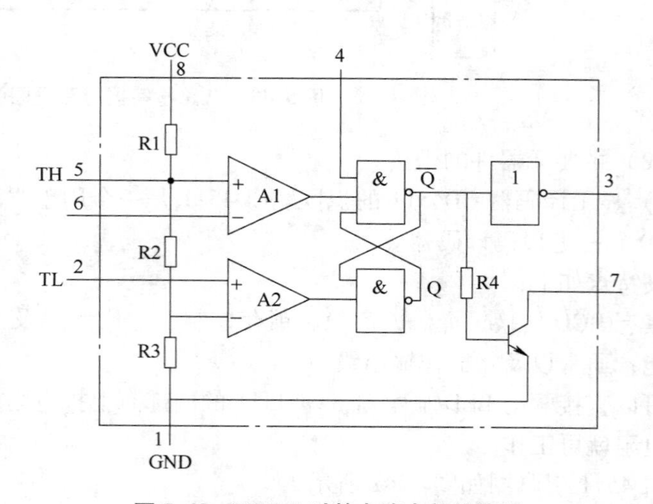

图 5-43　NE555 时基电路内部结构图

3）七段译码显示器。LED 数码管根据 LED 的接法不同分为共阴极和共阳极两类。将多只 LED 的阴极连在一起即为共阴极式，而将多只 LED 的阳极连在一起即为共阳极式。以共阴极式为例，如把阴极接地，在相应段的阳极接上高电平，该段即会发光。7 段 LED 数码管，则在一定形状的绝缘材料上，利用单只 LED 组合排列成“8”字形的数码管，分别引出它们的电极，点亮相应的点划来显示出 0 ~ 9 的数字。七段数码管笔段图、外形图、结构图如图 5-44 和图 5-45 所示。

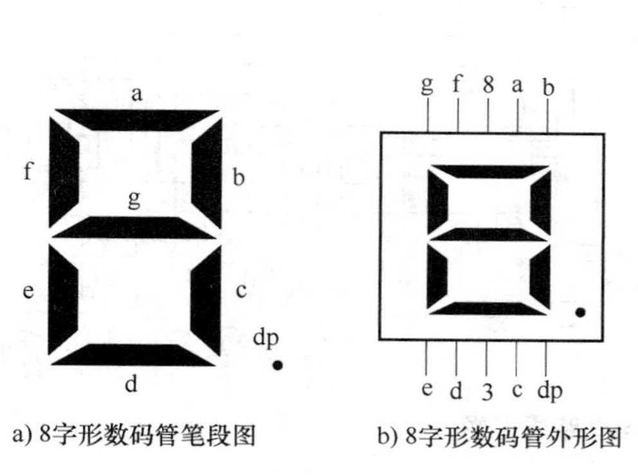

a) 8字形数码管笔段图　b) 8字形数码管外形图

图 5-44　七段数码管

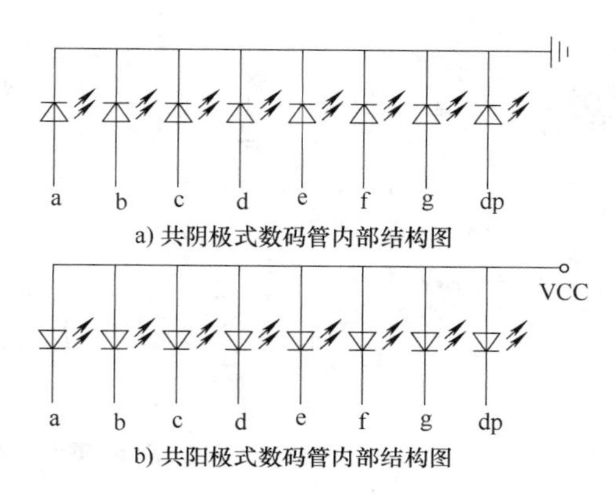

a) 共阴极式数码管内部结构图

b) 共阳极式数码管内部结构图

图 5-45　七段数码管结构图

（3）八路抢答器电路原理图的识读　如图 5-46 所示，输入电路利用 8 个常开按钮 S1 ~ S8 和 12 只二极管 VD1 ~ VD12 以及 R1、R2、R3 组成抢答器的输入电路。S1 ~ S8 为自复式常开按钮，分别作为 8 位抢答按钮，与 VCC 相连，以保证按钮未按下时，锁存器的输入端为高电平。

开关 S9 为主持人发出抢答器命令时用的自复位常开式按钮。按下 S9 后，提示扬声器 BUZ1 响，可同时进行八路优先抢答。优先抢答者的号数抢答成功后，其他各路按键再按下，显示不会改变，除非按复位键。复位后，显示清零，可继续抢答，S9 为复位键。

CD4511 是 BCD-7 段锁存/译码/驱动电路于一体的集成电路，其中 1、2、6、7 为 BCD 码输入端，9 ~ 15 脚为显示输出端，3 脚（$\overline{LT}$）为测试输出端，当$\overline{LT}$为“0”时，输出全为“1”；4 脚（$\overline{BI}$）为消隐端。$\overline{BT}$为“0”时输出全为“0”；5 脚（LE）为锁存允许端，当 LE 由“0”变为“1”时，输出端保持 LE 为“0”时的显示状态。16 脚为电源正，8 脚为电源负。数码显示由 14 个发光二极管构成数码管。焊接完成后通电后显示为 0，可以直接抢答。

如：第三号台选手抢到答题权后，按下 S3，VCC 通过 S3 经 VD3、R1，VD4、R2 分压后，分别为 4511 的 7 脚（A 端）和 1 脚（B 端）提供高电平“1”。此时，4511 芯片的 6、2、1、7 脚 DCBA 端分别为 0011，显示器将显示“3”，表示第三号台选手抢答成功，同时，555 时基电路发出提示音。此后无论谁再按键，都不能使锁存器的数据发生变化，音响提示电路也不会产生音响。

555 定时器及外围电路组成抢答器语音提示电路。

（4）PCB 图的识读　八路抢答器 PCB 板正、反面示意图如图 5-47 所示。

4. 装配准备

（1）工具、仪器仪表及焊接材料清单的识读　八路抢答器所需工具、仪器仪表及焊接材料见表 5-24。

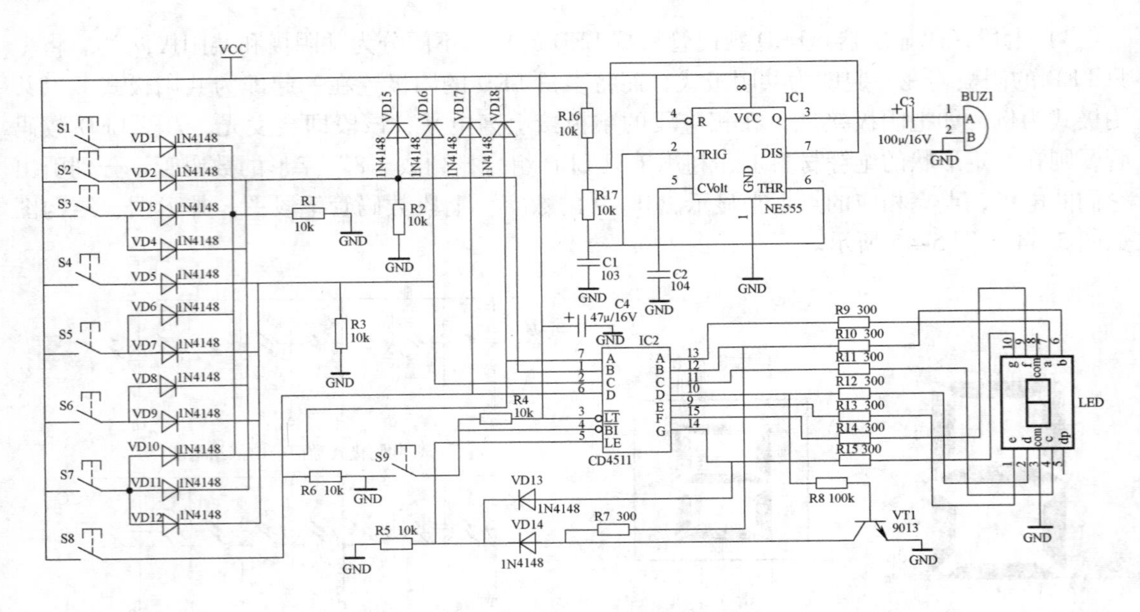

图 5-46　八路抢答器电路原理图

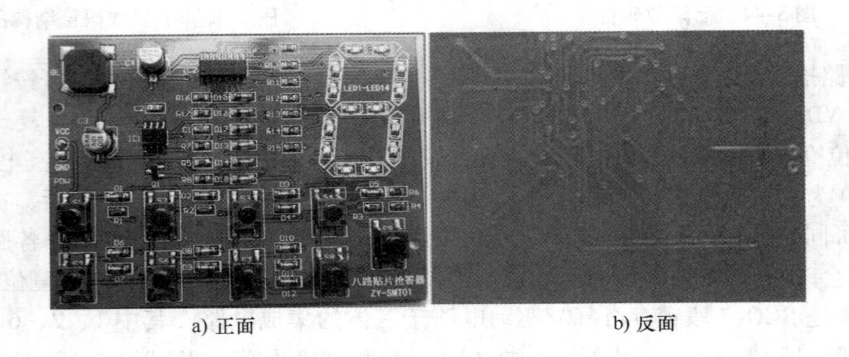

a) 正面　　　　b) 反面

图 5-47　八路抢答器 PCB 板正、反面示意图

表 5-24　所需工具、仪器仪表及焊接材料

项　　目	序　　号	名　　称	备　　注
所需工具	1	电烙铁及烙铁架	
	2	尖嘴钳	
	3	斜口钳	
	4	镊子	
	5	小一字、十字槽螺钉旋具	
所需仪器	1	万用表	
	2	示波器	
焊接材料		焊锡丝、松香、洗板水	

（2）元器件清单的识读　对照表 5-25 认真整理元器件，看实际元器件与清单是否相符，有无少或多的元器件、如果存在少元器件的情况，学生应报告老师进行补充。

表 5-25　元器件清单

序号	名称	规格	位号	数量	序号	名称	规格	位号	数量
1	电阻	100kΩ	R8	1	9	集成电路	CD4511	IC2	1
2		10kΩ	R1 ~ R6、R16、R17		10		NE555	IC1	1
3		300Ω	R7、R9 ~ R15	8	11	晶体管	9013	VT1	1
4	电解电容	100μF	C3	1	12	蜂鸣器		BL	1
5		47μF	C4	1	13	发光二极管		LED1 ~ LED14	14
6	电容	103	C1	1	14	按键		S1 ~ S9	9
7		104	C2	1	15	电路板		1	
8	二极管	1N4148	VD1 ~ VD18	18	16	说明书		1	

八路抢答器电路元器件实物如图 5-48 所示。

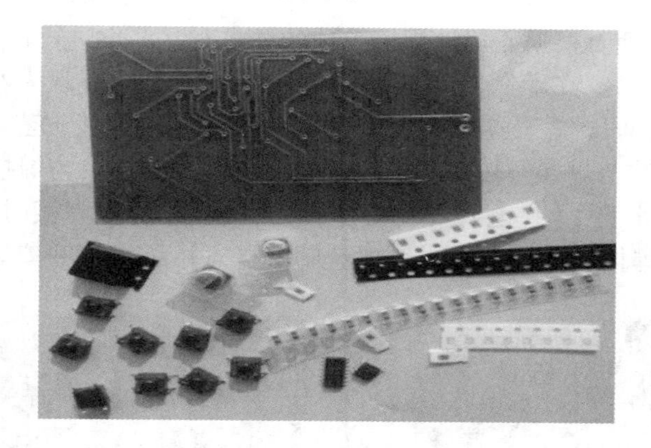

图 5-48　八路抢答器电路元器件实物图

5. 任务实现

（1）元器件的检测、预处理与安装要求

1）元器件的检测。

根据元器件清单将所有要焊接的元器件进行检测一遍，并将检测结果填入表 5-26 中。

表 5-26　元器件检查结果

序　号	名　称	位　号	检 测 结 果	备　注
1	电阻	R8		
2		R1 ~ R6、R16、R17		
3		R7、R9 ~ R15		
4	电解电容	C3		
5		C4		

（续）

序　号	名　称	位　号	检测结果	备　注
6	电容	C1		
7		C2		
8	开关二极管	VD1 ~ VD18		
9	集成电路	IC2（CD4511）		
10		IC1（NE555）	基本不可测量	
11	晶体管	VT1		
12	蜂鸣器	BL		
13	发光二极管	LED1 ~ LED14		
14				

2）元器件的预处理。根据元器件焊接工艺的要求对元器件进行预处理。

3）元器件安装要求。在印制电路板上所焊接的元器件的焊点大小适中、光滑、圆润、干净，无毛刺；无漏、假、虚、连焊，无拉尖等，符合 SMT 焊接工艺要求。

（2）元器件的贴装与焊接　按照工艺要求对元器件进行插装与焊接。安装步骤如下：

第一步：在 PCB 上将 17 只电阻焊接好，如图 5-49 所示。焊接时注意各元器件对应位置确保无误时再进行焊接，安装电阻时，焊盘对位整齐并紧贴 PCB 安装。

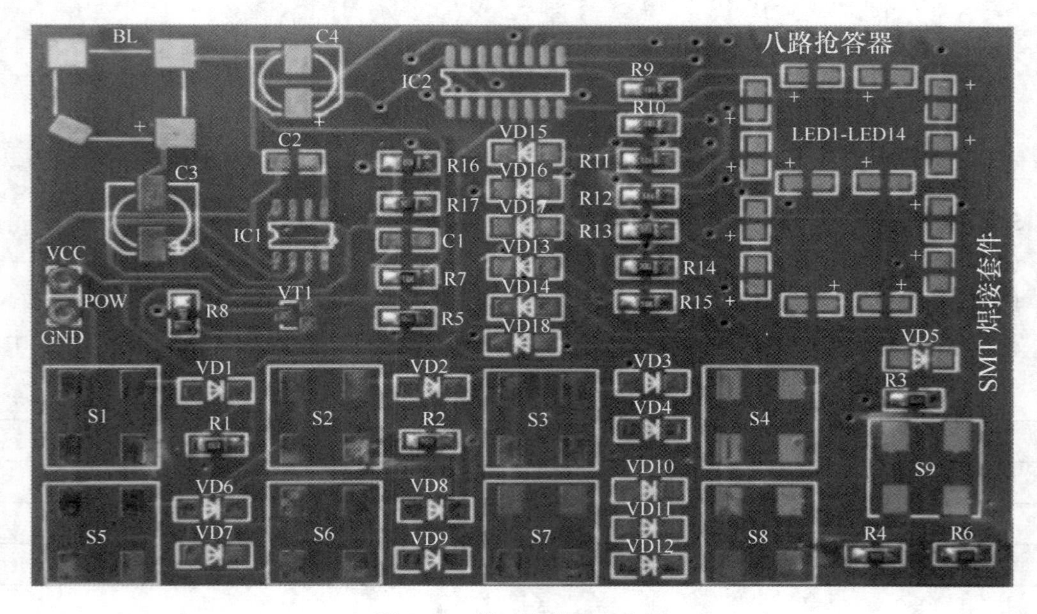

图 5-49　第一步装配示意图

第二步：将 2 只贴片电容 C1、C2 安装在电路板上，如图 5-50 所示。安装贴片电容 C1、

C2 时，注意容量即可。

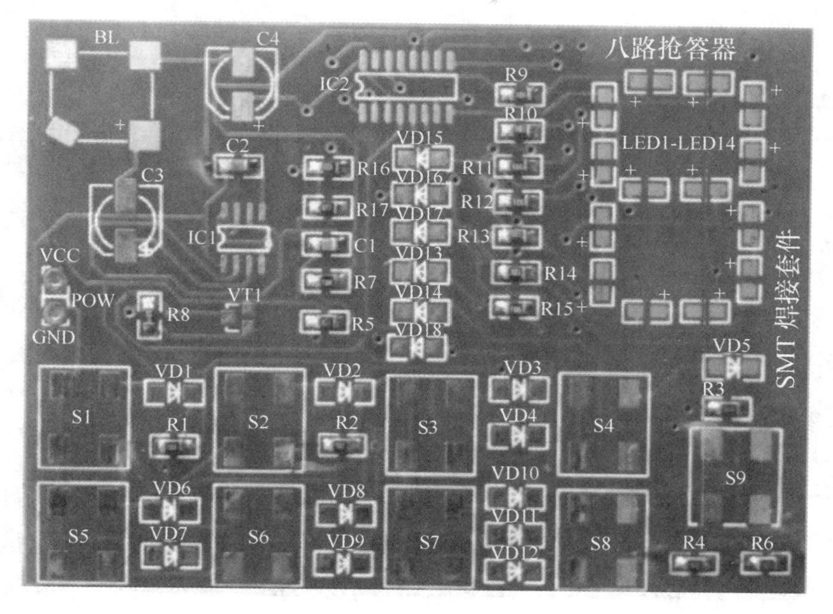

图 5-50　第二步装配示意图

第三步：将 2 只集成电路紧贴 PCB 上安装、焊接好，如图 5-51 所示。集成电路安装时，特别要注意其引脚不要搞错，两边引脚要与焊盘完全重合绝不允许错位与倾斜。

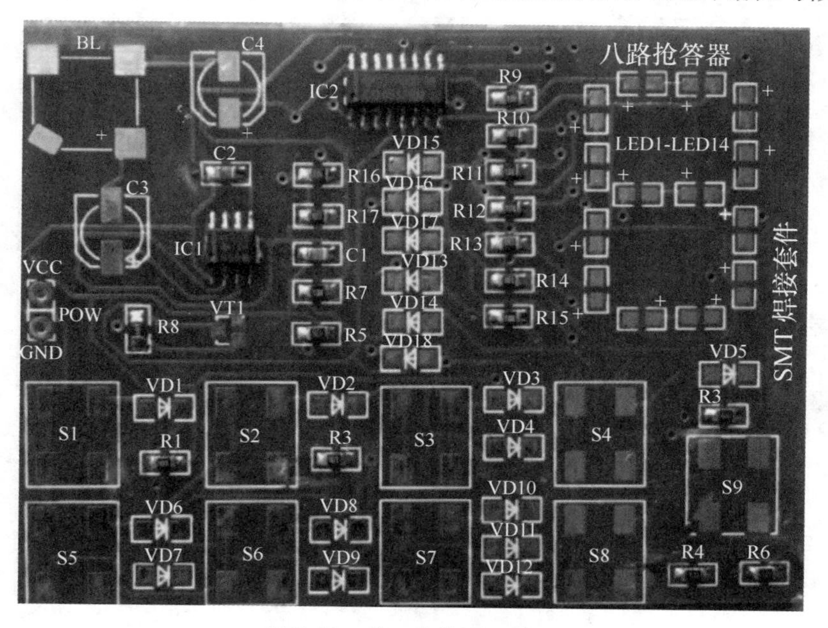

图 5-51　第三步装配示意图

第四步：安装发光二他管 LED1 ~ LED14 与晶体管 VT1，如图 5-52 所示。发光二极管安装时要注意正、负极，焊接时速度要快，以免烫坏二极管。安装晶体管要注意其引脚，与电路板对准并紧贴即可。

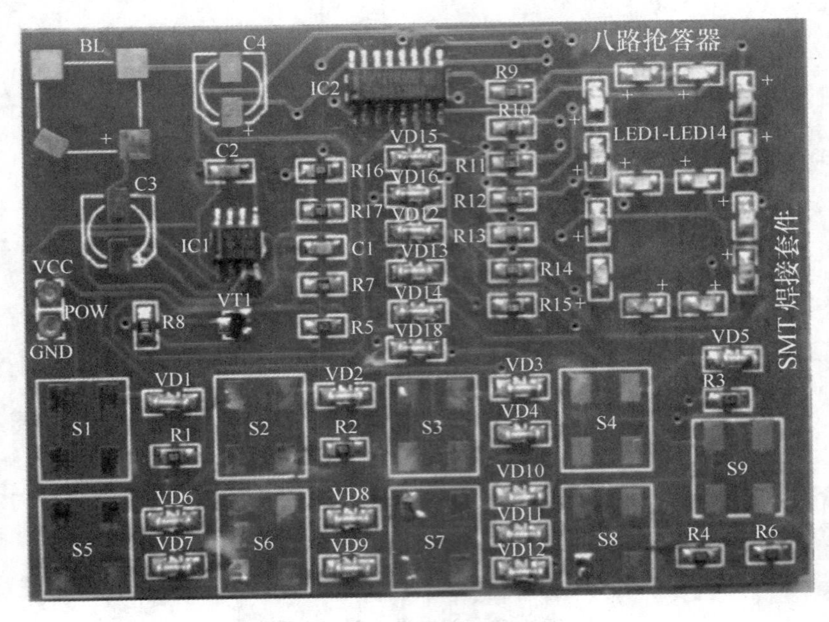

图 5-52　第四步装配示意图

第五步：安装电解电容 C3、C4，如图 5-53 所示。电解电容 C3、C4 安装时要注意其正、负极。

图 5-53　第五步装配示意图

第六步：安装轻触按键 S1 ~ S9 和蜂鸣器，如图 5-54 所示。

(3) 产品的检测与调试　组装完成并经目视、手触检查无误后，为了确保电路能够正

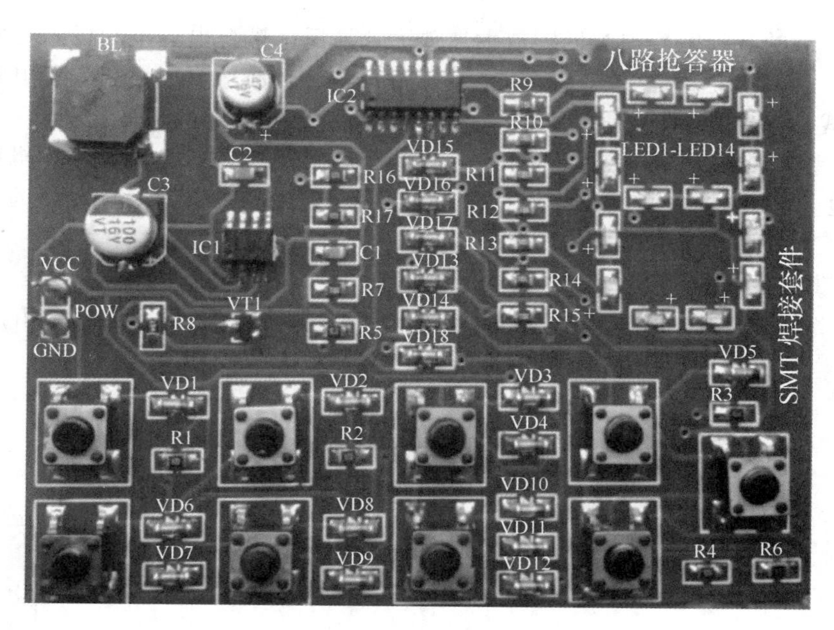

图 5-54　第六步装配示意图

常工作，必须要对电路进行测量和调试。本八路抢答器电路只要元器件安装无误，即可正常工作。

5.3　高频电路实例

5.3.1　对讲机

1. 效果图

986A 型对讲机效果图如图 5-55 所示。

图 5-55　986A 型对讲机效果图

2. 项目描述

在现代通信中，对讲机是一种近距离的、简单的无线传输通信工具。目前、它广泛应用于生产、餐饮、娱乐、保安、野外工程等小范围移动通信工程中。对讲机声音的传播是依靠电磁波来完成的。天线用于发射和接收电磁波：发射天线将高频电流转换为电磁波，向空中发射传播信息；接收天线接收电磁波，并把它转换为高频电流。天线的增益越大，驻波比越小，发射或接收的能力越强。

对讲机是由接收部分和发射部分组成的。接收部分采用直接接收的方式，由 IC 振荡电路检波，检波后的音频信号再由低频放大器放大，最后由耦合电容推动扬声器发声；发射时，传声器（话筒）把讲话音信号变成电信号后，再经低频放大电路、调制电路，最后将已调波从天线发送出去。

本986A型对讲机是一款专用对讲机，发射频率是49.8MHz，由2套对讲机构成，使用时用9V电池。电路简捷，整机制作比较容易，装配成功率高，具有遥控距离远、声音大等特点。

3. 知识准备

（1）电路框图的识读　对讲机电路工作原理框图如图5-56所示，它是由两大部分组成的：

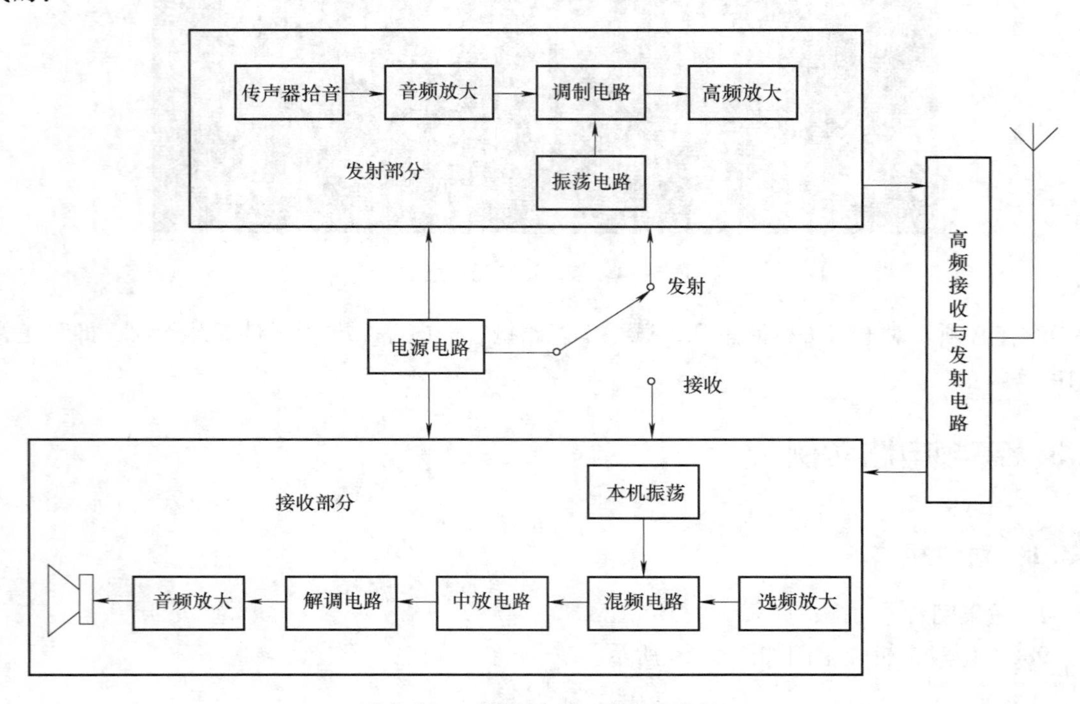

图5-56　对讲机电路工作原理框图

1）发射电路：由传声器拾音电路、音频放大电路、振荡电路、调制电路、高频放大电路、高频信号发射电路组成；

2）接收电路：由高频信号接收电路、选频放大电路、本机振荡电路、混频电路、中放电路、解调电路和音频放大电路组成。

（2）电路原理图的识读　对讲机电路工作原理如图5-57所示，晶体管VT1和耦合可调电感线圈T1、电容器C4、C2等组成振荡电路，产生频率约为49.8MHz的载频信号。VT2、VT3、VT4、VT5和相关电阻电容等组成低频放大电路。扬声器SP兼作传声器使用。电路工作在接收状态时。将S2收/发转换开关置于“接收”位置（默认状态为接收），从天线ANT1接收到的信号经天线匹配电感L1、再经可调耦合电感线圈T1、电容器C4、C2及T1二次线圈等组成的检波电路进行检波。检波后的音频信号，经T1二次线圈中心抽头耦合到低频放大器的输入端，经放大后由电容器C17耦合推动扬声器SP发声。电路工作在发信状态时，S2收/发转换开关按下置于“发信”位置，由扬声器将话音变成电信号后由电容器C17耦合到VT2、VT3、VT4、VT5和相关电阻电容等组成的低频放大电路放大后，经耦合可调电感的中心抽头将信号加到振荡管VT1进行信号调制，使该管的bc结电容随着话音信号的变化而变化，而该管的bc结电容并联在T1二次线圈两端的，所以振荡电路的频率也随之变化，实现了调制的功能，并将已调波经T1及L1从天线发射出去。

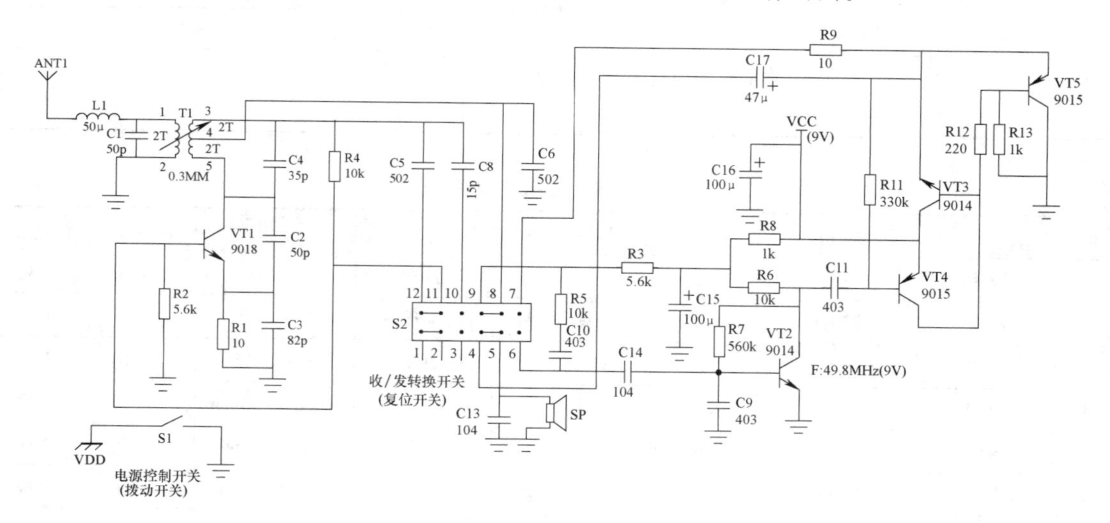

图5-57　对讲机电路工作原理图

（3）PCB图的识读　对讲机PCB正反面如图5-58所示，认清元器件的安装位置、有极性元器件的安装方向。

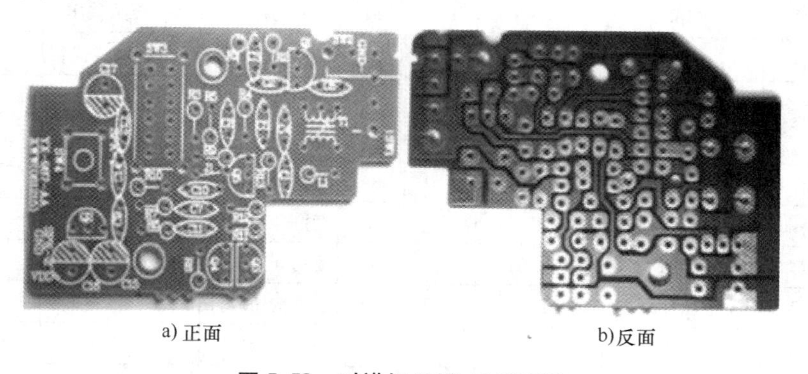

a) 正面　　b) 反面

图5-58　对讲机PCB正反面图

4. 装配准备

（1）工具、仪器仪表、焊接材料清单的识读　对讲机的装配与调试所需工具、仪器仪表及焊接材料见表5-27。

（2）元器件清单的识读　对照表5-28认真整理元器件，看实际元器件与清单是否相符，有无少或多的元器件，如果存在少元器件的情况，应立即报告老师进行补充。

表 5-27　所需工具、仪器仪表及焊接材料

项　目	序号	名　称	项　目	序号	名　称
所需工具	1	电烙铁及烙铁架	所需仪器	1	万用表
	2	尖嘴钳		2	示波器
	3	斜口钳	焊接材料	1	焊锡丝
	4	镊子		2	助焊剂
	5	小一字、十字槽螺钉旋具，无感螺钉旋具			

表 5-28　元器件清单

序号	名　称	规格	位　号	数量	序号	名　称	规格	位　号	数量
1	电阻	10Ω	R1、R9	2 只	21	晶体管	9018	VT1	1 只
2	电阻	220Ω	R12	1 只	22	复位开关	PS42D02	S2	1 个
3	电阻	1kΩ	R8、R13	2 只	23	拨动开关	SS-12F15	S1	1 个
4	电阻	5.6kΩ	R2、R3	2 只	24	导线	φ0.8×100mm		1 根
5	电阻	10kΩ	R4、R5、R6	3 只	25	导线	φ0.8×50mm		2 根
6	电阻	330kΩ	R11	1 只	26	导线	φ0.8×120mm		1 根
7	电阻	560kΩ	R7	1 只	27	导线	φ0.8×80mm		2 根
8	瓷片电容	15pF	C8	1 只	28	扬声器	29mm		1 个
9	瓷片电容	35pF	C4	1 只	29	天线接线耳			1 个
10	瓷片电容	50pF	C1、C2	2 只	30	弹簧天线	含黑色套管		1 套
11	瓷片电容	82pF	C3	1 只	31	电池弹片	9V 正负共用		1 套
12	瓷片电容	502	C5、C6	2 只	32	跳线	零件剪脚线代替	J1	1 根
13	瓷片电容	403	C9、C10、C11	3 只	33	986A 主体塑料盖			1 套
14	瓷片电容	104	C13、C14	2 只	34	电池盖			1 个
15	电解电容	47μF	C17	1 只	35	复位开关塑钮			1 个
16	电解电容	100μF	C15、C16	2 只	36	拨动开关塑钮			1 个
17	可调电感	7μH	T1	1 只	37	装饰按钮胶件			1 个
18	色码电感	50μH	L1	1 只	38	不干胶粘片		各 1 张	
19	晶体管	9014	VT2、VT3	2 只	39	圆头尖脚螺钉	PA2.3-7mm		7 颗
20	晶体管	9015	VT4、VT5	2 只	40	尖脚螺钉	PWA2.3-5mm		1 颗

986A 型对讲机安装材料实物如图 5-59 所示。

5. 任务实现

（1）元器件的检测与预处理

1）元器件的检测。根据元器件清单将所有要焊接的元器件检测一遍，并将检测结果填入表 5-29 中。

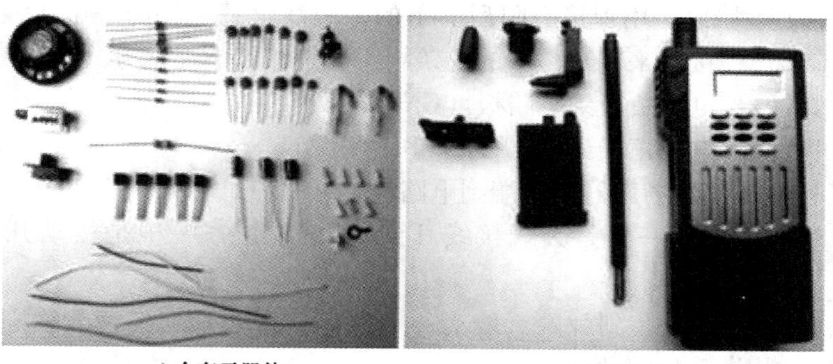

a) 全套元器件　　b) 全套塑料件

图 5-59 986A 型对讲机安装材料实物图

表 5-29 元器件检测表

序号	名称	位号	检测结果	备注
1	电阻	R1、R9		
2	电阻	R12		
3	电阻	R8、R13		
4	电阻	R2、R3		
5	电阻	R4、R5、R6		
6	电阻	R11		
7	电阻	R7		
8	瓷片电容	C8		
9	瓷片电容	C4		
10	瓷片电容	C1、C2		
11	瓷片电容	C3		
12	瓷片电容	C5、C6		
13	瓷片电容	C9、C10、C11		
14	瓷片电容	C13、C14		
15	电解电容	C17		
16	电解电容	C15、C16		
17	可调电感	T1		
18	色码电感	L1		
19	晶体管	VT2、VT3		
20	晶体管	VT4、VT5		
21	晶体管	VT1		

2）元器件的预处理。按照工艺要求对元器件引脚进行预处理。

（2）元器件的插（贴）装与焊接　各元器件按图样的指定位置、孔距进行插装、焊接，并要符合元器件插（贴）装的工艺要求。

1）安装注意事项。

所有的元器件以立式插装，紧贴电路板，不要调得过高。插装电解电容器、晶体管时要注意极性。电路板上跳线 J1 用焊接电阻后剪下的金属线代替，还需一金属线把拨动开关的上端与电路板（S1）连接起来。套件中的6条导线分别按如下连接方式接入电路：

120mm 长的导线：电池负极到电路板（GND-）处。

100mm 长的导线：电池正极到电路板（VDD +）处。

2 根 80mm 长的导线：扬声器的两端到电路板。

2 根 50mm 长的导线：一根是天线接线耳到 L1 的一端；一根是拨动开关中间端到电路板。

把天线用黑色套管旋转装到弹簧天线上，用螺钉将接线耳与弹簧天线固定在塑料前壳中，并焊接导线于电路板上 L1 处。

2）详细安装过程。

第一步：焊接电阻器（共12只），焊接短接线 J1，如图 5-60 所示。

R1：10Ω　R2：5.6kΩ　R3：5.6kΩ　R4：10kΩ　R5：10kΩ　R6：10kΩ　R7：560kΩ　R8：1kΩ　R9：10Ω　R11：330kΩ　R12：220Ω　R13：1kΩ

第二步：焊接瓷片电容器（共12只），如图 5-61 所示。

C1：50pF　C2：50pF　C3：82pF　C4：35pF　C5：502　C6：502　C8：15pF　C9：403　C10：403　C11：403　C13：104　C14：104

图 5-60　12 只电阻器按照后的示意图

图 5-61　12 只瓷片电容器焊接后的示意图

第三步：焊接电解电容器（共3只），如图 5-62 所示。

C15：100μF　C16：100μF　C17：47μF

第四步：焊接可调电感和固定电感（各1只），如图 5-63 所示。

T1：7μH　L1：50μH

图 5-62　3 只电解电容器焊接后的示意图

图 5-63　2 只电感器焊接后的示意图

第五步：焊接晶体管（共 5 只），如图 5-64 所示。

VT1：9018　VT2：9014　VT3：9014　VT4：9015　VT5：9015

第六步：焊接复位开关（S2，也叫“收/发转换开关”）。如图 5-65 所示。

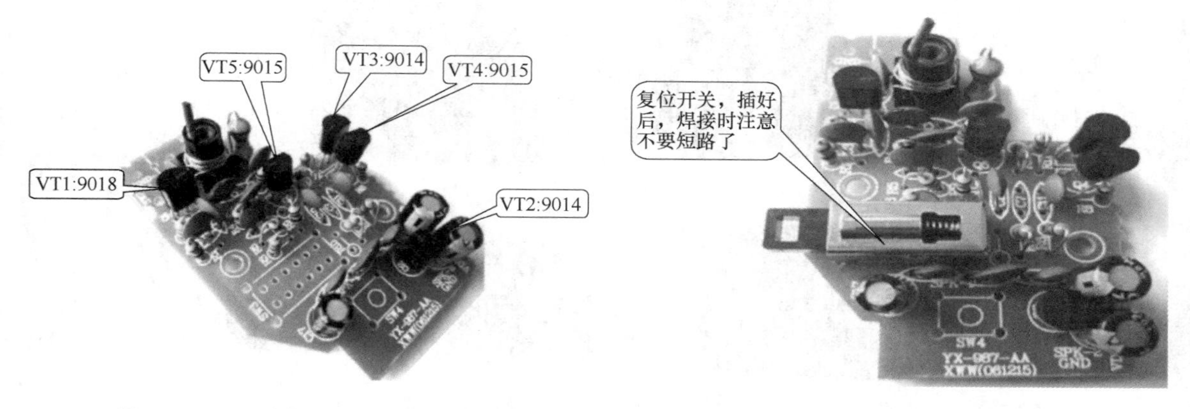

图 5-64　5 只晶体管焊接后的示意图　　图 5-65　复位开关焊接后的示意图

第七步：在扬声器上焊接导线，如图 5-66 所示。

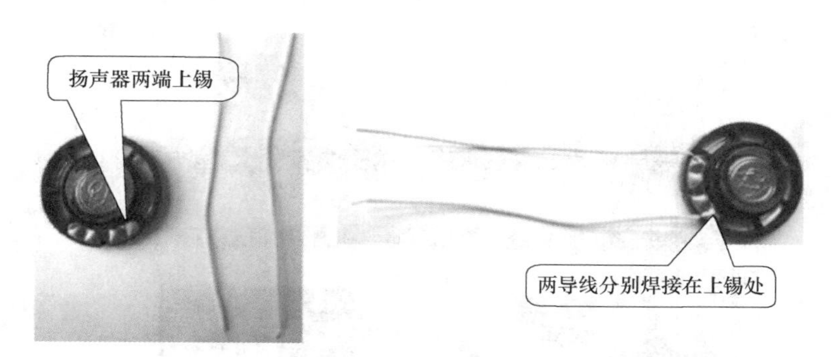

图 5-66　扬声器安装导线后示意图

第八步：在拨动开关 S1 上焊接导线，如图 5-67 所示。

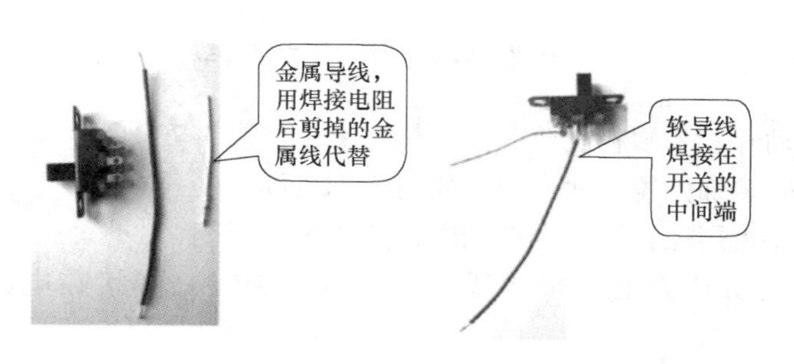

图 5-67　拨动开关焊接导线后的示意图

第九步：将电池片安装在塑料壳中并焊接电池线，如图 5-68 所示。

第十步：天线放在外壳中固定、焊接电池线，如图 5-69 所示。

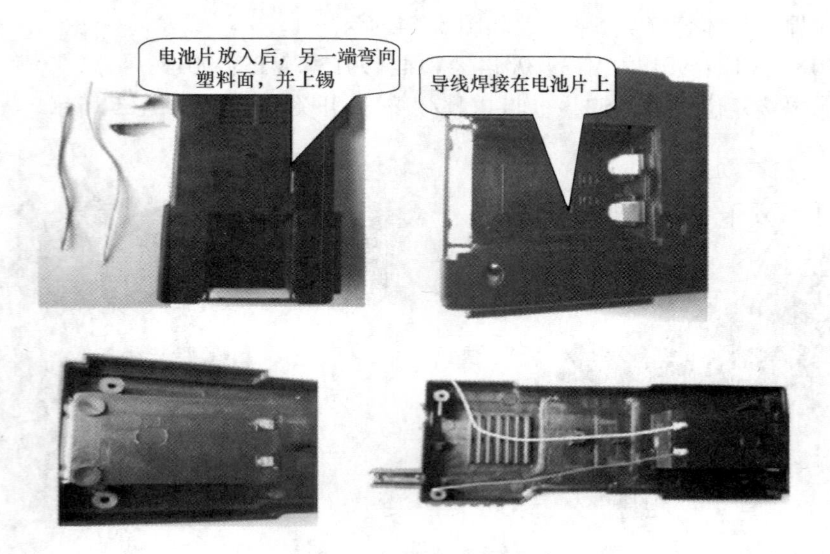

图 5-68 焊接电池线

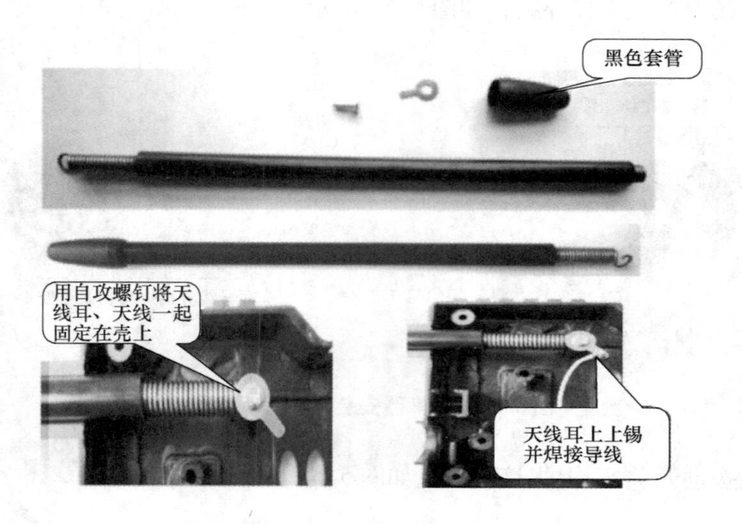

图 5-69 固定天线、焊接电池线

第十一步：拨动开关和塑料旋钮置入塑料壳中，如图 5-70 所示。

第十二步：面壳装饰件置入面壳中，如图 5-71 所示。

第十三步：电路板用螺钉固定在面壳中，如图 5-72 所示。

第十四步：把拨动开关上 2 根导线（金属线、导线）焊接在电路板上，如图 5-73 所示。

第十五步：扬声器上的导线焊接在电路板上，如图 5-74 所示。

第十六步：天线及电池的正、负线与电路板的连接，如图 5-75 所示。

第十七步：复位开关置入面壳中，如图 5-76 所示。

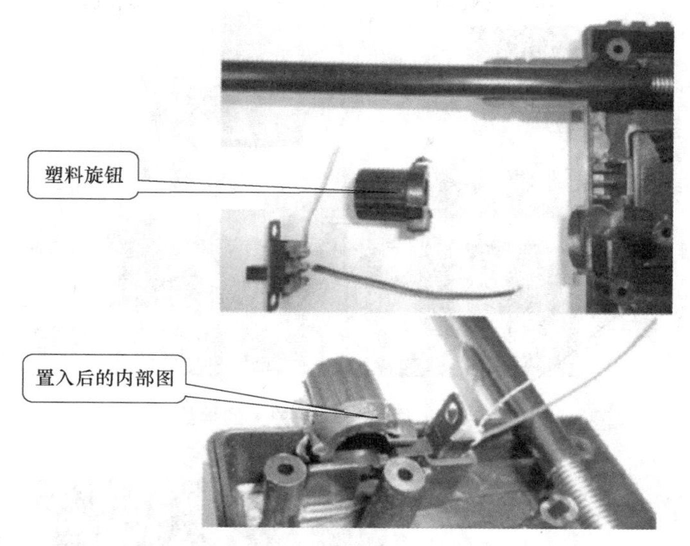

图 5-70　安装拔动开关和塑料旋钮

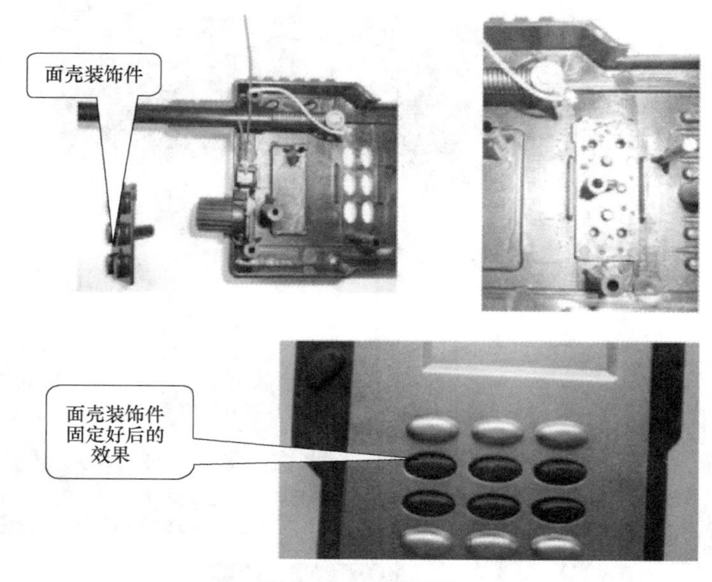

图 5-71　安装面壳

图 5-72　固定电路板在面壳中

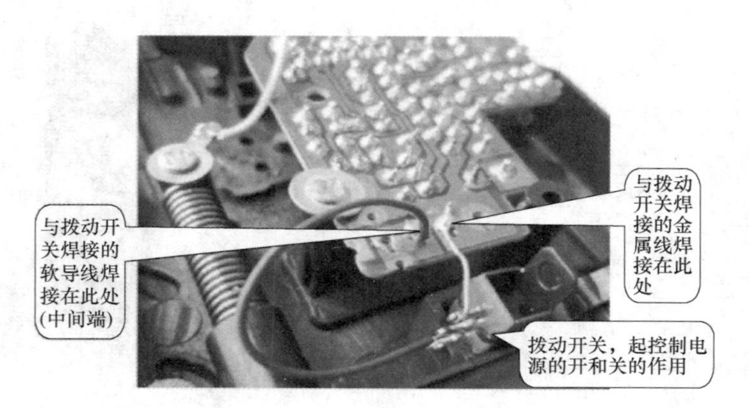

图 5-73　焊接拨动开关上的导线

图 5-74　焊接扬声器的导线

图 5-75　天线、电源的导线与电路板连接

图 5-76　安装复位开关

（3）产品的检测与调试

1）详细调试过程。2套套件焊接完后，经目视、手触检查无错误后，可接入9V叠层电池，旋转拨动开关，可以使电路通电工作，不按复位开关按钮，电路处于“接收”状态，扬声器起“电”转化为“声”的作用，可以听到“丝丝”的声音；把另外一套的复位开关按钮按下，使其工作在“发信”状态，这时扬声器起“声”转化为“电”的作用。把2套对讲机的天线平行靠近，用无感螺钉旋具轻轻微调可调电感T1的磁心，使接收机的“嘟嘟”啸叫声最大，即两者的发射、接收频率一致。然后，2套互换再按同样的方式微调可调电感T1的磁心，保证两者的发射、接收频率一致。这样的过程要相互微调几次（包括拉开距离调试），保证2套之间对讲距离最远，声音最清晰。如图5-77所示。

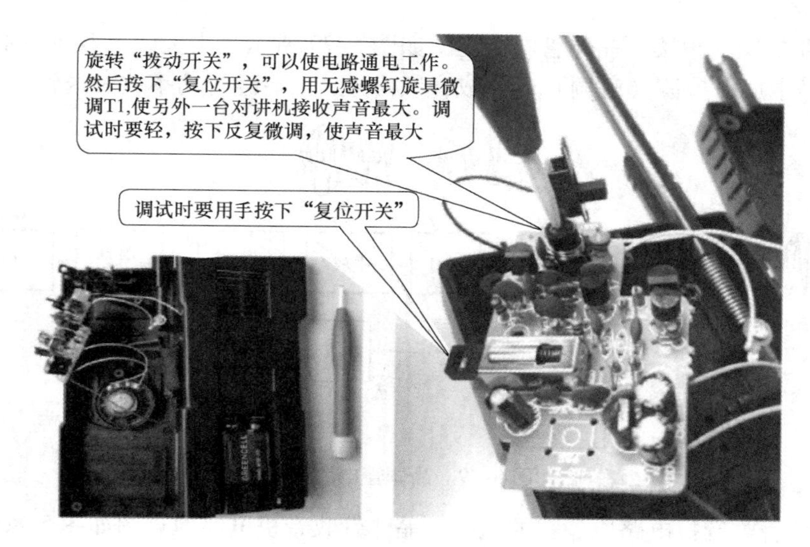

图5-77　调试对讲机

调试成功后，装好拨动开关塑料钮和复位开关塑料钮，用2颗螺钉固定电路板于前壳中，清理好导线，用5颗螺钉将前、后盖固定。使用时，打开电池盒盖，装上9V电池，旋转拨动开关，就可以让电路通电工作，平时电路是处于“接收”状态，按下复位按钮，电路处于“发信”状态。

2）问题处理。如果安装后，通电没有声音，就要认真检查电源线、扬声器线、元器件等没有错焊、虚焊、短路等问题。当检查到有两点焊接到一起的时候，用电烙铁将上面的焊锡熔化，用固定的工具吸掉，然后重新焊接；当检查到有虚焊时要仔细将它焊好；当检查到电源连接线、扬声器连接线没有焊牢时继续将它们焊牢。

在调试时如果只能发送不能接收则检查接收电路，用万用表逐点测试找出错误点并改正；如果只能接收不能发送则检查发送电路，用万用表逐点测试找出错误点并改正。如果既不能发送也不能接收，上面两部分都要照做。最后在验证对讲机的性能时，也应该考虑外界环境因素的影响，大气、地形、建筑物、电磁干扰等都会影响信号的场强和覆盖范围。当电池电量不足时，通话质量也会变差，严重的会有噪声出现，影响正常通话。

5.3.2 晶体管收音机

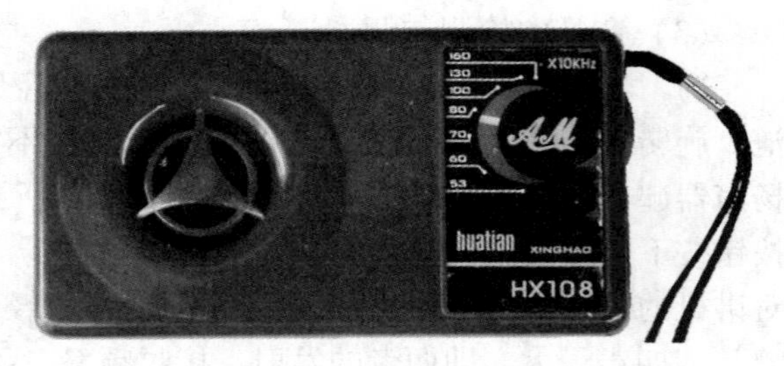

图 5-78 晶体管收音机

1. 效果图

晶体管收音机效果如图 5-78 所示。

2. 项目描述

收音机是最常用的家用电器之一，本项目组装的是分立元器件七管半导体调幅收音机，通过本次组装，我们应该在了解其基本工作原理的基础上学会安装、调试、使用，并学会排除一些常见故障。

3. 知识准备

（1）电路框图的识读　晶体管电路框图如图 5-79 所示，由天线接收到的高频信号跟本振混频，再经中放、检波（解调）还原成音频信号，最后经过功率放大送到耳机或扬声器。

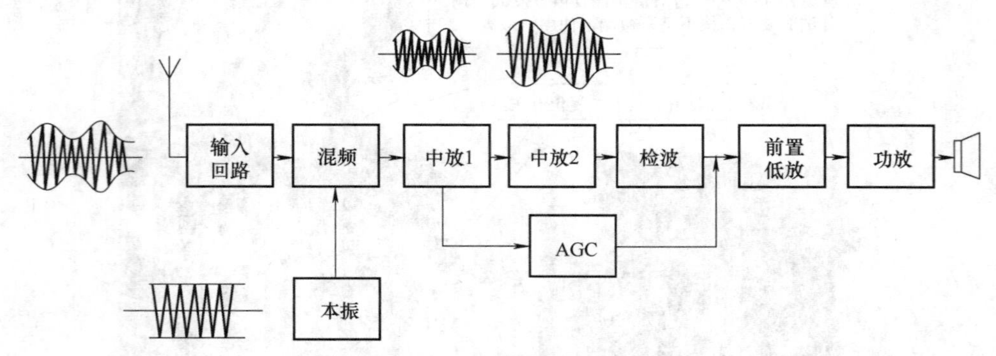

图 5-79 晶体管电路框图

（2）晶体管收音机电路原理图的识读　晶体管收音机电路原理图如图 5-80 所示。

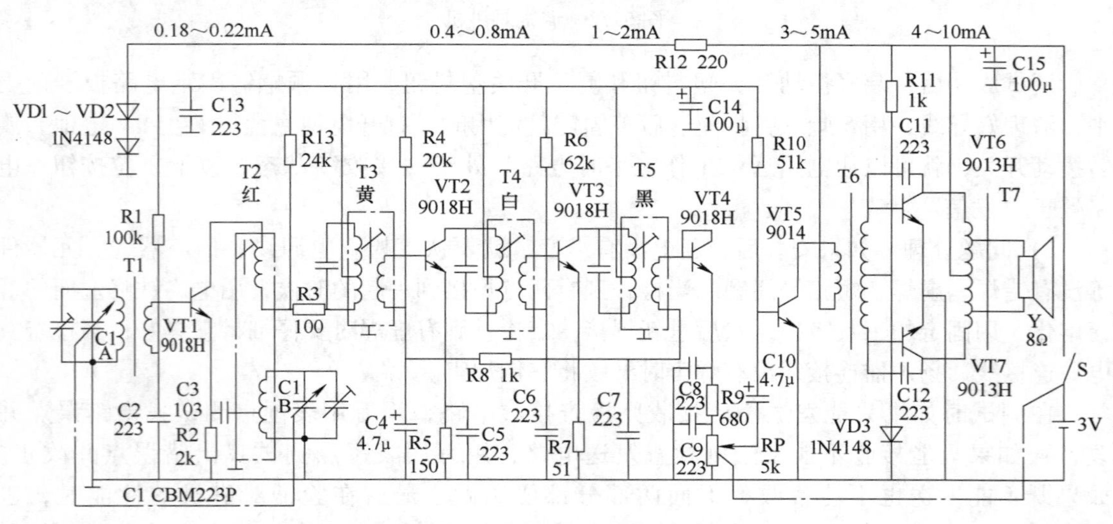

图 5-80 晶体管收音机电路原理图

本机电路图，由 T1 及 C1-A 组成的天线调谐回路感应出广播电台的调幅信号，选出所需的电台信号 f1 进入 VT1 基极，本振信号调谐在高出 f1 一个中频（465kHz）的 f2 进入 VT1

发射极，晶体管VT1进行变频（或称混频），在VT1集电极回路通过B3选取出f2与f1的差频（465kHz中频）信号；中频信号经VT2和VT3二级中频放大，进入VT4检波，检出音频信号经VT5低频放大和由VT6、VT7组成的变压器耦合功率放大器进行功率放大，推动扬声器发声。图中VD1、VD2组成1.3V±0.1V稳压，提供变频、一中放、二中放、低放的基极电压，稳定各级工作电流，保证整机灵敏度。VT4发射结用作检波。R1、R4、R6、R10分别为VT1、VT2、VT3、VT5的工作点调整电阻，R11为VT6、VT7功放级的工作点调整电阻，R8为中放的AGC电阻，T3、T4、T5为中周（内置谐振电容），既是放大器的交流负载又是中频选频器，该机的灵敏度、选择性等指标靠中频放大器保证。T6、T7为音频变压器，起交流负载及阻抗匹配的作用。本机由3V直流电压供电。为了提高功放的输出功率，因此，3V直流电压经滤波电容C15去耦滤波后，直接给低频功率放大器供电。而前面各级电路是用3V直流电压经过由R12、VD1、VD2组成的简单稳压电路稳压后（稳定电压约为1.4V）供电。目的是用来提高各级电路静态工作点的稳定性。

1）输入回路：由磁性天线感应得到的高频信号，实际上是高频载波信号（声波在空中传播速度很慢，衰减快，因此将音频信号加载到高频信号上去，称为调制。调制方式有调频和调幅之分。我们装的收音机接收的是调幅高频信号）经过LC调谐回路加以选择到欲接收电台信号。为使收音机获得较高选择性、灵敏度，应选合适L1与L2匝数比。

2）变频电路：由输入回路送来的高频信号是调幅波，本机振荡产生的本振频率信号是等幅波，混频后经选频得到465kHz中频信号。因此变频级主要作用：是将调幅的高频信号变为调幅的中频信号。变换前后仅是载波频率改变，而信号包络不变。本机用一只变频管来完成该机的振荡和混频作用。对混频来讲，要求工作在非线性区，电流不能太大，否则变频增益下降，但对本振来讲，电流大一点，变频增益高又容易起振，电池下降不易停振。但振荡也不能太强，否则波形失真引起“咯”、“咯”声，增益反而下降，一般选电流为0.4～0.6mA。

3）中频放大：中放级的好坏对收音机灵敏度、选择性等有决定性影响。中放级工作频率是465kHz，用并联的LC谐振回路作负载，因此只有在信号频率为465kHz时并联谐振回路电压最大，因此提高了整机选择性。本机采用一级中放（常用的为二级中放）单调谐中频放大器，选择性及灵敏度不一定十分理想，但回路损耗小，调整方便，因此袖珍机广泛采用此电路。

4）检波级：中频信号仍旧是调幅信号，经过检波级，由二极管或晶体管检波，从调幅波中取出音频信号。本机选用的是晶体管，利用其中一个PN结在非线性工作状态下起大信号检波作用，同时此管还进行低频电流放大。

5）低放和功率放大：检波后的音频信号送到低放级进行音频放大，然后通过输入变压器送到推挽功率放大级进行功率放大，输出信号推动扬声器发出声音。

本机用推挽功放电路的管子工作在乙类状态。在无信号时截止，有信号时二管轮流工作，因此效率高，但乙类工作在小信号，在特性曲线弯曲部分会产生失真。因此本机线路在无信号时基极也有一定的偏压，使之工作在甲乙类状态，这样效率高，输出功率大，而且省电。要求两只管子参数一致，以防有一只管损坏，必须配对选管。

4. 装配准备

（1）工具、仪器仪表及焊接材料清单的识读　晶体管收音机装配所需工具、仪器仪表及焊接材料见表5-30。

表 5-30　所需工具、仪器仪表及焊接材料表

项　目	序　号	名　称	备　注
所需工具	1	电烙铁及烙铁架	
	2	尖嘴钳	
	3	斜口钳	
	4	镊子	
	5	小一字、十字槽螺钉旋具	
所需仪器	1	万用表	
	2	示波器	
焊接材料		焊锡丝、松香、洗板水	

（2）元器件清单的识读　对照表 5-31 认真整理元器件，看实际元器件与清单是否相符，有无少或多的元器件、如果存在少元器件的情况，学生应报告老师进行补充。

表 5-31　元器件清单

元器件清单				结构件清单		
位　号	名称规格	位　号	名称规格	序　号	名称规格	数　量
R1	电阻 100kΩ	C13	电解电容 223	1	前框	1
R2	电阻 2kΩ	C14	瓷片电容 100μF	2	后盖	1
R3	电阻 100Ω	C15	瓷片电容 100	3	网罩	1
R4	电阻 20kΩ	T1	磁棒 B5×12×100	4	周率板	1
R5	电阻 150Ω		磁性天线线圈	5	调谐板	1
R6	电阻 62kΩ	T2	振荡线圈（红）	6	电位盘	1
R7	电阻 51kΩ	T3	中周（黄）	7	指针	1
R8	电阻 1kΩ	T4	中周（白）	8	磁棒支架	2
R9	电阻 680Ω	T5	中周（黑）	9	扬声器压板	1
R10	电阻 51kΩ	T6	输入变压器（蓝）	10	正极片	1
R11	电阻 1kΩ	T7	输出变压器（黄）	11	负弹簧	1
R12	电阻 220Ω	VT1	晶体管 9018H	12	印制电路板	1
R13	电阻 24kΩ	VT2	晶体管 9018H	13	拎带	1
RP	电位器	VT3	晶体管 9018H	14	双联螺钉	
	K4 短轴 5kΩ	VT4	晶体管 9018H		M2.5×4	2
C1	双联 CBM223	VT5	晶体管 9014	15	调谐盘螺钉	
C2	瓷片电容 223	VT6	晶体管 9013H		M2.5×5	1
C3	瓷片电容 103	VT7	晶体管 9013H	16	扬声器自攻螺钉	
C4	电解电容 4.7μF	VD1～VD3	二极管 1N4148		M3×6	2
C5	瓷片电容 223	Y	21/2 扬声器 5Ω	17	机芯自攻螺钉	
C6	瓷片电容 223				M2.5×8	1
C7	瓷片电容 223			18	电位器螺钉	
C8	瓷片电容 223				M1.7×4	1
C9	瓷片电容 223			19	导线红 179mm	1
C10	电解电容 4.7μF				黑色 120mm	1
C11	电解电容 223				白色等 120mm	2
C12	电解电容 223			20	原理与装配图	1

5. 任务实现

（1）元器件的检测、预处理与安装要求

1）元器件的检测。根据元器件清单将所有要焊接的元器件检测一遍，并将检测结果填入表5-32中。

表5-32　元器件检查结果

序号	名称	位号	检测结果	备注
1	电阻	R1～R13		
2	瓷片电容	C2、C3、C5～C9、C14、C15		
3	双联 CBM223P	C1		
4	电解电容	C4、C10～C13		
5	二极管	VD1～VD3		
6	晶体管	VT1～VT7		
7	电位器	RP		
8	磁性天线线圈	T1		
9	振荡线圈（红）	T2		
10	中周（黄）	T3		
11	中周（白）	T4		
12	中周（黑）	T5		
13	输入变压器（蓝）	T6		
14	输出变压器（黄）	T7		
15	1/2扬声器5Ω	Y		

2）元器件的预处理。根据元器件焊接工艺要求对元器件进行预处理。

3）元器件安装要求。在印制电路板上所焊接的元器件的焊点应大小适中、光滑、圆润、干净，无毛刺；无漏、假、虚、连焊，无拉尖等，符合焊接工艺要求。

（2）元器件的安装与焊接　按照工艺要求对元器件进行插装与焊接。安装步骤如下：

1）插件焊接。

◆ 按照装配图（如图5-81所示），对照元器件位置，以器件清单为参考，以先小件、后大件的顺序，逐个焊接，其高低、极向应符合图样规定。

■ 焊点要光滑，大小最好不要超出焊盘，不能有虚焊、搭焊、漏焊。

■ 注意二极管、晶体管的极性以及色环电阻的识别。

■ 输入（绿或蓝色）、输出（黄色）变压器不能调换位置。

■ 中周T2插件后外壳应弯脚焊牢，否则会造成卡调谐盘。

■ 焊好大小件后再找到五个断点，经过测量电流值是不是在规定的范围后，就可以用焊锡直接焊接连接，如果不在则必须找出原因，修改后再次测量，以确保在最佳的工作点。

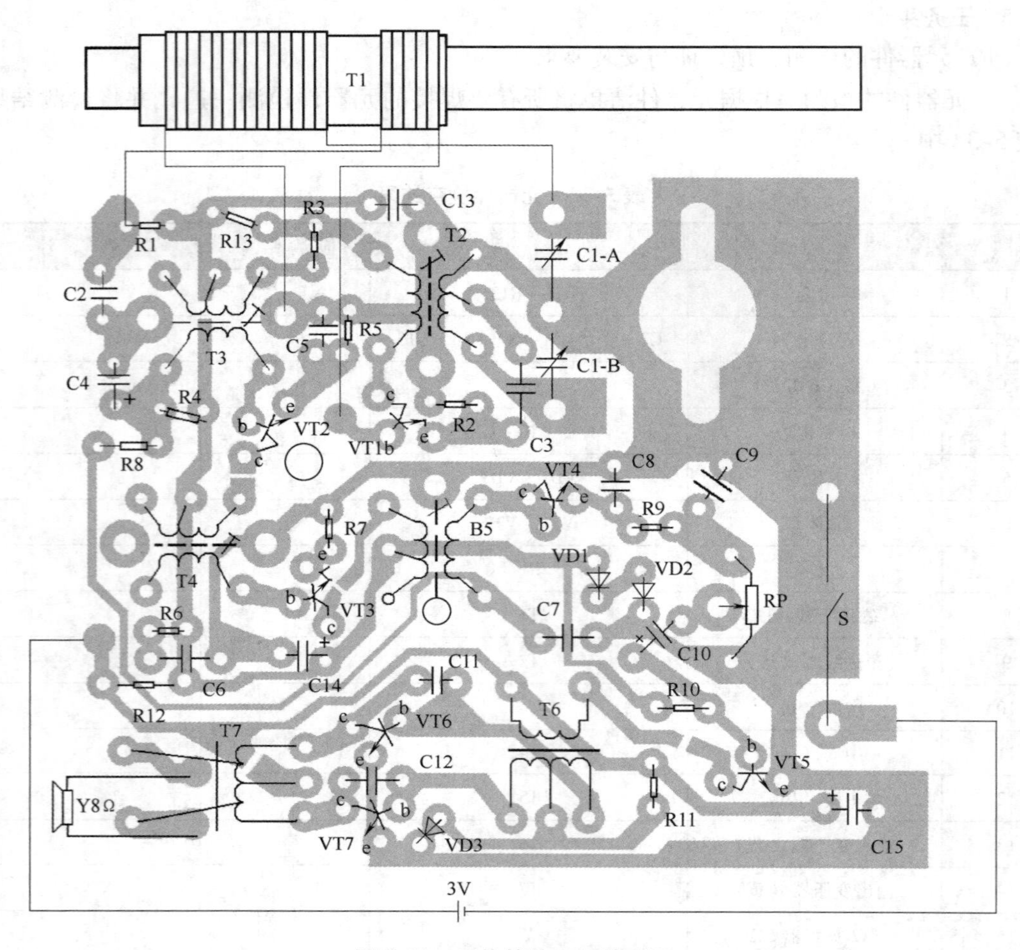

图 5-81 晶体管收音机装配图

2）收音机的组合装配。把天线用天线支架架好，并用双联螺钉固定到双联 CBM-223P 处。

把扬声器用适当的方法压入收音机盒，再把电源正极片和负极簧装入收音机盒相应位置，并装好另一端的连接片。

将两个电位器拨盘用对应的螺钉固定；最后装上电池。

（3）晶体管收音机调试和故障分析

1）收音机调试。

① 调节中频频率。打开收音机随便找一个低端电台，先调黑中周 T5，调到声音最响为止，然后调白中周 T4，最后调黄中周 T3。

当本地电台已调到很响时，改收弱的外地电台。用第一步的方法调整。再调到声音最响为止。按上述方法从后向前次序，反复细调二、三遍。

② 调整频率范围。

调低端：在 550 ~ 700kHz 范围内选一个电台，如中央人民广播电台 640kHz。调红中周 T2 调到 640kHz 电台声音最大。

调高端：在 1400～1600kHz 范围内选一个电台，如 1500kHz，将协调盘指针指在周率板刻度 1500kHz 的位置，调节双联左上角的微调电容，使电台声音最大。

上面的步骤需要重复两三次才可以调准确。

③ 统调。

低端统调：收一个最低端电台，调整线圈在磁棒上的位置，使声音最响。

高端统调：收一个最高端电台，调节双联上的微调电容，使声音最响。

④ 测试方法

制作一个铜铁棒，用废笔杆做成绝缘棒，嵌入一根铜棒或铝棒，另一边嵌入高频磁心或断磁棒。

将收音机调至低端电台位置，用铜棒靠近线圈，如果声音偏大，说明天线线圈电感量偏大，将线圈向磁棒外侧稍移。

用磁铁端靠近线圈，如果声音偏大，则说明天线线圈电感量偏小，将线圈向磁棒中心稍移。

用铜铁棒两端分别靠近线圈如果收音机声音都变小，说明电感量正好，则电路已获得统调。

2）收音机的故障分析。

① 检查要领。一般由后级向前检测，先检查低功放级，再看中放和变频级。

低频部分：若输入、输出变压器位置装错，虽然工作电流正常，但音量很低；晶体管 VT6、VT7 集电极（c）和发射极（e）装错，工作电流调不上，音量极低。

中频部分：中频变压器序号位置装错，结果会造成灵敏度和选择性降低，有时还会自激。

变频部分：判断变频级是否起振，用万用表直流 2.5V 档测晶体管 VT1 基极和发射极电位，若发射极电位高于基极电位，说明电路工作正常，否则说明电路中有故障。变频级工作电流不宜太大，否则噪声大。

② 检测方法。整机静态总电流测量：本机静态总电流≤25mA，无信号时若大于 25mA，则该机出现短路或局部短路，无电流则电源没接上。

工作电压测量：总电压为 3V，正常情况下，VD1、VD2 两二极管电压在 1.3V±0.1V，电压大于 1.4V 或小于 1.2V 时，此机均不能正常工作。大于 1.4V 时二极管可能极性接反或已坏，应检查二极管。小于 1.2V 或无电压应检查：电源 3V 有无接上；电阻 R12 是否接对或接好；中周（特别是白中周和黄中周）一次侧与其外壳短路。

变频级无工作电流：检查点有天线线圈二次侧未接好；晶体管已坏或未按要求接好。

一中放无工作电流：检查点有晶体管 VT2 坏，或 VT2 管脚插错（e、b、c 脚）；420kΩ 电阻未接好；黄中周二次侧开路；44.7μF 电解电容短路。

二中放无工作电流：检查点有黑中周一次侧开路；黄中周二次侧开路；晶体管坏或管脚接错。

低放级无工作电流：检查点有输入变压器（蓝）一次侧开路；晶体管 VT5 坏或接错管脚。

功放级无电流（VT6、VT7）：检查点有输入变压器二次侧不通；输出变压器不通；晶体管 VT6、VT7 坏或接错管脚。

整机无声：检查点有检查电源有无并检查 VD1、VD2；有无静态电流≤25mA；检查各级电流是否正常，变频级 0.2mA ± 0.02mA；一中放 0.6mA ± 0.2mA；二中放 1.5mA ± 0.5mA；低放 3mA ±1mA；功放 4mA ±10mA；（说明：15mA 左右属正常）；用万用表 ×1 档测查扬声器，应有 8Ω 左右的电阻，表笔接触扬声器引出接头时应有“喀喀”声，若无阻值或无“喀喀”声，说明扬声器已坏，测量时应将扬声器焊下，不可连机测量。

用万用表检查的方法：用万用表“R ×1”档黑表笔接地，红表笔从后级往前寻找，对照原理图，从扬声器开始顺着信号传播方向逐级往前碰触，扬声器应发出“喀喀”声。当碰触到哪级无声时，则故障就在该级，可用测量工作点是否正常，并检查各元器件，有无接错、焊错、塔焊、虚焊等。若在整机上无法查出该元器件好坏，则可拆下检查。

5.3.3 集成电路收音机

1. 效果图

调频收音机效果图如图 5-82 所示。

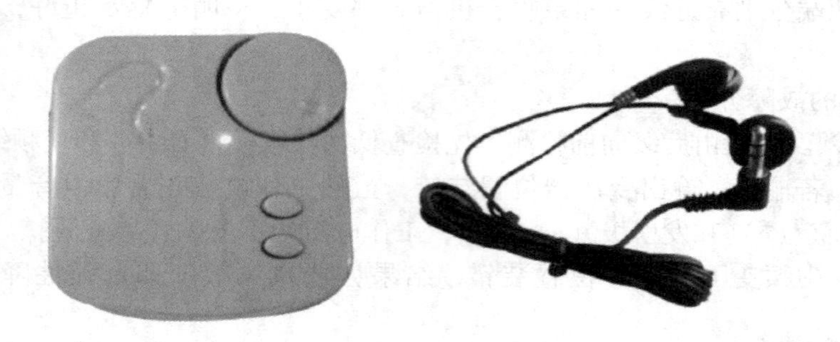

图 5-82 调频收音机效果图

2. 项目描述

本项目调频收音机 90% 以上的元器件采用 SMT 贴装方式，芯片为电调谐 SC1088 单片 FM 集成块。通过 FM 收音机的安装与调试实训，不但能了解 FM 微型收音机的特点，熟悉装配 FM 微型收音机的基本工艺过程，掌握基本的原理和整机的装配工艺，而且能了解 SMT 的特点，熟悉 SMT 的基本工艺过程。

本套件装配调试简单，选择件好、灵敏度高，它既能提升学生对电子专业技术学习兴趣，又能锻炼动手操作能力，是一款不可多得的电子专业实训产品。

3. 知识准备

（1）电路框图的识读　调频收音机电路工作原理框图如图 5-83 所示。它是由 FM 信号输入电路、本机振荡调谐电路、中频放大、限幅与鉴频电路、耳机音频放大电路及供电电路组成的。

根据图 5-84 所示，说明各部分组成：

1）FM 信号输入：由耳机线、C14、C15 和 L1 组成信号输入电路。

2）本机振荡调谐电路：由 VD、C8、C9、L4、R4 组成本机振荡电路。

3）中频放大、限幅与鉴频电路：电路的中频放大、限幅及鉴频电路的有源器件及电阻均在集成电路 SC1088 内。电路中 C10 为静噪电容，C11 为 AF（音频）环路滤波电容，C6

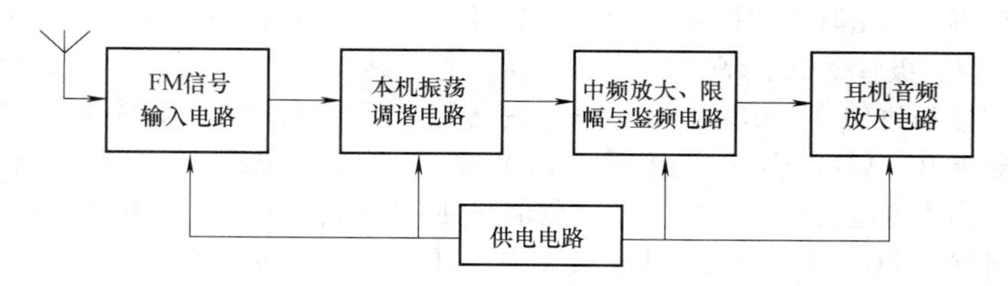

图 5-83　收音机电路原理框图

为中频反馈电容，C7 为低通电容，C17 为中频耦合电容，C4 为限幅器的低通电容，C12 为中限幅器失调电压电容，C13 为滤波电容。

4）耳机放大电路：由 VT1、VT2 组成复合管甲类放大。R1 和 C1 组成音频输出负载。线圈 L1 和 L2 为射频与音频隔离线圈。RP 为音量电位器。

（2）电路工作原理图的识读

1）电路的工作原理。贴片调频收音机电路的核心是单片收音机集成电路 SC1088。它采用特殊的低中频（70kHz）技术，外围电路省去了中频变压器和陶瓷滤波器，该电路简单可靠，调试方便。电路原理图如图 5-84 所示。

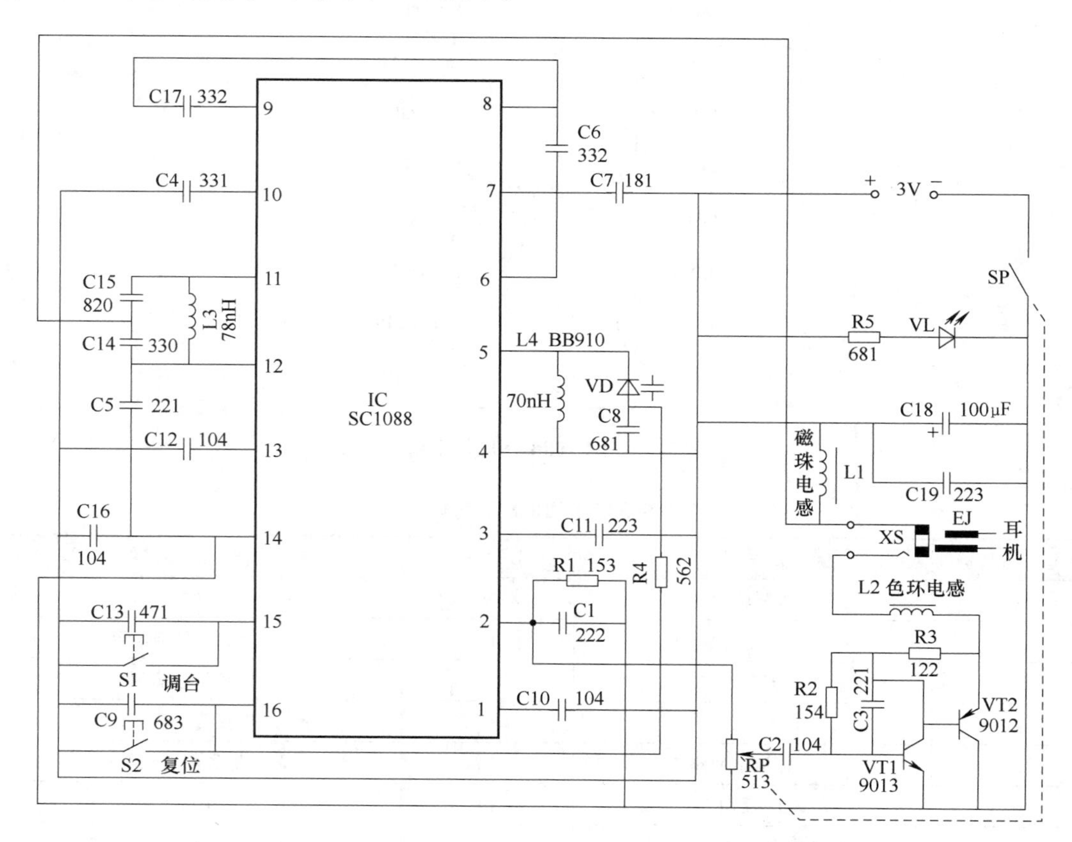

图 5-84　调频收音机原理图

图中，调频信号由耳机线馈入经 C14、C15 和 L1 的输入电路进入 IC 的 11、12 脚混频电路。由 VD 变容二极管、C8、C9、L4、R4 组成本振电路。

当按下扫描开关 S1 时，IC 内部的 RS 触发器打开恒流源，由 16 脚向电容 C9 充电，C9 两端电压不断上升，VD 电容量不断变化，由 VD、C8、L4 构成的本振电路的频率不断变化而进行调谐。当收到电台信号后，信号检测电路使 IC 内的 RS 触发器翻转，恒流源停止对 C9 充电，同时在 AFC（自动频率控制）电路作用下，锁住所接收的广播节目频率，可以稳定接收电台广播。

电路的中频放大、限幅及鉴频电路的有源器件及电阻均在 IC 内。FM 广播信号和本振电路信号在 IC 内混频器中混频产生 70kHz 的中频信号，经内部 1dB 放大器、中频限幅器，送到鉴频器检出音频信号，经内部环路滤波后由 2 脚输出音频信号。

2 脚输出的音频信号经电位器 RP 调节电量后，由 VT1、VT2 组成复合管甲类放大。R1 和 C1 组成音频输出负载，线圈 L1 和 L2 为射频与音频隔离线圈，驱动耳机发声。

2）集成电路 SC1088 的外形与引脚功能。

集成电路 SC1088 的外形与引脚如图 5-85 所示，引脚功能见表 5-33。

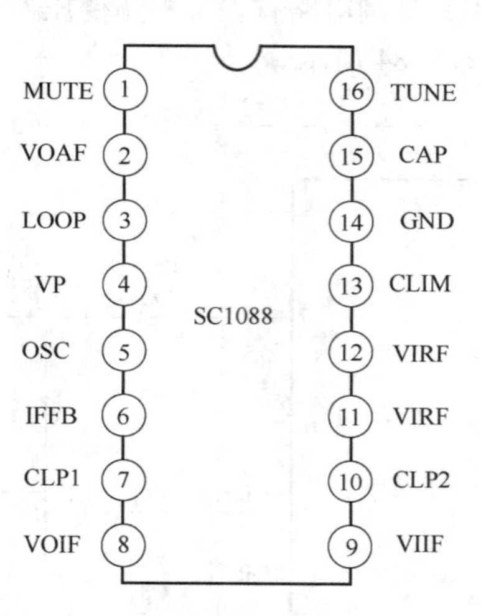

图 5-85　SC1088 外形与引脚图

表 5-33　SC1088 引脚功能

引　脚	功　能	引　脚	功　能
1	静噪输出	9	IF 输入
2	音频输出	10	限幅放大低通电容
3	AF 环路滤波	11	射频信号输入
4	VCC	12	射频信号输入
5	本振调谐回路	13	限幅器失调电压电容
6	IF 反馈	14	接地
7	1dB 放大器的低通电容器	15	全通滤波电容搜索调谐输入
8	IF 输出	16	电调谐 AFC 输出

（3）PCB 图的识读　贴片调频收音机的 PCB 如图 5-86 所示。

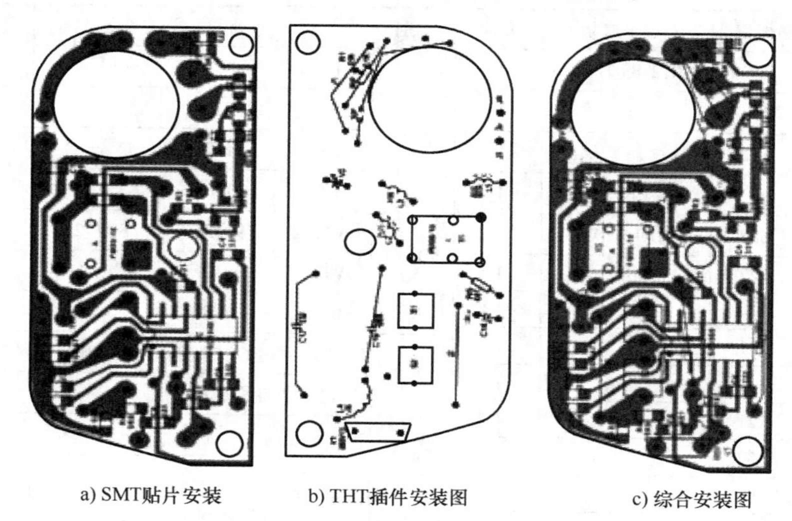

a) SMT贴片安装　b) THT插件安装图　c) 综合安装图

图 5-86　贴片调频收音机的 PCB 图

4. 装配准备

（1）工具、仪表仪表及焊接材料的识读　贴片调频收音机安装所需工具、仪器仪表及焊接材料清单见表 5-34。

表 5-34　所带工具、仪器仪表及焊接材料

项　目	序　号	名　称	备　注
所需工具	1	电烙铁及烙铁架	
	2	尖嘴钳	
	3	斜口钳	
	4	镊子	
	5	小一字、十字槽螺钉旋具	
所需仪器	1	万用表	
	2	示波器	
焊接材料		焊锡丝、松香、洗板水	

（2）元器件清单的识读　拿到套件后，首先对照表 5-35 核对一遍，看数量、型号、参数有无差错。再把所有的元器件用万用表检测一次，看有无质量问题，并将检测结果填到表中。坏的要更换，然后放到一个容器中。电阻器、电容器等元件很小，防止丢失。

5. 任务实现

（1）元器件的检测和预处理

1）元器件的检测。根据元器件表将所有要焊接的元器件检测一遍，并将检测结果填入表 5-36 中。

表 5-35 元器件清单

类别	序号	规格	型号/封装	数量
电阻	R1	153	2012 RJ 1/8W	1
	R2	154		1
	R3	122		1
	R4	562		1
	R5	681	RJ 1/16W	1
电容	C1	222	2012	1
	C2	104		1
	C3	221		1
	C4	331		1
	C5	221		1
	C6	332		1
	C7	181		1
	C8	681		1
	C9	683		1
	C10	104		1
	C11	223		1
	C12	104		1
	C13	471		1
	C14	330		1
	C15	820		1
	C16	104		1
	C17	332	CC	1
	C18	100μF	CD	1
	C19	223	CC	1

类别	序号	规格	型号/封装	数量	备注
电感	L1			1	磁珠
	L2	4.7μH		1	色环
	L3	78nH		1	8 圈
	L4	70nH		1	5 圈
晶体管	VT1	9013	SOT-23	1	
	VT2	9012		1	
IC	IC1	SC1088		1	
二极管	VD	变容二极管	BB910	1	
	VL	发光二极管		1	
塑料件	前盖			1	
	后盖			1	
	电位器（内、外）			各 1	
	按键帽 1（有缺口）			1	SCAN 键
	按键帽 2（无缺口）			1	RESET 键
金属件	电池片（3 件）			正负连接片各 1	
	自贡螺钉			3	
	电位器螺钉			1	
其他	PCB			1	
	耳机 32Ω×2			1	
	RP（带开关电位器 51kΩ）			1	
	S1、S2（轻触开关）			各 1	
	XS（耳机插座）				

表 5-36 元器件检测表

序号	名称	位号	检测结果	备注
1	电阻	R1		
2		R2		
3		R3		
4		R4		
5		R5		
6	电容	C1		
7		C2		
8		C3		
9		C4		
10		C5		
11		C6		
12		C7		
13		C8		
14		C9		
15		C10		
16		C11		

序号	名称	位号	检测结果	备注
17	电容	C12		
18		C13		
19		C14		
20		C15		
21		C16		
22		C17		
23		C18		
24		C19		
25	电感	L1		
26		L2		
27		L3		
28		L4		
29	二极管	VD		变容二极管
30		VL		发光二极管
31	晶体管	VT1		9013
32		VT2		9014

2）元器件的预处理。按照工艺要求对元器件进行预处理。

（2）元器件的插（贴）装与焊接 按照元器件的插（贴）装与焊接工艺要求对元器件进行安装，安装步骤如下：

1）贴片（SMD/SMC）元器件的安装，如图5-87所示。

- 安装贴片电阻（共4只）：R1/153，R2/154，R3/122，R4/562；
- 安装贴片电容（共16只）：C1/222，C2/104，C3/221，C4/331，C5/221，C6/332，C7/181，C8/681，C9/683，C10/104，C11/223，C12/104，C13/471，C14/330，C15/820，C16/104；
- 安装贴片晶体管（共2只）：VT1/9013，VT2/9012；
- 安装贴片集成块（共1块）：SC1088。安装SMT贴片集成块要注意引脚，先固定一个脚后再焊接其他脚。

2）通孔（THT）元器件的安装，如图5-88所示。

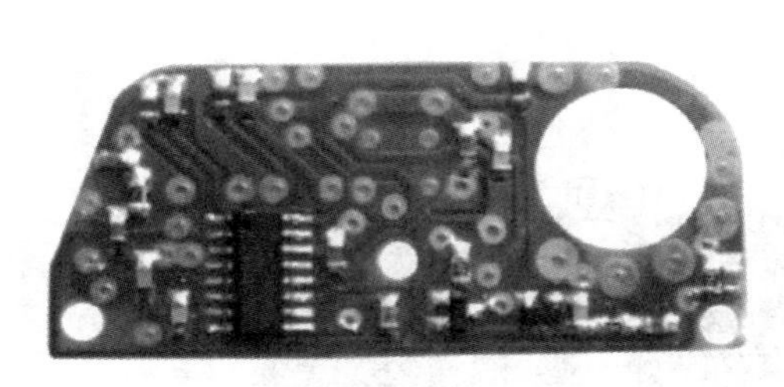

图5-87 贴片（SMD/SMC）元器件的安装

图5-88 通孔（THT）元器件的安装

- 接线J1、J2（可用剪下的元器件引线），插件电阻R5/681，瓷片电容C17、C19，色环电感L2的插装焊接。
- 安装磁珠电感L1，空心电感（红色，8匝线圈L3，5匝线圈L4）及变容二极管VD，电解电容C18和电位器RP。安装二极管要注意二极管极性；安装电解电容和电位器，电位器要紧贴电路板安装，电解电容对号入座，注意正负极性及卧式安装。
- 安装耳机插座XS、轻触开关S1、S2，电源连接线J3、J4。
- 安装耳机插座和选台按钮。
- 安装发光二极管。注意正负极，可以装到外壳上确定高度后再焊接。
- 焊接电源线，红线为正极，黑线为负极，把电池极片焊接到导线另一端。

（3）产品的检测、调试及总装

1）检测与调试。

① 所有元器件焊接完成后应目视检查和手触检查。

元器件检查：型号、规格、数量及安装位置、方向是否与图样符合；焊点检查：有无虚、漏、桥接、飞溅等缺陷。

② 测总电流。检查无误后将电池片装入外壳内，在电位器开关断开的状态下装入电池。

③ 插入耳机。

④ 用万用表200mA（数字表）或50mA档（指针表）跨接在开关两端测电流；用指针表时注意表笔极性。正常电流应为7～30mA（与电源电压有关），并且LED正常点亮。

⑤ 搜索电台广播。如果电流在正常范围，可按 S1 搜索电台广播。只要元器件质量完好，安装正确，焊接可靠，不用调任何部分即可收到电台广播。如果收不到广播应仔细检查电路，特别要检查有无错焊、虚焊、漏焊等缺陷。

接收频段（俗称调覆盖）：我国的调频广播的频率范围为 87 ~ 108MHz，调试时可找一个当地频率最低的 FM 电台，适当改变 L4 的匝间距，使按过“RESET”键后第一次按“SCAN”键可收到这个电台。由于 SC1088 集成度高，如果元器件一致性较好，一般收到低端出台后均可覆盖 FM 频段，故可不调高端仅做检查（可用一个成品 FM 收音机对照检查）。

⑥调灵敏度。本机灵敏度由电路及元器件决定，一般不用调整，调覆盖后即可正常收听。无线电爱好者可在收听频段中间电台（例如 97.4MHz）时适当调整 L4 匝距，使灵敏度最高（耳机监听音量最大）。

2）总装。

① 蜡封线圈。调试完成后将适量泡沫塑料填入线圈 L4（注意不要改变线圈形状及匝距）。滴入适量蜡使线圈固定。

② 固定电路板如图 5-89 所示。

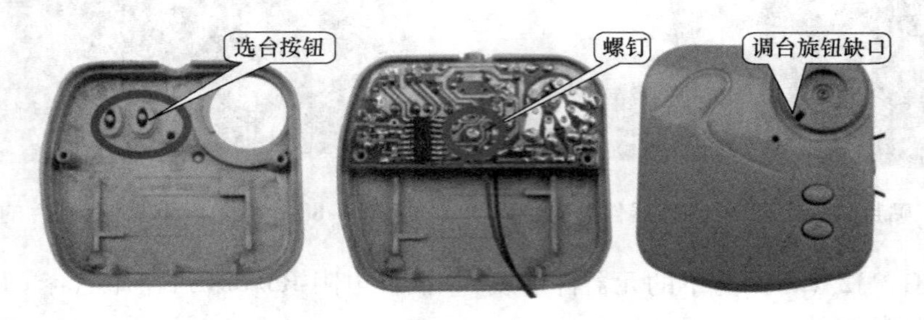

图 5-89 选台按钮、调台旋钮组装

将外壳面板平放到桌面上（注意不要划伤面板），并将两个按键帽放入孔内。SCSN 键帽上有缺口，放键帽时要对准机壳上的凸起，RESET 键帽上无缺口。将 SMB（表面安装电路板）对准位置放入壳内。

③ 装后盖，拧紧两边的两个螺钉。

④ 装卡子。

⑤ 检查，整机完成后，要求电源开关手感良好，音量正常可调，收听正常，表面无损伤。整机效果如图 5-90 所示。

图 5-90 整机图

本章小结

本章介绍了模拟电路、数字电路和高频电路三种类型电路的装配，模拟电路有直流稳压电源、可调电源、小夜灯、分立元器件功放和集成式功放。数字电路有门铃电路、六位数字电子钟、八路抢答器。高频电路有对讲机、晶体管收音机、集成电路收音机等电路安装与调试。每种电路制作中分效果图、项目描述、知识准备、装配准备、任务实现等流程分析电子产品设计制作的过程。

习　题

1. 分析分立元器件功放电路的工作原理?
2. 为什么小夜灯在夜晚能够点亮，白天不能?
3. 数字电子钟电路是否要对单片机下载程序?
4. 八路抢答器中集成芯片是什么型号，其各引脚有什么作用?
5. 本章几个电子产品制作中，哪些是贴片元器件的焊接电路?
6. 在贴片元器件焊接中，尤其是贴片芯片是如何焊接的，应注意什么?
7. 简述 USB 电脑音响电路的工作原理。
8. 986A 型对讲机的发射频率是多少?
9. 晶体管收音机接收信号后经过哪几部分的处理后输出音频信号?
10. 集成电路收音机使用的集成芯片是什么？它是调幅的还是调频的？此收音机的工作原理是什么?

第6章　综合电路设计及制作实例

教学导航

教	知识重点	1. 能正确识别和检测各元器件 2. 熟悉制作思路和技术参数计算方法 3. 熟悉电路插件、贴片安装的工艺，掌握安装焊接的方法 4. 能正确调试电路，了解电路各个步骤调节方法
	知识难点	1. 掌握电路设计流程、检查电路排除故障 2. 掌握电路装配图的设计方法及技巧
	推荐教学方式	以实际操作动手为主，教师进行适当原理讲解，充分发挥教师的指导作用，鼓励学生多动手、多体会，通过训练，让学生在做中掌握电子产品安装、调试等技能
	建议学时	19学时
学	推荐学习方法	以自己实际操作为主，紧密结合本章内容，通过自我训练，互相指导、总结，掌握电子产品电路装配和调试的方法
	必须掌握的理论知识	1. 电子元器件的检测、仪表仪器的使用 2. 电子产品故障分析、排除的基本知识、电工电路分析知识
	需要掌握的工作技能	1. 掌握电子产品装配、调试及电路结构组成及电路的功能 2. 掌握电子产品故障排除方法、加强焊接技能的提高
做	技能训练	按要求装配制作数字温度计、OTL TDA2030功放、LM2596升压稳压电源、台灯调光电路、直流稳压电源、光控音乐门铃电路、延时定时器的制作、声光控自动延时节能开关、八路数显抢答器，掌握其安装及调试技能

6.1　数字温度计电路

6.1.1　电路设计方法

1. 电路工作原理

本电路系统的硬件电路主要由AT89S51单片机微控制器部分（主机）、温度检测、显示三个主要部分组成。温度检测部分采用DS18B20芯片，大大简化了温度检测模块的设计，无需A-D转换，可直接将测得的温度值以二进制给数码管显示，单片机主要控制数码管显示，系统结构框图如图 6-1 所示。

（1）新型温度检测器件 DS18B20　DS18B20 是美国达拉斯半导体公司生产的新型温度检测器件，它是单片机结构，无需外加 A-D 即可输出数字量，通信采用单线制，同时该通信线还可以兼作电源线即具有寄生电源模式。它具有体积小、精度易保证、无需标定等特点，特别适合与单片机合用构成智能检测及控制系统。DS18B20 是数字式温度传感器，具有测量精度高、电路连接简单等特点，此类传感器仅需要一条数据线进行数据传输，使用 P1. 3 与 DS18B20 的 I/O 口连接，外加一个上拉电阻，VCC 接电源，VSS 接地，如图 6-2 所示。

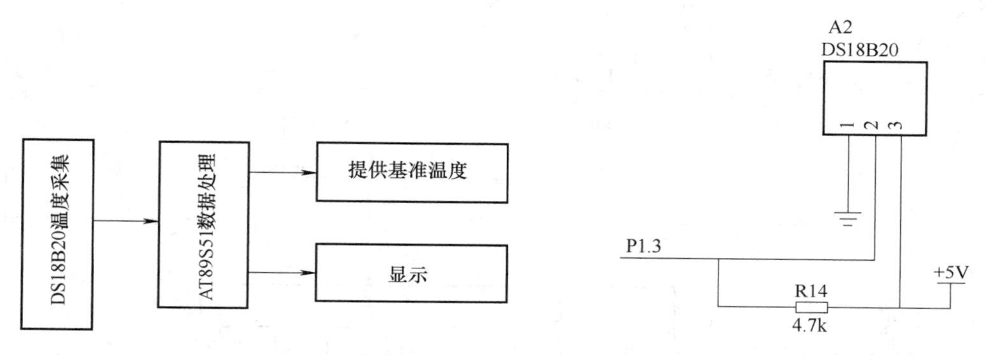

图 6-1　数字温度计系统结构框图

图 6-2　DS18B20 传感器图

（2）AT 89S51 单片机　AT 89S51 单片机为 40 引脚双列直插芯片，有四个 I/O 口 P0、P1、P2、P3，每一条 I/O 线都能独立地作输出或输入。单片机的最小系统如图 6-3 所示，引脚 18 和引脚 19 接时钟电路，XTAL1 接外部晶振和微调电容的一端，在片内它是振荡器倒相放大器的输入，XTAL2 接外部晶振和微调电容的另一端，在片内它是振荡器倒相放大器的输出。引脚 9 为复位输入端，由电容、电阻、开关组成复位电路，引脚 20 为接地端，引脚 40 为电源端。

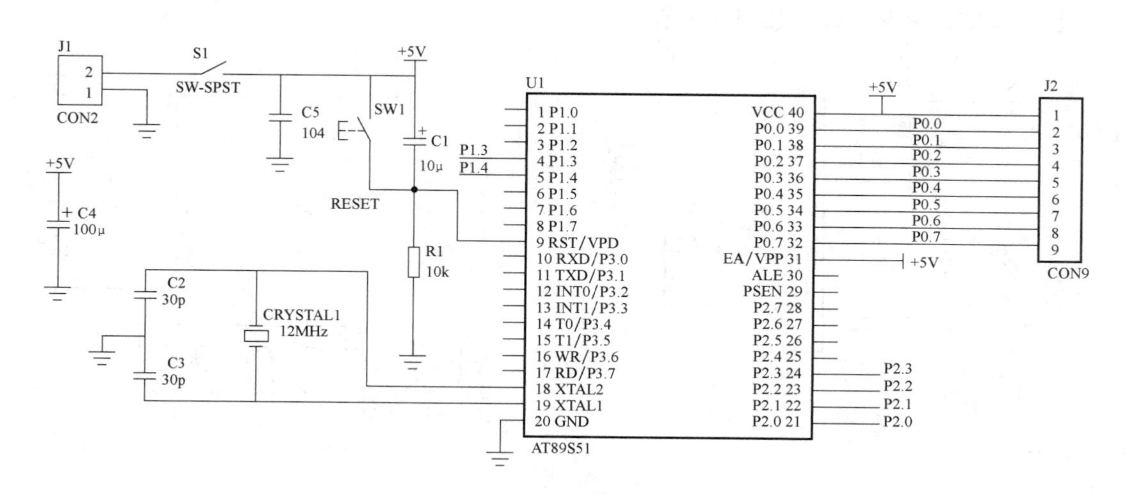

图 6-3　单片机最小系统图

（3）LED 数码管显示　数码管显示比较常用的是采用 CD4511 和 74LS138 实现数码转换，数码显示分动态显示和静态显示，静态显示具有锁存功能，可以使数据显示得很清楚。目前单片机数码管普遍采用动态显示，如图 6-4 所示。

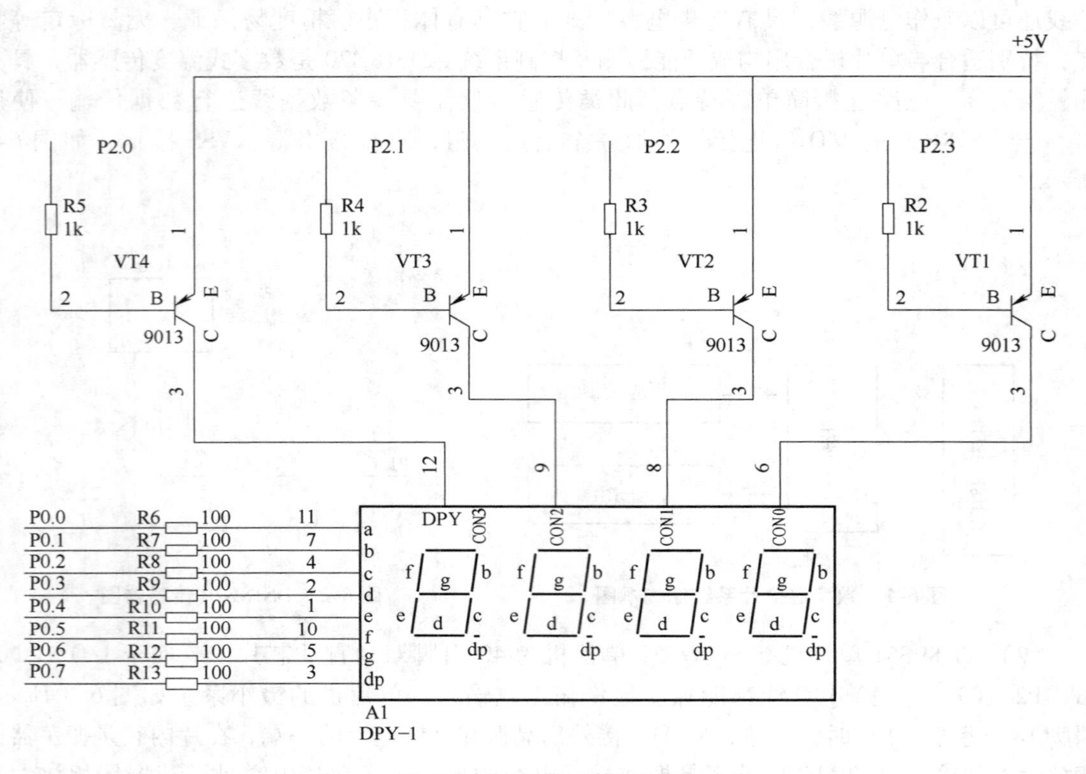

图 6-4　LED 数码管显示图

2. 数字温度计电路原理图

数字温度计电路原理图如图 6-5 所示。

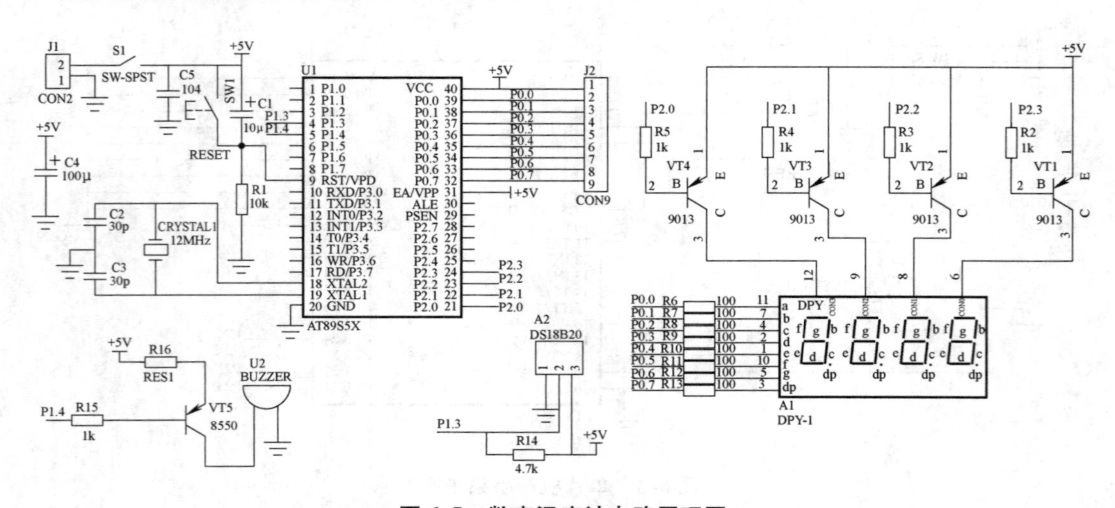

图 6-5　数字温度计电路原理图

6.1.2　电路制作方法

1. PCB 设计

根据图 6-5 用 protel 99 SE 软件设计出 PCB 图，如图 6-6 所示，具体步骤如下：

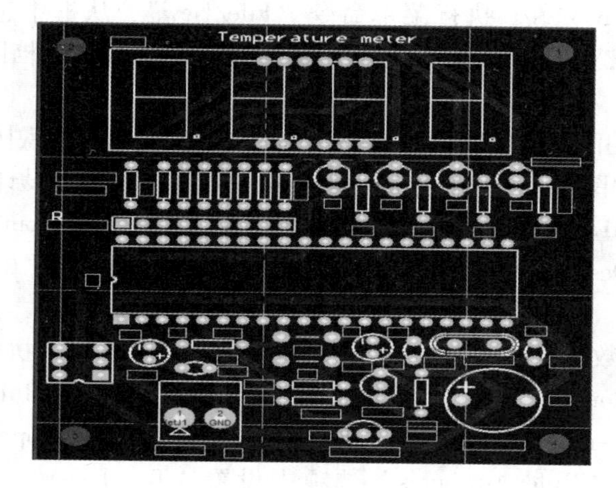

图 6-6　PCB 图

（1）原理图设计方法

1）建立原理图空白文档。进入 Protel 99 SE，创建一个数据库，执行菜单命令“File/New”，从框中选择“Schematic Document”图标，双击该图标，建立原理图设计文档(. SCH)，双击文档图标，进入原理图设计服务器界面。

2）设置原理图设计环境。打开并执行菜单命令“Design/Options”和“Tool/Preferences”，设置图纸大小、捕捉栅栏及电气栅栏等。

3）元器件库的选取。由于本电路图中所用元器件在已有元器件库中可以找到，所以不需要自己动手绘制元器件图形，直接装入绘图所需元器件库即可。在设计管理器中选择“Browse SCH”页面，在“Browse”区域中的下拉框中选择“Library”，然后单击“Add/Remove”按钮，在弹出的窗口中寻找 Protel99 SE 子目录，在该目录中选择“Library \ SCH”路径，在元器件库列表中选择所需的元器件库，单击“Add”按钮，即可把元器件库增加到元器件库管理器中。

4）放置元器件。根据电路的需要，在元器件库中找出所需的元器件，然后用元器件管理器的“Place”按钮将元器件放置在工作平面上，再根据元器件之间的走线把元器件调整好。

5）原理图布线。利用 Protel99 SE 提供的各种工具、指令进行布线，将工作平面上的器件用具有电气意义的导线、符号连接起来，构成一个完整的电路原理图。

6）编辑和调整。利用 Protel 99 SE 所提供的各种强大的功能对原理图进一步调整和修改，以保证原理图的美观和正确。同时对元器件的编号、封装进行定义和设定等。

7）检查原理图。使用 Protel 99 SE 的电气规则，即执行菜单命令“Tool/REC”对画好的电路原理图进行电气规则检查。若有错误，应根据错误情况进行改正。

8）生成网络表。网络表是电路原理图设计和印制电路板设计之间的桥梁，执行菜单命令“Design/Creat Netlist”可以生成具有元器件名、元器件封装、参数及元器件之间连接关系的网络表。经过以上的步骤，完成了电路原理图的设计。

（2）PCB 图的设计　所有电子产品的物理结构是通过印制电路板来实现的，这也是电路设计的最终目的。应用 Protel 99 SE 设计印制电路板的过程如下：

1）建立一空白 PCB 文件。执行菜单命令“File/New”，从框中选择 PCB 设计服务器（PCB Document）图标，双击该图标，建立 PCB 设计文档，双击文档图标，进入 PCB 设计服务器界面。

2）规划电路板。由于本电路板图中所用元器件在已有元器件库中可以找到，所以不需要自己动手绘制元器件图形，可以直接进入电路板的规划。根据要设计的电路确定电路板的尺寸，选取“Keep OutLayer”复选框，执行菜单命令“Place/Keepout/Track ”绘制电路板的边框。执行菜单“Design/Options”，在“Signal Layers”中选择“Bottom Layer”，把电路板定义为单面板。

3）设置参数。参数设置是印制电路板设计非常重要的步骤。执行菜单命令“Design/Rules”，左键单击“Routing”按钮，根据设计要求，在规则类（Rules Classes）中设置参数。选择“Routing Layer”，对布线工作层进行设置：左键单击“Properties”，在“布线工作层面设置”对话框的“Rule Attributes”选项中设置“Tod Layer”为“Not Used”、设置“Bottom Layer”为“Any”。选择“Width Constraint”，对地线线宽进行设置：左键单击“Add ”按钮，进入线宽规则设置界面，首先在“ Rule Scope ”区域的“Filter Kind”选择框中选择“Net”，然后在“Net”下拉框中选择“GND”，再在“Rule Attributes”区域将 Minimum width、Maximum width 和 Preferred 三个输入框的线宽设置为 1.27mm；电源线宽的设置：在“Net”下拉框中选择“VCC”，其他与地线线宽设置相同；整版线宽设置：在“Filter Kind ”选择框中选择“Whole Board”，然后将 Minimum width、Maximum width 和 Preferred 三个输入框的线宽设置为 0.635mm。

4）装入元器件封装库。执行菜单命令“Design/Add/Remove Library”，在“添加/删除元器件库”对话框中选取所有元器件所对应的元器件封装库，例如：PCB Footprint、Transistor、General IC 及 International Rectifiers 等。

5）装入网络表。执行菜单命令“Design/Load Nets”，然后在弹出的窗口中单击“Browse”按钮，再在弹出的窗口中选择电路原理图设计生成的网络表文件（扩展名为 Net），如果没有错误，则单击“Execute”。若出现错误提示，则必须更改错误。

6）元器件布局。Protel 99 SE 既可以进行自动布局也可以进行手工布局，执行菜单命令“Tool/Auto Placement/Auto Placer”可以自动布局。布局是布线关键性的一步，为了使布局更加合理，多数设计者都采用手工布局方式。

7）自动布线。Protel 99 SE 采用先进的无网络、基于形状的对角线自动布线技术。执行菜单命令“Auto Routing/All”，并在弹出的窗口中单击“Route all”按钮，程序即对印制电路板进行自动布线，只要设置有关参数，元器件布局合理，自动布线的成功率几乎是 100%。

8）手工调整。自动布线结束后，可能存在一些令人不满意的地方，可以手工调整，把电路板设计得更加完美。

9）打印输出印制电路板图。执行菜单命令“File/Print/Preview”，形成扩展名为“PCB”

的文件，再执行菜单命令“File/printJob”，就可以打印输出印制电路板图。

（3）PCB 图布线要求

1）元器件布局要合理、美观、排列均匀。

2）走线横平竖直，走最短距离。

3）孔间距要符合各种元器件的要求。

2. 电路板制作

电路板制作的步骤如下：

（1）电路板尺寸定义　根据电路的结构及电路原理图规划敷铜板的大小，选择合适的敷铜板，同时，用砂纸打磨一下敷铜板上的氧化物。

（2）打印 PCB 图　用打印机将 PCB 图（图 6-6）打印出来，并按敷铜板大小进行裁剪。

（3）描板　将复写纸与打印出来的 PCB 图一起粘在敷铜板上，复写纸紧贴敷铜板覆铜一面，用笔在 PCB 图上重描一遍，描完后取下复写纸及 PCB 图样。

（4）刻板　用胶带覆盖电路板，并用小刀刻除无用部分。

（5）腐蚀　将刻好的敷铜板放入事先配置好的三氯化铁溶液中进行腐蚀，除掉电路以外的铜箔。

（6）清洁　腐蚀结束后，取出敷铜板，用清水清洗敷铜板，晾干，清除直线上的胶迹。

（7）打孔　参照电路原理图（图 6-5 所示）及 PCB 图（图 6-6 所示），用台钻打好元器件安装孔。

3. 元器件检测

（1）列出元器件明细表　根据图 6-5 列出电路所需元器件明细表，见表 6-1。

表 6-1　元器件明细表

序　号	元器件代号	名　称	规　格	数量/个	备　注
1	R1	电阻器	10kΩ	1	
2	R2	电阻器	1kΩ	1	
3	R3	电阻器	1kΩ	1	
4	R4	电阻器	1kΩ	1	
5	R5	电阻器	1kΩ	1	
6	R14	电阻器	4.7kΩ	1	
7	R15	电阻器	1kΩ	1	
8	R16	电阻器	RES1	1	
9	C1	电容器	10/47μF	1	
10	C2	电容器	30pF	1	
11	C3	电容器	30pF	1	
12	C4	电容器	100μF /35V	1	
13	CRYSTAL1	晶振	12MHz	1	
14	SW1	按键		1	
15	J1	接线端		1	

（续）

序　　号	元器件代号	名　　称	规　　格	数量/个	备　　注
16	U1	主芯片	AT89S51	1	
17	U2	传感器	DS18B20	1	
18	DPY-1	数码管		1	
19	VT1 ~ VT4	晶体管	9013	4	
20	R6 ~ R13	排阻	100kΩ	8	

（2）元器件检测　按照表 6-1 用万用表检测每个元器件，并将测量结果填入表 6-2 中。

表 6-2　元器件检测表

元　器　件		识别及检测内容			
电阻器		色环顺序	标称值（含误差）	测量值	测量档位
	R1				
	R3				
晶体管		正向电阻	反向电阻	测量档位	质量判定
	VT2				
晶振		外形示意图标出引脚名称		质量判定	
	Hz				
电容器		种类	标称值/μF	标志方法	质量判定
	C				
数码管		画外形示意图标出引脚名称	极性检测		质量判定
			阳极	阴极	
	DPY-1				

4. 元器件安装与焊接

（1）元器件安装工艺

1）电阻元件采用插件式安装，应贴近电路板，色环顺序必须一致。

2）数码管采用卧式安装，应贴近电路板，注意数码管极性，管脚一定不能装错。

3）晶体管、传感器 DS18B20 均采用立式安装，注意管脚排列顺序。

4）电容器安装尽量插到底。

5）排阻采用是插件式安装，注意引脚顺序不能装反。

6）主芯片注意标识方向，找到第一引脚然后放整齐每个脚再按下电路板，以免按断引脚。

（2）元器件安装要求

1）要求印制电路板插件位置正确。

2）元器件极性正确。

3）元器件、导线安装及字标方向均应符合工艺要求。

4）接插件、紧固件安装可靠牢固，印制电路板安装对位。

5）无烫伤和划伤处，整机清洁无污物。

(3) 电路焊接要求

1) 要求焊点大小适中、光滑、圆润、干净，无毛刺。

2) 无漏、假、虚、连焊。

3) 引脚加工尺寸及成形符合工艺要求。

4) 导线长度、剥头长度符合工艺要求，芯线完好，捻头镀锡。

5) 焊接速度要快，一般不超过3s。

6) 电烙铁温度一般都比较高，操作时应注意安全，防止烫伤。

5. 电路调试与检修

正常情况下接通电源，电路无发烫、无冒烟现象。把烧好程序的芯片安装好，正常检测温度，并且通过数码管显示出来，如果出现异常，则要进行调试。

(1) 电路调试步骤

1) 通电前直观检查。通电前，首先观察数字温度计电路有无虚焊、连焊处；元器件位置安装是否正确，元器件的极性、引脚排列是否正确；然后检测电源电路是否短路，若有短路现象，必须先排除故障后才能通电调试。

2) 通电观察。将数字温度计电路接入直流5V电源，观察有无冒烟、异味、元器件是否发烫等异常现象，如果有异常现象，应立刻断电检修。

3) 通电检测。接通数字温度计电路的电源，用万用表检测电源电压，应为5V；看看是否被短路拉低电压。检测传感器采集温度是否正常，误差是多少，显示是否正常。

(2) 注意事项

1) 由于电路是主芯片程序控制，调试时应注意安全，不能把芯片装反。调试前认真、仔细检查各元器件安装情况，最后通电，进行调试。

2) 通电时，仔细观察传感器有没有接错引脚。

(3) 电路故障分析及排查

1) 通电时电路没有显示，也没有任何发烫现象，原因是芯片程序没有调好。

2) 传感器发烫、数码管无显示，原因是传感器引脚接线错误，更正即可恢复正常。

3) 设定报警温度，没有响，原因是程序没调好，调好即可。

(4) 自我评价　根据自己表现情况进行自我评价，见表6-3。

表6-3　自我评价表

评价内容	配　分	评价标准	学生自评	教师评价
电路原理	5分	1. 对电路原理能正确分析 2. 熟悉电路结构，熟悉各元器件功能		
装配图设计	10分	1. 能合理对电路进行布局 2. 走线工整，线与线，线与焊盘间距合理		
电路板制作	10分	1. 熟悉PCB制作的步骤 2. 电路板制作工艺符合要求		
元器件检测	5分	1. 能正确识别各元器件 2. 能准确判断元器件的引脚极性 3. 能准确检测元器件的质量		

（续）

评价内容	配分	评价标准	学生自评	教师评价
元器件装配	10分	1. 各元器件、插件位置正确 2. 元器件极性正确 3. 元器件、导线安装及字标方向均应符合工艺要求 4. 接插件、紧固件安装可靠牢固 5. 电路板无烫伤和划伤处，清洁无污物		
元器件焊接	15分	1. 焊点大小适中，无漏、假、虚、连焊 2. 焊点光滑、圆润、干净，无毛刺 3. 引脚加工尺寸及成形符合工艺要求 4. 导线长度、剥头长度符合工艺要求，芯线完好，捻头镀锡		
电路调试	15分	1. 电源极性正确、电压大小准确 2. 电路能正常工作，现象明显		
数据测量分析	10分	1. 能正确使用仪器仪表 2. 数据测量准确 3. 能正确分析测量数据		
故障排查	20分	1. 能正确查找到电路故障点 2. 能正确处理并排除电路故障		

6.2 OTL TDA2030 功放电路

6.2.1 电路设计方法

1. 电路工作原理

本电路是以集成电路TDA2030（如图6-7所示）为中心组成的功率放大器，具有失真小、外围元器件少、装配简单、功率大、保真度高等特点，电路原理图如图6-8所示。电路中VD1～VD4为整流二极管，C11为滤波电容，C12为高频退耦电容；RP1为音量调节电位器；IC1、IC2是两个声道的功放集成电路；R1、R2、R3、C2（R7、R8、R9、C7）为功放IC输入端的偏置电路，由于本电路为单电源供电，功放IC输入端直流电压为1/2电源电压电路时才能正常工作；R4、R5、C3（R10、R11、C8）构成负反馈回路，改变R4（R10）的大小可以改变反馈系数。C1（C6）是输入耦合电容，C4（C9）是输出耦合电容；在电路接有感性负载扬声器时，R6、C5（R12、C10）可确保高频稳定性。

图6-7 TDA2030集成电路芯片

信号流程为：音频信号从X1输入经过音量电位器RP1，再由C1（C6）耦合，进入IC1（IC2）的1脚，由集成电路放大后从4脚输出，经输出耦合电容C4（C9）到达X2。

TDA2030 模块特点为：

1）外接元器件非常少。

2）输出功率大，$P_0 = 18\text{W}$（$R_L = 4\Omega$）。

3）采用超小型封装（TO-220），可提高组装密度。

4）开机冲击极小。

5）内含各种保护电路，工作安全可靠。主要保护电路有：短路保护、热保护、地线偶然开路、电源极性反接（$V\text{smax} = 12\text{V}$）以及负载泄放电压反冲等。

集成电路 TDA2030 各引脚功能为：1 脚是正向输入端　2 脚是反向输入端　3 脚是负电源输入端　4 脚是功率输出端　5 脚是正电源输入端。

2. 电路工作原理图

OTL TDA2030 功放电路原理图如图 6-8 所示。

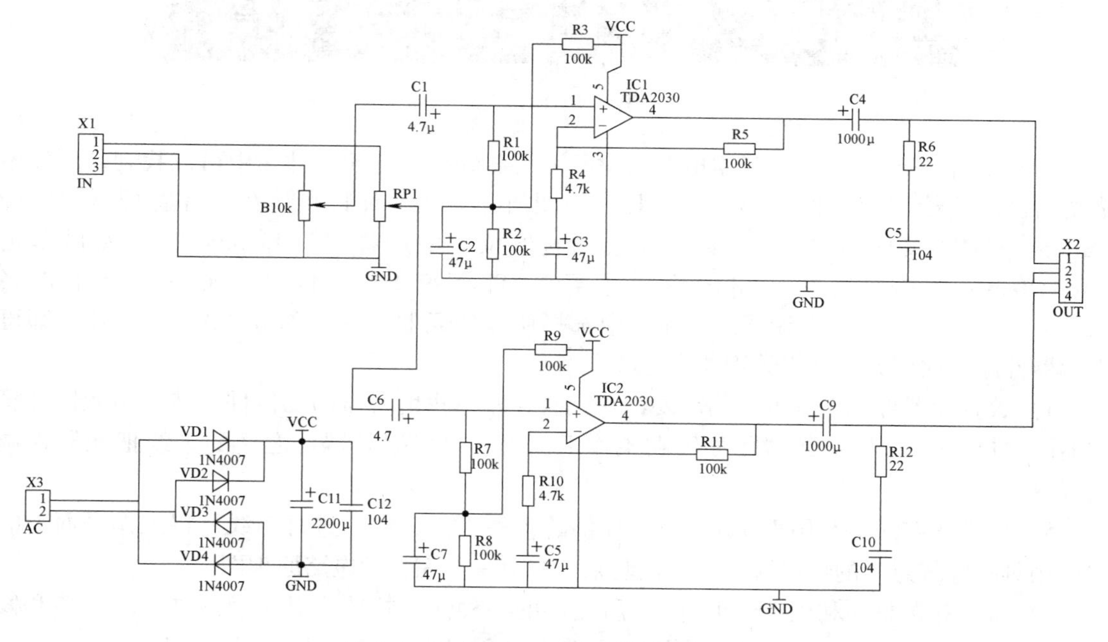

图 6-8　OTL TDA2030 功放电路原理图

6.2.2　电路制作方法

1. PCB 设计

根据图 6-8 用 protel 99 SE 软件设计出 PCB 图，如图 6-9 所示，具体步骤如下：

（1）原理图设计方法

1）建立原理图空白文档。进入 Protel 99 SE，创建一个数据库，执行菜单命令“File/New”，从框中选择“Schematic Document”图标，双击该图标，建立原理图设计文档（.SCH），双击文档图标，进入原理图设计服务器界面。

2）设置原理图设计环境。打开并执行菜单命令“Design/Options”和“Tool/Preferences”，设置图纸大小、捕捉栅栏及电气栅栏等。

图 6-9 PCB 图

3）元器件库的选取。由于本电路图中所用元器件在已有元器件库中可以找到，所以不需要自己动手绘制元器件图形，直接装入绘图所需元器件库即可。在设计管理器中选择“Browse SCH”页面，在“Browse”区域中的下拉框中选择“”Library“”，然后单击“Add/Remove”按钮，在弹出的窗口中寻找 Protel99 SE 子目录，在该目录中选择“Library \ SCH”路径，在元器件库列表中选择所需的元器件库，单击“Add”按钮，即可把元器件库增加到元器件库管理器中。

4）放置元器件。根据电路的需要，在元器件库中找出所需的元器件，然后用元器件管理器的“Place”按钮将元器件放置在工作平面上，再根据元器件之间的走线把元器件调整好。

5）原理图布线。利用 Protel 99 SE 提供的各种工具、指令进行布线，将工作平面上的器件用具有电气意义的导线、符号连接起来，构成一个完整的电路原理图。

6）编辑和调整。利用 Protel 99 SE 所提供的各种强大的功能对原理图进一步调整和修改，以保证原理图的美观和正确。同时对元器件的编号、封装进行定义和设定等。

7）检查原理图。使用 Protel 99 SE 的电气规则，即执行菜单命令“Tool/REC”对画好的电路原理图进行电气规则检查。若有错误，应根据错误情况进行改正。

8）生成网络表。网络表是电路原理图设计和印制电路板设计之间的桥梁，执行菜单命令“Design/CreatNetlist”可以生成具有元器件名、元器件封装、参数及元器件之间连接关系的网络表。

经过以上的步骤，完成了电路原理图的设计。

（2）PCB 图的设计　所有电子产品的物理结构是通过印制电路板来实现的，这也是电路设计的最终目的。应用 Protel 99 SE 设计印制电路板的过程如下：

1）建立一空白 PCB 文件。执行菜单命令“File/New”，从框中选择 PCB 设计服务器（PCB Document）图标，双击该图标，建立 PCB 设计文档，双击文档图标，进入 PCB 设计服务器界面。

2）规划电路板。由于本电路板图中所用元器件在已有元器件库中可以找到，所以不需要自己动手绘制元器件图形，可以直接进入电路板的规划。根据要设计的电路确定电路板的尺寸，选取“ Keep Out Layer”复选框，执行菜单命令“Place/Keepout/Track”绘制电路板的边框。执行菜单“Design/Options”，在“Signal Layers”中选择“Bottom Layer”，把电路板定义为单面板。

3）设置参数。参数设置是印制电路板设计非常重要的步骤。执行菜单命令“Design/Rules”，左键单击“Routing ”按钮，根据设计要求，在规则类（Rules Classes）中设置参数。选择“ Routing Layer”，对布线工作层进行设置：左键单击“Properties”，在“布线工作层面设置”对话框的“Rule Attributes”选项中设置“Tod Layer”为“Not Used”、设置“Bottom Layer”为“Any”。选择“Width Constraint”，对地线线宽进行设置：左键单击“Add”按钮，进入线宽规则设置界面，首先在“Rule Scope”区域的“Filter Kind”选择框中选择“Net”，然后在“Net”下拉框中选择“GND”，再在“Rule Attributes”区域将Minimum width、Maximum width 和 Preferred 三个输入框的线宽设置为1.27mm；电源线宽的设置：在“Net”下拉框中选择VCC，其他与地线线宽设置相同；整版线宽设置：在“Filter Kind”选择框中选择“Whole Board”，然后将Minimum width、Maximum width 和 Preferred 三个输入框的线宽设置为0.635mm。

4）装入元器件封装库。执行菜单命令“Design/Add/Remove Library”，在“添加/删除元器件库”对话框中选取所有元器件所对应的元器件封装库，例如：PCB Footprint、Transistor、General IC 及 International Rectifiers 等。

5）装入网络表。执行菜单命令“Design/Load Nets”，然后在弹出的窗口中单击“Browse”按钮，再在弹出的窗口中选择电路原理图设计生成的网络表文件（扩展名为Net），如果没有错误，则单击“Execute”。若出现错误提示，则必须更改错误。

6）元器件布局。Protel 99 SE 既可以进行自动布局也可以进行手工布局，执行菜单命令“Tool/Auto Placement/Auto Placer”可以自动布局。布局是布线关键性的一步，为了使布局更加合理，多数设计者都采用手工布局方式。

7）自动布线。Protel 99 SE 采用先进的无网络、基于形状的对角线自动布线技术。执行菜单命令“Auto Routing/All”，并在弹出的窗口中单击“Route all”按钮，程序即对印制电路板进行自动布线，只要设置有关参数，元器件布局合理，自动布线的成功率几乎是100%。

8）手工调整。自动布线结束后，可能存在一些令人不满意的地方，可以手工调整，把电路板设计得更加完美。

9）打印输出印制电路板图。执行菜单命令“File/Print/Preview”，形成扩展名为“PCB”的文件，再执行菜单命令“File/printJob”，就可以打印输出印制电路板图。

（3）PCB图布线要求

1）元器件布局要合理、美观、排列均匀。

2）走线横平竖直，走最短距离。

3）孔间距要符合各种元器件的要求。

2. 电路板制作

电路板制作的步骤如下：

1）电路板尺寸定义。根据电路的结构及电路原理图规划敷铜板的大小，选择合适的敷铜板，同时，用砂纸打磨一下敷铜板上的氧化物。

2）打印PCB图。用打印机将PCB图（图6-9）打印出来，并按敷铜板大小进行裁剪。

3）描板。将复写纸与打印出来的PCB图一起粘在敷铜板上，复写纸紧贴敷铜板覆铜一面，用笔在PCB图上重描一遍，描完后取下复写纸及PCB图样。

4）刻板。用胶带覆盖电路板，并用小刀刻除无用部分。

5）腐蚀。将刻好的敷铜板放入事先配置好的三氯化铁溶液中进行腐蚀，除掉电路以外的铜箔。

6）清洁。腐蚀结束后，取出敷铜板，用清水清洗敷铜板，晾干，清除直线上的胶迹。

7）打孔。参照电路原理图（图6-8所示）及PCB图（图6-9所示），用台钻打好元器件安装孔。

3. 元器件检测

（1）列出元器件明细表　根据图6-8列出电路所需元器件明细表，对照表6-4中的元器件与实物逐一对照，认识实物元器件，清点元器件的数量和规格。

表6-4　元器件明细表

位　号	名　称	规　格	数　量
R1、R2、R3、R5、R7、R8、R9、R11	电阻	100kΩ	8
R4、R10	电阻	4.7kΩ	2
R6、R12	电阻	22Ω	2
RP1	电位器	50kΩ	1
C1、C6	电解电容	4.7μF	2
C2、C3、C7、C8	电解电容	47μF	4
C4、C9	电解电容	1000μF	2
C11	电解电容	2200μF	1
C5、C10、C12	普通电容	104	3
VD1、VD2、VD3、VD4	二极管	1N4007	4
X1	排针	3P	1
X2、X3	接线座	2P	3
IC1、IC2	集成电路	TDA2030	2
	散热片含螺钉	30×24×30	2
	PCB	90mm×50mm	1

（2）元器件检测　按照表6-4用万用表检测每个元器件，并将测量结果填入表6-5中。

表 6-5　元器件检测表

元　器　件		识别及检测内容			
电阻器		色环顺序	标称值（含误差）	测量值	测量档位
	R1				
	R4				
	R6				
二极管		正向电阻	反向电阻	测量档位	质量判定
	VD2				
电位器		外形示意图标出管脚名称		质量判定	
	RP1				
电容器		种类	标称值/μF	标志方法	质量判定
	C2				
集成电路		画外形示意图标出管脚名称	引脚之间的电阻值		质量判定
			正向电阻	反向电阻	
	IC1				

4. 元器件安装与焊接

（1）元器件安装工艺

1）各电阻元件采用插件式安装，应贴近电路板。

2）整流二极管采用卧式安装，应贴近电路板，注意二极管正负极性，一定不能装错。

3）集成电路采用立式安装，注意引脚排列顺序。

4）电容器、集成电路安装尽量插到底。

5）电位器用螺母固定在印制电路板上，并用导线连接到印制电路板上的所在位置。

6）集成电路要与散热片紧贴，拧上螺钉固定好。

7）TDA2030 上要安装散热片，作散热用。

（2）元器件安装要求

1）要求印制电路板插件位置正确。

2）元器件极性正确。

3）元器件、导线安装及字标方向均应符合工艺要求。

4）接插件、紧固件安装可靠牢固，印制电路板安装对位。

5）无烫伤和划伤处，整机清洁无污物。

（3）电路焊接要求

1）要求焊点大小适中、光滑、圆润、干净，无毛刺。

2）无漏、假、虚、连焊。

3）引脚加工尺寸及成形符合工艺要求。

4）导线长度、剥头长度符合工艺要求，芯线完好，捻头镀锡。

5）焊接速度要快，一般不超过 3s。

6）电烙铁温度一般都比较高，操作时应注意安全，防止烫伤。

5. 电路调试与检修

电路正常时，接通电源，整机、集成电路无发烫，触碰信号输入端有沙沙响声。

(1) 电路调试步骤

1) 通电前直观检查。通电前，首先观察 OTL TDA2030 功放电路有无虚焊、连焊处；元器件位置安装是否正确，元器件的极性、引脚排列是否正确；然后用电阻法检测电源电路中各整流器件的正、反向电阻值，判断电路是否短路，若有短路现象出现，必须先排除故障后才能通电调试。

2) 通电观察。将电路接入 15V 电源，观察有无冒烟、异味、元器件是否发烫等异常现象，如果有异常现象，应立刻断电检修。

3) 通电检测。接通电路的电源，接上音频输入，调节电位器大小听声音输出效果，是否存在失真或电流声，触碰集成电路是否发烫，如果没有，证明整机电路已经正常工作，可以放心使用了。

(2) 注意事项

1) 由于电路供电电压大，调试时应注意安全，防止短路。调试前认真、仔细检查各元器件安装情况，最后接上电源跟音频输入，进行调试。

2) 通断之前必须确保电源端口牢固没有松动，防止松动碰在一起造成短路，烧坏电路。

(3) 电路故障分析及排查

1) 通电发烫、没有声音输出，原因是整流二极管接反、集成电路烧坏，更换即可解决问题。

2) 整机无发烫、无放大输出，原因输入、输出端口没有接好，电位器没有调节等。

3) 有电流声并且很大，集成电路发烫，原因可能是集成电路烧坏引起，更换新的即可解决。

(4) 自我评价　根据自己表现情况进行自我评价，见表 6-6。

表 6-6　自我评价表

评价内容	配　分	评价标准	学生自评	教师评价
电路原理	5 分	1. 对电路原理能正确分析 2. 熟悉电路结构，熟悉各元器件功能		
装配图设计	10 分	1. 能合理对电路进行布局 2. 走线工整，线与线，线与焊盘间距合理		
电路板制作	10 分	1. 熟悉 PCB 制作的步骤 2. 电路板制作工艺符合要求		
元器件检测	5 分	1. 能正确识别各元器件 2. 能准确判断元器件的引脚极性 3. 能准确检测元器件的质量		
元器件装配	10 分	1. 各元器件、插件位置正确 2. 元器件极性正确 3. 元器件、导线安装及字标方向均应符合工艺要求 4. 接插件、紧固件安装可靠牢固 5. 电路板无烫伤和划伤处，清洁无污物		

（续）

评价内容	配　分	评价标准	学生自评	教师评价
元器件焊接	15 分	1. 焊点大小适中，无漏、假、虚、连焊 2. 焊点光滑、圆润、干净，无毛刺 3. 引脚加工尺寸及成形符合工艺要求 4. 导线长度、剥头长度符合工艺要求，芯线完好，捻头镀锡		
电路调试	15 分	1. 电源极性正确、电压大小准确 2. 电路能正常工作现象明显		
数据测量分析	10 分	1. 能正确使用仪器仪表 2. 数据测量准确 3. 能正确分析测量数据		
故障排查	20 分	1. 能正确查找到电路故障点 2. 能正确处理并排除电路故障		

6.3　台灯调光电路

6.3.1　电路设计方法

1. 电路工作原理

台灯调光电路，可使白炽灯两端电压在几十伏至二百伏范围内变化，调光作用显著。台灯调光电路原理图如图 6-10 所示。电路由 VU、R2、R3、R4、RP、C 组成单结晶体管的张弛振荡器。在接通电源前，电容 C 上电压为零，接通电源后，电容经由 R4、RP 充电而电压 V_e 逐渐升高，当 V_e 达到峰点电压时，e-b1 间导通，电容上电压经 e-b1 而向电阻 R3 放电，在 R3 上输出一个脉冲电压。由于 R4、RP 的阻值较大，当电容上的电压降到谷点电压时，经由 R4、RP 供给的电流小于谷点电流，不能满足导通要求，于是单结晶体管 VU 恢复阻断状态。此后，电容又重新充电，重复上述过程。结果在电容上形成锯齿状电压，在 R3 上则形成脉冲电压。在交流电压的每半个周期内，单结晶体管都将输出一组脉冲，起作用的第一个脉冲去触发 VTH 的门极，使晶闸管导通，白炽灯发光。改变 RP 的电阻值，可以改变电容充电的快慢，即改变锯齿波的振荡频率。从而改变晶闸管 VTH 导通角的大小，即改变了可控整流电路的直流平均输出电压，达到调节白炽灯亮度的目的。

2. 台灯调光电路原理图

台灯调光电路原理图如图 6-10 所示。

6.3.2　电路制作方法

1. PCB 设计

根据图 6-10 用 protel 99 SE 软件设计出 PCB 图，如图 6-11 所示，具体步骤如下：

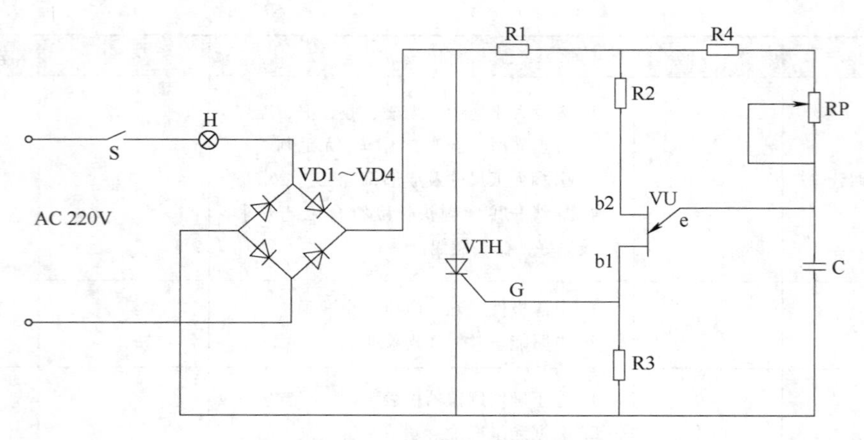

图 6-10 台灯调光电路原理图

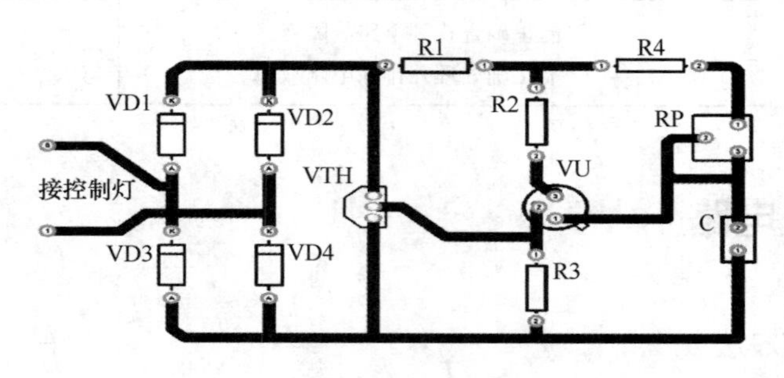

图 6-11 PCB 图

(1) 原理图设计方法

1) 建立原理图空白文档。进入 Protel 99 SE，创建一个数据库，执行菜单命令“File/New”，从框中选择“Schematic Document”图标，双击该图标，建立原理图设计文档(.SCH)，双击文档图标，进入原理图设计服务器界面。

2) 设置原理图设计环境。打开并执行菜单命令“Design/Options”和“Tool/Preferences”，设置图纸大小、捕捉栅栏及电气栅栏等。

3) 元器件库的选取。由于本电路图中所用元器件在已有元器件库中可以找到，所以不需要自己动手绘制元器件图形，直接装入绘图所需元器件库即可。在设计管理器中选择“Browse SCH”页面，在“Browse”区域中的下拉框中选择“Library”，然后单击“Add/Remove”按钮，在弹出的窗口中寻找 Protel 99 SE 子目录，在该目录中选择“Library \ SCH”路径，在元器件库列表中选择所需的元器件库，单击“Add”按钮，即可把元器件库增加到元器件库管理器中。

4) 放置元器件。根据电路的需要，在元器件库中找出所需的元器件，然后用元器件管理器的“Place ”按钮将元器件放置在工作平面上，再根据元器件之间的走线把元器件调整好。

5) 原理图布线。利用 Protel99 SE 提供的各种工具、指令进行布线，将工作平面上的器件用具有电气意义的导线、符号连接起来，构成一个完整的电路原理图。

6）编辑和调整。利用 Protel 99 SE 所提供的各种强大的功能对原理图进一步调整和修改，以保证原理图的美观和正确。同时对元器件的编号、封装进行定义和设定等。

7）检查原理图。使用 Protel 99 SE 的电气规则，即执行菜单命令“Tool/REC”对画好的电路原理图进行电气规则检查。若有错误，应根据错误情况进行改正。

8）生成网络表。网络表是电路原理图设计和印制电路板设计之间的桥梁，执行菜单命令“Design/Creat Netlist”可以生成具有元器件名、元器件封装、参数及元器件之间连接关系的网络表。经过以上的步骤，完成了电路原理图的设计。

（2）PCB 图的设计　所有电子产品的物理结构是通过印制电路板来实现的，这也是电路设计的最终目的。应用 Protel 99 SE 设计印制电路板的过程如下：

1）建立一空白 PCB 文件。执行菜单命令“File/New”，从框中选择 PCB 设计服务器（PCB Document）图标，双击该图标，建立 PCB 设计文档，双击文档图标，进入 PCB 设计服务器界面。

2）规划电路板。由于本电路板图中所用元器件在已有元器件库中可以找到，所以不需要自己动手绘制元器件图形，可以直接进入电路板的规划。根据要设计的电路确定电路板的尺寸，选取“Keep Out Layer ”复选框，执行菜单命令“Place/Keepout/Track”绘制电路板的边框。执行菜单“Design/Options”，在“Signal Layers”中选择“Bottom Layer”，把电路板定义为单面板。

3）设置参数。参数设置是印制电路板设计非常重要的步骤。执行菜单命令“Design/Rules”，左键单击“Routing”按钮，根据设计要求，在规则类（Rules Classes）中设置参数。选择“Routing Layer”，对布线工作层进行设置：左键单击“Properties”，在“布线工作层面设置”对话框的“Rule Attributes”选项中设置“Tod Layer”为“Not Used”、设置“Bottom Layer”为“Any”。

选择“Width Constraint”，对地线线宽进行设置：左键单击“Add”按钮，进入线宽规则设置界面，首先在“Rule Scope”区域的“Filter Kind”选择框中选择“Net”，然后在“Net”下拉框中选择“GND”，再在“Rule Attributes”区域将 Minimum width、Maximum width 和 Preferred 三个输入框的线宽设置为 1.27mm；电源线宽的设置：在“Net”下拉框中选择 VCC，其他与地线线宽设置相同；整版线宽设置：在“Filter Kind”选择框中选择“Whole Board”，然后将 Minimum width、Maximum width 和 Preferred 三个输入框的线宽设置为 0.635mm。

4）装入元器件封装库。执行菜单命令“Design/Add/Remove Library”，在“添加/删除元器件库”对话框中选取所有元器件所对应的元器件封装库，例如：PCB Footprint、Transistor、General IC 及 International Rectifiers 等。

5）装入网络表。执行菜单命令“Design/Load Nets”，然后在弹出的窗口中单击“Browse”按钮，再在弹出的窗口中选择电路原理图设计生成的网络表文件（扩展名为 Net），如果没有错误，则单击 Execute。若出现错误提示，则必须更改错误。

6）元器件布局。Protel 99 SE 既可以进行自动布局也可以进行手工布局，执行菜单命令“Tool/Auto Placement/Auto Placer”可以自动布局。布局是布线关键性的一步，为了使布局更加合理，多数设计者都采用手工布局方式。

7）自动布线。Protel 99 SE 采用先进的无网络、基于形状的对角线自动布线技术。执行菜单命令“Auto Routing/All”，并在弹出的窗口中单击“Route all”按钮，程序即对印制电路板进行自动布线，只要设置有关参数，元器件布局合理，自动布线的成功率几乎是100%。

8）手工调整。自动布线结束后，可能存在一些令人不满意的地方，可以手工调整，把电路板设计得更加完美。

9）打印输出印制电路板图。执行菜单命令“File/Print/Preview”，形成扩展名为“PCB”的文件，再执行菜单命令“File/printJob”，就可以打印输出印制电路板图。

(3) PCB图布线要求

1）元器件布局要合理、美观、排列均匀。

2）走线横平竖直，走最短距离。

3）孔间距要符合各种元器件的要求。

2. 电路板制作

电路板制作的步骤如下：

1）电路板尺寸定义。根据电路的结构及电路原理图规划敷铜板的大小，选择合适的敷铜板，同时，用砂纸打磨一下敷铜板上的氧化物。

2）打印PCB图。用打印机将PCB图（图6-11）打印出来，并按敷铜板大小进行裁剪。

3）描板。将复写纸与打印出来的PCB图一起粘在敷铜板上，复写纸紧贴敷铜板覆铜一面，用笔在PCB图上重描一遍，描完后取下复写纸及PCB图样。

4）刻板。用胶带覆盖电路板，并用小刀刻除无用部分。

5）腐蚀。将刻好的敷铜板放入事先配置好的三氯化铁溶液中进行腐蚀，除掉电路以外的铜箔。

6）清洁。腐蚀结束后，取出敷铜板，用清水清洗敷铜板，晾干，清除直线上的胶迹。

7）打孔。参照电路原理图（图6-10所示）及PCB图（图6-11所示），用台钻打好元器件安装孔。

3. 元器件检测

(1) 列出元器件明细表　根据图6-10列出电路所需元器件明细表，见表6-7，对照表中的元器件与实物逐一对照，认识实物元器件，清点元器件的数量和规格。

表6-7　元器件明细表

序　号	元器件代号	名　称	规　格	数　量	备　注
1	VD1 ~ VD4	整流二极管	1N4007	4个	
2	R1	电阻器	51kΩ	1个	
3	R2	电阻器	300Ω	1个	
4	R3	电阻器	100Ω	1个	
5	R4	电阻器	18kΩ	1个	
6	RP	带开关电位器	470kΩ	1个	
7	C	涤纶电容器	0.022μF	1个	

（续）

序　号	元器件代号	名　称	规　格	数　量	备　注
8	VTH	晶闸管	MCR100-6	1 个	
9	VU	单结晶体管	BT33	1 个	
10	H	白炽灯	220V 25W	1 个	
11		灯座			
12	AC	交流电源	220V		

（2）元器件检测　按照表 6-7 元器件清单，用万用表检测每个元器件，并将测量结果填入表 6-8 中。

表 6-8　元器件检测表

<table>
<tr><th colspan="2">元　器　件</th><th colspan="4">识别及检测内容</th></tr>
<tr><td rowspan="3">电阻器</td><td></td><td>色环顺序</td><td>标称值（含误差）</td><td>测　量　值</td><td>测量档位</td></tr>
<tr><td>R1</td><td></td><td></td><td></td><td></td></tr>
<tr><td>R3</td><td></td><td></td><td></td><td></td></tr>
<tr><td rowspan="2">二极管</td><td></td><td>正向电阻</td><td>反向电阻</td><td>测量档位</td><td>质量判定</td></tr>
<tr><td>VD2</td><td></td><td></td><td></td><td></td></tr>
<tr><td rowspan="2">电位器</td><td></td><td colspan="2">外形示意图标出管脚名称</td><td colspan="2">质量判定</td></tr>
<tr><td>RP</td><td colspan="2"></td><td colspan="2"></td></tr>
<tr><td rowspan="2">电容器</td><td></td><td>种类</td><td>标称值/μF</td><td>标志方法</td><td>质量判定</td></tr>
<tr><td>C</td><td></td><td></td><td></td><td></td></tr>
<tr><td rowspan="2">单结晶体管</td><td></td><td colspan="2">画外形示意图标出管脚名称</td><td>b1-b2 间电阻</td><td>测量档位</td></tr>
<tr><td>VU</td><td colspan="2"></td><td></td><td></td></tr>
<tr><td rowspan="3">晶闸管</td><td rowspan="2"></td><td rowspan="2">画外形示意图标出管脚名称</td><td colspan="2">G-K 极间电阻</td><td rowspan="2">质量判定</td></tr>
<tr><td>正向电阻</td><td>反向电阻</td></tr>
<tr><td>VTH</td><td></td><td></td><td></td><td></td></tr>
</table>

4. 元器件安装与焊接

（1）元器件安装工艺

1）电阻采用卧式安装，应贴近电路板，色环顺序必须一致。

2）整流二极管采用卧式安装，应贴近电路板，注意二极管正负极性，一定不能装错。

3）电位器、晶闸管、单结晶体管均采用立式安装，注意引脚排列顺序。

4）电容器安装尽量插到底。

5）电位器用螺母固定在印制电路板上，并用导线连接到印制电路板上的所在位置。

6）白炽灯安装在灯头插座上，灯头插座固定在印制电路板上。根据灯头插座的尺寸在印制电路板上钻固定孔和导线串接孔。

7）晶闸管 VTH 上要安装散热片，作散热用。

（2）元器件安装要求

1）要求印制电路板插件位置正确。

2）元器件极性正确。

3）元器件、导线安装及字标方向均应符合工艺要求。

4）接插件、紧固件安装可靠牢固，印制电路板安装对位。

5）无烫伤和划伤处，整机清洁无污物。

（3）电路焊接要求

1）要求焊点大小适中、光滑、圆润、干净，无毛刺。

2）无漏、假、虚、连焊。

3）引脚加工尺寸及成形符合工艺要求。

4）导线长度、剥头长度符合工艺要求，芯线完好，捻头镀锡。

5）焊接速度要快，一般不超过 3s。

6）电烙铁温度一般都比较高，操作时应注意安全，防止烫伤。

5. 电路调试与检修

电路正常时接通电源，调节电位器阻值大小，白炽灯亮度应随着电位器阻值的改变而改变。

（1）电路调试步骤

1）通电前直观检查。通电前，首先观察台灯调光电路有无虚焊、连焊处；元器件位置安装是否正确，元器件的极性、引脚排列是否正确；然后用电阻法检测电源电路中二极管的正、反向电阻值，判断电路是否短路，若有短路现象出现，必须先排除故障后才能通电调试。

2）通电观察。将台灯调光电路接入 220V 交流电源，观察有无冒烟、异味、元器件是否发烫等异常现象，如果有异常现象，应立刻断电检修。

3）通电检测。接通台灯调光电路的电源，用万用表检测电源电压应为 220V；用示波器观察电阻 R3 两端电压，现象：直流电位上下跳动。用万用表检测电阻 R3 两端电压，现象：万用表指针来回偏转。

（2）注意事项

1）由于电路直接与市电相连，调试时应注意安全，防止触电。调试前认真、仔细检查各元器件安装情况，最后接上白炽灯，进行调试。

2）插上电源插头，人体各部分远离印制电路板，打开开关，旋转电位器，白炽灯应逐渐变亮。

（3）电路故障排查及维修

1）由 BT33 等组成的单结晶体管张弛振荡器停振，可能造成白炽灯不亮，白炽灯不可调光。造成停振的原因可能 BT33 损坏、C 损坏等。

2）电位器顺时针旋转时，白炽灯逐渐变暗，可能是电位器中心抽头接错位置所造成。

3）当调节电位器 RP 至最小位置时，突然发现白炽灯熄灭，则应适应增大电阻 R4 的阻值。

（4）自我评价　根据自己表现情况进行自我评价，见表6-9。

表6-9　自我评价表

评价内容	配　分	评价标准	学生自评	教师评价
电路原理	5分	1. 对电路原理能正确分析 2. 熟悉电路结构，熟悉各元器件功能		
装配图设计	10分	1. 能合理对电路进行布局 2. 走线工整，线与线，线与焊盘间距合理		
电路板制作	10分	1. 熟悉PCB制作的步骤 2. 电路板制作工艺符合要求		
元器件检测	5分	1. 能正确识别各元器件 2. 能准确判断元器件的引脚极性 3. 能准确检测元器件的质量		
元器件装配	10分	1. 各元器件、插件位置正确 2. 元器件极性正确 3. 元器件、导线安装及字标方向均应符合工艺要求 4. 接插件、紧固件安装可靠牢固 5. 电路板无烫伤和划伤处，清洁无污物		
元器件焊接	15分	1. 焊点大小适中，无漏、假、虚、连焊 2. 焊点光滑、圆润、干净，无毛刺 3. 引脚加工尺寸及成形符合工艺要求 4. 导线长度、剥头长度符合工艺要求，芯线完好，捻头镀锡		
电路调试	15分	1. 电源极性正确、电压大小准确 2. 电路能正常工作现象明显		
数据测量分析	10分	1. 能正确使用仪器仪表 2. 数据测量准确 3. 能正确分析测量数据		
故障排查	20分	1. 能正确查找到电路故障点 2. 能正确处理并排除电路故障		

6.4　声光控自动延时节能电路

本电路主要是利用KSG1型声光控自动延时节能开关，综合了声、光和延时控制，工作稳定、节电并可延长灯光寿命，白天或光线较强的场合即使有较大的声响也能控制白炽灯不亮，晚上或光线较暗时遇到声响（如说话声、脚步声等）后灯自动点亮，经约1min（时间可设定）自动熄灭，适用于楼梯、走廊等只需短时期照明的地方。

6.4.1 电路设计方法

1. 电路工作原理

如图6-12所示，二极管VD1～VD4组成的电桥将交流电变成脉动直流电，再经R1、R2降压限流，VD5整流稳压，C2滤波VD6稳压为7.5V直流电。接通电源瞬间，直流脉动电压经触发导通的晶闸管VTH使白炽灯发亮。原因是刚刚通电时VTH两端的直流脉动电压降非常小，由于R4阻值较大，因此使晶体管VT1基极电压为0，从而晶体管VT1饱和导通，接着直流脉动电压经VT1对C3充电，C3正极电位升高，约1min后升高到一定程度使VT1由饱和导通变截止断开，VT1集射极间电压低于VTH的触发电压使晶闸管关断，白炽灯熄灭。

夜晚或在黑暗中（即无光线照射或光线比较暗的时候），光敏电阻RG的阻值变得很大，VT3因基极电流过小而截止，为VT2导通创造了条件。当有声响时，传声器BM产生脉冲信号，经C6加到VT4的基极，经VT4放大工作，再经VD8、VD9、电容C5、C4组成的倍压整流电路升压，该信号经R7、R5加到VT2的基极，使VT2导通，电源电压经VT1、VD7对电容C3进行充电，直流脉动电压经R1触发VTH导通，白炽灯发亮且延时熄灭。

白天光线射到光敏电阻RG上时，其阻值变得很小使VT3饱和导通，其集射极电压接近零使VT2截止，VT1饱和导通，VT1集射极电压低于晶闸管VTH的触发电压，此时即使有声响，R3传来的脉冲电流也会经导通的VT3形成回路，不能使VT2饱和导通，因此VT1不会从导通变成截止，晶闸管始终处于关断状态，白炽灯不亮。

VTH被触发后，其正向压降很低，VD5和晶体管VT4、VT1截止，这样白炽灯点亮后即使再有声响，VT4、VT1也因没有工作电压而不能工作，从而不会影响电路的正常延时。

2. 电路原理图

声光控自动延时节能电路原理图如图6-12所示。

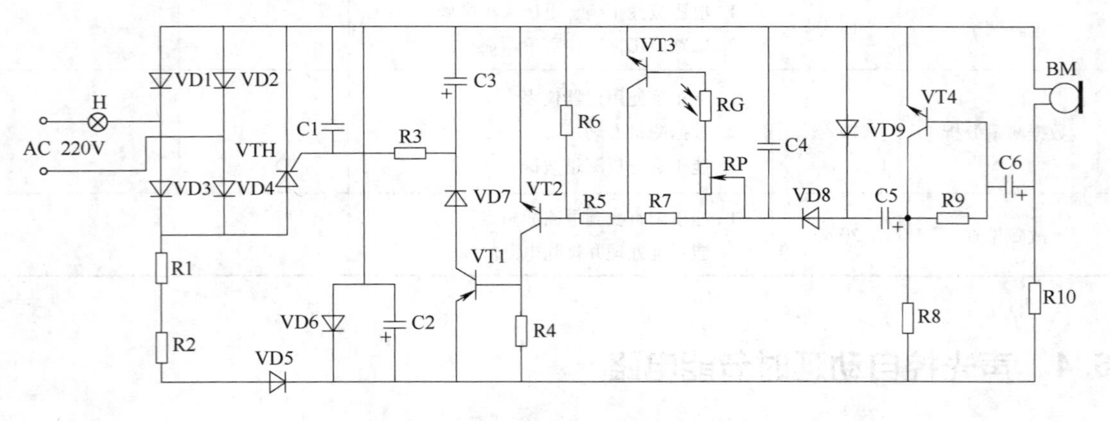

图6-12 声光控自动延时节能电路原理图

6.4.2 电路制作方法

1. PCB设计

根据图6-12，用protel 99 SE软件设计出PCB图，如图6-13所示，具体步骤如下：

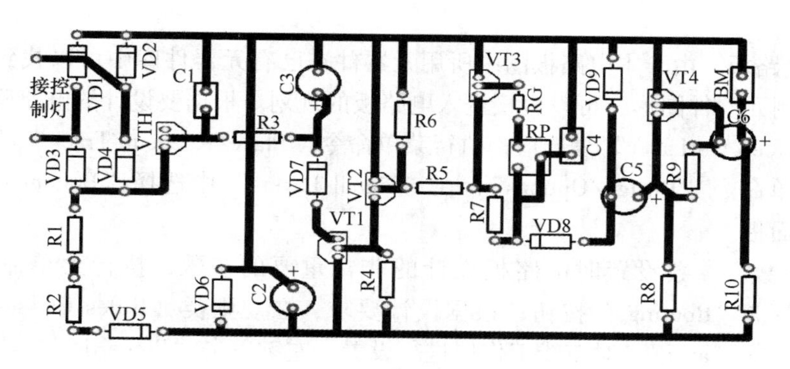

图6-13 PCB图

（1）原理图设计方法

1）建立原理图空白文档。进入 Protel 99 SE，创建一个数据库，执行菜单命令“File/New”，从框中选择“Schematic Document”图标，双击该图标，建立原理图设计文档（.SCH），双击文档图标，进入原理图设计服务器界面。

2）设置原理图设计环境。打开并执行菜单命令“Design/Options”和“Tool/Preferences”，设置图纸大小、捕捉栅栏及电气栅栏等。

3）元器件库的选取。由于本电路图中所用元器件在已有元器件库中可以找到，所以不需要自己动手绘制元器件图形，直接装入绘图所需元器件库即可。在设计管理器中选择“Browse SCH”页面，在“Browse”区域中的下拉框中选择“Library”，然后单击“Add/Remove”按钮，在弹出的窗口中寻找 Protel 99 SE 子目录，在该目录中选择“Library \ SCH”路径，在元器件库列表中选择所需的元器件库，单击“Add”按钮，即可把元器件库增加到元器件库管理器中。

4）放置元器件。根据电路的需要，在元器件库中找出所需的元器件，然后用元器件管理器的“Place”按钮将元器件放置在工作平面上，再根据元器件之间的走线把元器件调整好。

5）原理图布线。利用 Protel 99 SE 提供的各种工具、指令进行布线，将工作平面上的器件用具有电气意义的导线、符号连接起来，构成一个完整的电路原理图。

6）编辑和调整。利用 Protel 99 SE 所提供的各种强大的功能对原理图进一步调整和修改，以保证原理图的美观和正确。同时对元器件的编号、封装进行定义和设定等。

7）检查原理图。使用 Protel 99 SE 的电气规则，即执行菜单命令“Tool/REC”对画好的电路原理图进行电气规则检查。若有错误，应根据错误情况进行改正。

8）生成网络表。网络表是电路原理图设计和印制电路板设计之间的桥梁，执行菜单命令“Design/CreatNetlist”可以生成具有元器件名、元器件封装、参数及元器件之间连接关系的网络表。经过以上的步骤，完成了电路原理图的设计。

（2）PCB图的设计 所有电子产品的物理结构是通过印制电路板来实现的，这也是电路设计的最终目的。应用 Protel 99 SE 设计印制电路板的过程如下：

1）建立一空白 PCB 文件。执行菜单命令“File/New”，从框中选择 PCB 设计服务器（PCB Document）图标，双击该图标，建立 PCB 设计文档，双击文档图标，进入 PCB 设计服务器界面。

2）规划电路板。由于本电路板图中所用元器件在已有元器件库中可以找到，所以不需要自己动手绘制元器件图形，可以直接进入电路板的规划。根据要设计的电路确定电路板的尺寸，选取“Keep OutLayer”复选框，执行菜单命令“Place/Keepout/Track”绘制电路板的边框。执行菜单命令“Design/Options”，在“Signal Layers”中选择“Bottom Layer”，把电路板定义为单面板。

3）设置参数。参数设置时电路板设计的非常重要的步骤，执行菜单命令“Design/Rules”，左键单击“Routing ”按钮，根据设计要求，在规则类（Rules Classes）中设置参数。选择“Routing Layer”，对布线工作层进行设置：左键单击“Properties”，在“布线工作层面设置”对话框的“Rule Attributes”选项中设置“Tod Layer”为“Not Used”、设置“Bottom Layer”为“Any”。选择“Width Constraint”，对地线线宽进行设置：左键单击“Add”按钮，进入线宽规则设置界面，首先在“Rule Scope”区域的“Filter Kind”选择框中选择“Net”，然后在“Net”下拉框中选择“GND”，再在“Rule Attributes”区域将Minimum width、Maximum width 和 Preferred 三个输入框的线宽设置为1.27mm；电源线宽的设置：在“Net”下拉框中选择“VCC”，其他与地线线宽设置相同；整版线宽设置：在“Filter Kind”选择框中选择“Whole Board”，然后将Minimum width、Maximum width 和 Preferred 三个输入框的线宽设置为0.635mm。

4）装入元器件封装库。执行菜单命令“Design/Add/Remove Library”，在“添加/删除元器件库”对话框中选取所有元器件所对应的元器件封装库，例如：PCB Footprint、Transistor、General IC 及 International Rectifiers 等。

5）装入网络表。执行菜单命令“Design/Load Nets”，然后在弹出的窗口中单击“Browse”按钮，再在弹出的窗口中选择电路原理图设计生成的网络表文件（扩展名为Net），如果没有错误，则单击“Execute”。若出现错误提示，则必须更改错误。

6）元器件布局。Protel 99 SE 既可以进行自动布局也可以进行手工布局，执行菜单命令“Tool/Auto Placement/Auto Placer”可以自动布局。布局是布线关键性的一步，为了使布局更加合理，多数设计者都采用手工布局方式。

7）自动布线。Protel 99 SE 采用先进的无网络、基于形状的对角线自动布线技术。执行菜单命令“Auto Routing/All”，并在弹出的窗口中单击“Route all”按钮，程序即对印制电路板进行自动布线，只要设置有关参数，元器件布局合理，自动布线的成功率几乎是100%。

8）手工调整。自动布线结束后，可能存在一些令人不满意的地方，可以手工调整，把电路板设计得更加完美。

9）打印输出印制电路板图。执行菜单命令“File/Print/Preview”，形成扩展名为PCB的文件，再执行菜单命令“File/printJob”，就可以打印输出印制电路板图。

（3）PCB 图布线要求

1）元器件布局要合理、美观、排列均匀。

2）走线横平竖直，走最短距离。

3）孔间距要符合各种元器件的要求。

2. 电路板制作

电路板制作的步骤如下：

1）电路板尺寸定义。根据电路的结构及电路原理图规划敷铜板的大小，选择合适的敷铜板，同时，用砂纸打磨一下敷铜板上的氧化物。

2）打印PCB图。用打印机将PCB图（图6-13）打印出来，按敷铜板大小进行裁剪。

3）描板。将复写纸与打印出来的PCB图一起粘在敷铜板上，复写纸紧贴敷铜板覆铜一面，用笔在PCB图上重描一遍，描完后取下复写纸及PCB图样。

4）刻板。用胶带覆盖电路板，并用小刀刻除无用部分。

5）腐蚀。将刻好的敷铜板放入事先配置好的三氯化铁溶液中进行腐蚀，除掉电路以外的铜箔。

6）清洁。腐蚀结束后，取出敷铜板，用清水清洗敷铜板，晾干，清除直线上的胶迹。

7）打孔。参照电路原理图（图6-12所示）及PCB图（图6-13所示），用台钻打好元器件安装孔。

3. 元器件检测

（1）列出元器件明细表　根据图6-12列出电路所需元器件明细表，对照表6-10中的元器件与实物逐一对照，认识实物元器件，清点元器件的数量和规格。

表6-10　元器件明细表

序　号	元器件代号	名　称	规格/型号	数　量	备　注
1	R1、R7	电阻器	510kΩ	2个	
2	R2	电阻器	1MΩ	1个	
3	R3	电阻器	100kΩ	1个	
4	R4	电阻器	510kΩ（可变）	1个	
5	R5	电阻器	39kΩ	1个	
6	R6、R8、R10	电阻器	10kΩ	3个	
7	R9	电阻器	1.2MΩ	1个	
8	RG	光敏电阻		1个	
9	RP	电位器	500kΩ	1个	
10	VD1~VD5	整流二极管	1N4007	5个	
11	VD6	稳压二极管	7.5V	1个	
12	VD7~VD9	二极管	1N4148	3个	
13	VT1	晶体管	9012	1个	
14	VT2~VT4	晶体管	9014	3个	
15	VTH	晶闸管	1A 400V MCR100~6	1个	
16	C1	圆片电容器	0.033μF	1个	
17	C2	电解电容器	220μF/16V	1个	
18	C3、C4	电解电容器	10μF/16V	2个	
19	C5、C6	电解电容器	1μF/16V	2个	
20	BM	驻极体传声器	灵敏度要高	1个	
21	H	白炽灯	220V 25W	1个	
22	AC	交流电源	220V	1个	

（2）元器件检测　按照表6-10用万用表检测每个元器件，并将测量结果填入表6-11中。

表6-11　元器件检测表

<table>
<tr><th colspan="2">元　器　件</th><th colspan="12">识别及检测内容</th></tr>
<tr><td rowspan="4">电阻器</td><td></td><td colspan="3">色环顺序</td><td colspan="3">标称值（含误差）</td><td colspan="3">测量值</td><td colspan="3">测量档位</td></tr>
<tr><td>R2</td><td colspan="3"></td><td colspan="3"></td><td colspan="3"></td><td colspan="3"></td></tr>
<tr><td>R5</td><td colspan="3"></td><td colspan="3"></td><td colspan="3"></td><td colspan="3"></td></tr>
<tr><td>R10</td><td colspan="3"></td><td colspan="3"></td><td colspan="3"></td><td colspan="3"></td></tr>
<tr><td rowspan="2">光敏电阻</td><td></td><td colspan="3">万用表档位</td><td colspan="3">亮电阻</td><td colspan="3">暗电阻</td><td colspan="3">质量判定</td></tr>
<tr><td>RG</td><td colspan="3"></td><td colspan="3"></td><td colspan="3"></td><td colspan="3"></td></tr>
<tr><td rowspan="4">电容器</td><td></td><td colspan="3">种类</td><td colspan="3">标称值（μF）</td><td colspan="3">标志方法</td><td colspan="3">质量判定</td></tr>
<tr><td>C1</td><td colspan="3"></td><td colspan="3"></td><td colspan="3"></td><td colspan="3"></td></tr>
<tr><td>C2</td><td colspan="3"></td><td colspan="3"></td><td colspan="3"></td><td colspan="3"></td></tr>
<tr><td>C5</td><td colspan="3"></td><td colspan="3"></td><td colspan="3"></td><td colspan="3"></td></tr>
<tr><td rowspan="4">晶体管</td><td rowspan="2"></td><td colspan="6" rowspan="2">画外形示意图标出管脚名称</td><td colspan="4">be结</td><td colspan="2" rowspan="2">测量档位</td></tr>
<tr><td colspan="2">正向电阻</td><td colspan="2">反向电阻</td></tr>
<tr><td>VT1</td><td colspan="6"></td><td colspan="2"></td><td colspan="2"></td><td colspan="2"></td></tr>
<tr><td>VT3</td><td colspan="6"></td><td colspan="2"></td><td colspan="2"></td><td colspan="2"></td></tr>
<tr><td rowspan="4">二极管</td><td></td><td colspan="2">型号</td><td colspan="2">正向电阻</td><td colspan="2">档位</td><td colspan="2">反向电阻</td><td colspan="2">档位</td><td colspan="2">质量判定</td></tr>
<tr><td>VD1</td><td colspan="2"></td><td colspan="2"></td><td colspan="2"></td><td colspan="2"></td><td colspan="2"></td><td colspan="2"></td></tr>
<tr><td>VD6</td><td colspan="2"></td><td colspan="2"></td><td colspan="2"></td><td colspan="2"></td><td colspan="2"></td><td colspan="2"></td></tr>
<tr><td>LED</td><td colspan="2"></td><td colspan="2"></td><td colspan="2"></td><td colspan="2"></td><td colspan="2"></td><td colspan="2"></td></tr>
<tr><td rowspan="2">驻极体传声器</td><td rowspan="2">BM</td><td colspan="3">万用表档位</td><td colspan="3">用嘴吹气时情况</td><td colspan="6">质量判定</td></tr>
<tr><td colspan="3"></td><td colspan="3"></td><td colspan="6"></td></tr>
<tr><td rowspan="2">晶闸管</td><td rowspan="2">VTH</td><td colspan="6">画出外形示意图，标出引脚名称</td><td colspan="6">质量判定</td></tr>
<tr><td colspan="6"></td><td colspan="6"></td></tr>
</table>

4. 元器件安装与焊接

（1）元器件安装工艺

1）电阻采用卧式安装，应贴近电路板，色环顺序必须一致。

2）整流二极管、普通二极管采用卧式安装，应贴近电路板，注意二极管正负极性一定不能装错。

3）稳压二极管采用卧式安装，应贴近电路板，注意二极管正负极性一定要按照工作条件安装。

4）光敏电阻采用立式安装，高度5mm+1mm。

5）电容器安装尽量插到底。

6）晶体管采用立式安装，高度4mm+1mm。

7）晶闸管采用立式安装，高度4mm+1mm。

（2）元器件安装要求

1）要求印制电路板插件位置正确。

2）元器件极性正确。

3）元器件、导线安装及字标方向均应符合工艺要求。

4）接插件、紧固件安装可靠牢固，印制电路板安装对位。

5）无烫伤和划伤处，整机清洁无污物。

6）安装中应注意BM的极性，传声器的外壳与负极相接。

（3）电路焊接要求

1）要求焊点大小适中、光滑、圆润、干净，无毛刺。

2）无漏、假、虚、连焊。

3）引脚加工尺寸及成形符合工艺要求。

4）导线长度、剥头长度符合工艺要求，芯线完好，捻头镀锡。

5）焊接速度要快，一般不超过3s。

6）电烙铁温度一般都比较高，操作时应注意安全，防止烫伤。

5. 电路调试与检修

电路正常时接通电源，在无光线或光线比较暗的情况下，当有声响时，驻极体传声器把声音信号转变成变化的电信号，耦合到晶闸管，触发晶闸管导通，白炽灯发光并延时熄灭。在有光线照射的情况下，当有声响时，驻极体传声器把声音信号转变成变化的电信号，不能耦合到晶闸管，不能触发晶闸管导通，白炽灯不发光。

（1）电路调试步骤

1）通电前直观检查。通电前，首先观察声光控自动延时节能开关电路有无虚焊、连焊处；元器件位置安装是否正确，元器件的极性、引脚排列是否正确；然后用电阻法检测电源电路中二极管的正、反向电阻值，判断电路是否短路，若有短路现象出现，必须先排除故障后才能通电调试。

2）通电观察。将声光控自动延时节能开关电路接入220V交流电源，观察有无冒烟、异味、元器件是否发烫等异常现象，如果有异常现象，应立刻断电检修。

3）通电检测。接通声光控自动延时节能开关电路的电源，用万用表检测电源电压，应为220V 。

（2）注意事项

1）使用220V交流电源时，注意用电安全。

2）调试过程中如果出现故障，应先查找故障原因，再更换元器件，不要盲目地根据经验就更换元器件。

3）电路中光敏电阻 RG 及传声器 BM 是两个敏感元件，安装前最好先检测一下。对光敏电阻 RG 一定要测量其有无光照射的阻值变化，差别越大灵敏度越高，如差别较小则不能使用。一般情况下，RG 阻值有光线照射时为 5～10kΩ 以下，无光照射为几十兆欧。

（3）电路故障排查及维修

1）接通电源灯不亮，晶闸管 VTH 没有导通，说明问题主要在主电路上和晶闸管门极的触发电路上。查二极管有无开路；晶闸管有无烧毁；VT1 集电极和发射极之间电压是否为 0V，如为 0V 则说明 VT1 有问题。

2）灯亮后不能熄灭，灯亮说明主电路正常，主要是延时电路有问题。

3）白天灯也能点亮。主电路、声控电路均正常。问题主要在光控部分，查 RG、VT3 的好坏，重点查光敏电阻 RG 的质量好坏。

（4）自我评价　根据自己表现情况进行自我评价，见表 6-12。

表 6-12　自我评价表

评价内容	配　分	评价标准	学生自评	教师评价
电路原理	5 分	1. 对电路原理能正确分析 2. 熟悉电路结构，熟悉各元器件功能		
装配图设计	10 分	1. 能合理对电路进行布局 2. 走线工整，线与线，线与焊盘间距合理		
电路板制作	10 分	1. 熟悉 PCB 制作的步骤 2. 电路板制作工艺符合要求		
元器件检测	5 分	1. 能正确识别各元器件 2. 能准确判断元器件的引脚极性 3. 能准确检测元器件的质量		
元器件装配	10 分	1. 各元器件、插件位置正确 2. 元器件极性正确 3. 元器件、导线安装及字标方向均应符合工艺要求 4. 接插件、紧固件安装可靠牢固 5. 电路板无烫伤和划伤处，清洁无污物		
元器件焊接	15 分	1. 焊点大小适中，无漏、假、虚、连焊 2. 焊点光滑、圆润、干净，无毛刺 3. 引脚加工尺寸及成形符合工艺要求 4. 导线长度、剥头长度符合工艺要求，芯线完好，捻头镀锡		
电路调试	15 分	1. 电源极性正确、电压大小准确 2. 电路能正常工作现象明显		
数据测量分析	10 分	1. 能正确使用仪器仪表 2. 数据测量准确 3. 能正确分析测量数据		
故障排查	20 分	1. 能正确查找到电路故障点 2. 能正确处理并排除电路故障		

6.5　直流稳压电源电路

6.5.1　电路设计方法

1. 电路工作原理

图6-14所示电路采用三端可调稳压集成电路LM317制作。变压器T输出24V交流电经VD1～VD4整流、C1与C2滤波后送至LM317的输入端，再经取样电阻R2和输出电压调节电位器RP的控制，就可在输出端得到1.25～22V连续可调的电压。

电路中C3是减小RP两端纹波电压的滤波电容；C4是为了能向负载提供瞬间脉冲响应电流；VD5是防止输入端短路时C4的放电电流损坏三端稳压器；VD6是防止输出端短路时C3的放电电流损坏三端稳压器。

2. 电路原理图

直流稳压电源电路原理图如图6-14所示。

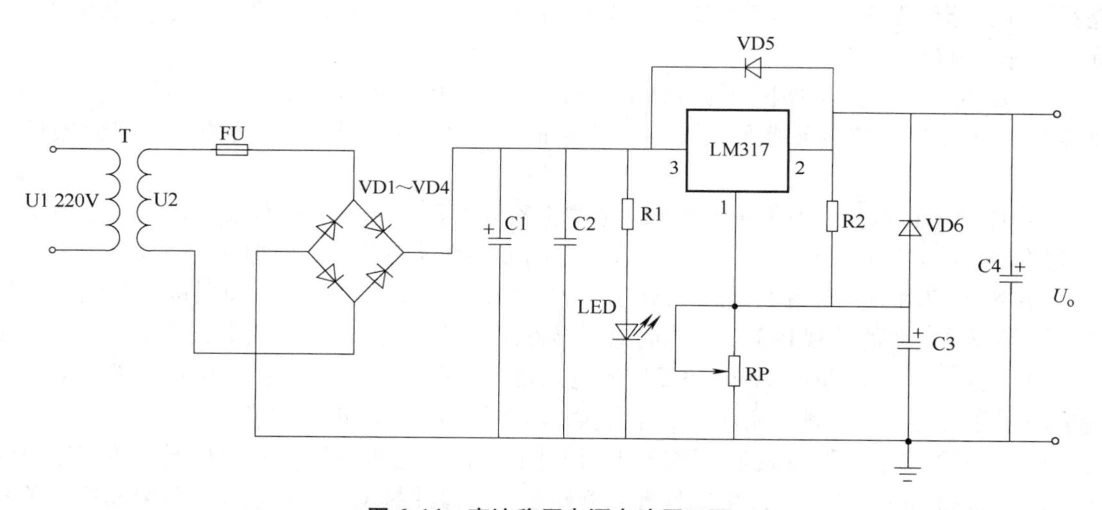

图6-14　直流稳压电源电路原理图

6.5.2　电路制作方法

1. PCB设计

根据图6-14用protel 99 SE软件设计出PCB图，如图6-15所示，具体步骤如下：

（1）原理图设计方法

1）建立原理图空白文档。进入Protel 99 SE，创建一个数据库，执行菜单命令“File/New”，从框中选择“Schematic Document”图标，双击该图标，建立原理图设计文档(.SCH)，双击文档图标，进入原理图设计服务器界面。

2）设置原理图设计环境。打开并执行菜单命令“Design/Options”和“Tool/Preferences”，设置图纸大小、捕捉栅栏及电气栅栏等。

3）元器件库的选取。由于本电路图中所用元器件在已有元器件库中可以找到，所以不

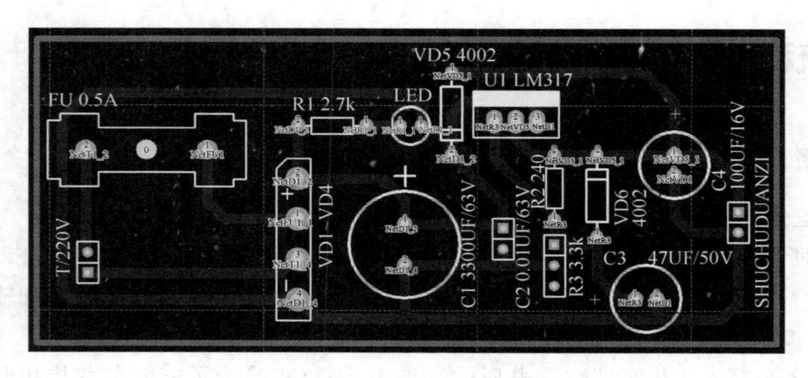

图 6-15 PCB 图

需要自己动手绘制元器件图形，直接装入绘图所需元器件库即可。在设计管理器中选择“Browse Sch”页面，在“Browse”区域中的下拉框中选择“Library”，然后单击“Add/Remove”按钮，在弹出的窗口中寻找 Protel 99 SE 子目录，在该目录中选择“Library \ SCH”路径，在元器件库列表中选择所需的元器件库，单击“Add”按钮，即可把元器件库增加到元器件库管理器中。

4）放置元器件。根据电路的需要，在元器件库中找出所需的元器件，然后用元器件管理器的“Place”按钮将元器件放置在工作平面上，再根据元器件之间的走线把元器件调整好。

5）原理图布线。利用 Protel 99 SE 提供的各种工具、指令进行布线，将工作平面上的器件用具有电气意义的导线、符号连接起来，构成一个完整的电路原理图。

6）编辑和调整。利用 Protel 99 SE 所提供的各种强大的功能对原理图进一步调整和修改，以保证原理图的美观和正确。同时对元器件的编号、封装进行定义和设定等。

7）检查原理图。使用 Protel 99 SE 的电气规则，即执行菜单命令“Tool/REC”对画好的电路原理图进行电气规则检查。若有错误，应根据错误情况进行改正。

8）生成网络表。网络表是电路原理图设计和印制电路板设计之间的桥梁，执行菜单命令“Design/CreatNetlist”可以生成具有元器件名、元器件封装、参数及元器件之间连接关系的网络表。经过以上的步骤，完成了电路原理图的设计。

（2）PCB 图的设计　所有电子产品的物理结构是通过印制电路板来实现的，这也是电路设计的最终目的。应用 Protel 99 SE 设计印制电路板的过程如下：

1）建立一空白 PCB 文件。执行菜单命令“File/New”，从框中选择 PCB 设计服务器（PCB Document）图标，双击该图标，建立 PCB 设计文档，双击文档图标，进入 PCB 设计服务器界面。

2）规划电路板。由于本电路板图中所用元器件在已有元器件库中可以找到，所以不需要自己动手绘制元器件图形，可以直接进入电路板的规划。根据要设计的电路确定电路板的尺寸，选取“Keep Out Layer”复选框，执行菜单命令“Place/Keepout/Track”绘制电路板的边框。执行菜单命令“Design/Options”，在“Signal Layers”中选择“Bottom Layer”，把电路板定义为单面板。

3）设置参数。参数设置时电路板设计的非常重要的步骤，执行菜单命令“Design/

Rules”，左键单击“Routing ”按钮，根据设计要求，在规则类（Rules Classes）中设置参数。选择“Routing Layer”，对布线工作层进行设置：左键单击“Properties”，在“布线工作层面设置”对话框的“Rule Attributes”选项中设置“Tod Layer”为“Not Used”、设置“Bottom Layer”为“Any”。选择“Width Constraint”，对地线线宽进行设置：左键单击“Add”按钮，进入线宽规则设置界面，首先在“Rule Scope”区域的“Filter Kind”选择框中选择“Net”，然后在“Net”下拉框中选择“GND”，再在“Rule Attributes”区域将Minimum width、Maximum width和Preferred三个输入框的线宽设置为1.27mm；电源线宽的设置：在“Net”下拉框中选择“VCC”，其他与地线线宽设置相同；整版线宽设置：在“Filter Kind”选择框中选择“Whole Board”，然后将Minimum width、Maximum width和Preferred三个输入框的线宽设置为0.635mm。

4）装入元器件封装库。执行菜单命令“Design/Add/Remove Library”，在“添加/删除元器件库”对话框中选取所有元器件所对应的元器件封装库，例如：PCB Footprint、Transistor、General IC及International Rectifiers等。

5）装入网络表。执行菜单命令“Design/Load Nets”，然后在弹出的窗口中单击“Browse”按钮，再在弹出的窗口中选择电路原理图设计生成的网络表文件（扩展名为Net），如果没有错误，则单击“Execute”。若出现错误提示，则必须更改错误。

6）元器件布局。Protel 99 SE既可以进行自动布局也可以进行手工布局，执行菜单命令“Tool/Auto Placement/Auto Placer”可以自动布局。布局是布线关键性的一步，为了使布局更加合理，多数设计者都采用手工布局方式。

7）自动布线。Protel 99 SE采用先进的无网络、基于形状的对角线自动布线技术。执行菜单命令“Auto Routing/All”，并在弹出的窗口中单击“Route all”按钮，程序即对印制电路板进行自动布线，只要设置有关参数，元器件布局合理，自动布线的成功率几乎是100%。

8）手工调整。自动布线结束后，可能存在一些令人不满意的地方，可以手工调整，把电路板设计得更加完美。

9）打印输出印制电路板图。执行菜单命令“File/Print/Preview”，形成扩展名为PCB的文件，再执行菜单命令“File/printJob”，就可以打印输出印制电路板图。

（3）PCB图布线要求

1）元器件布局要合理、美观、排列均匀。

2）走线横平竖直，走最短距离。

3）孔间距要符合各种元器件的要求。

2. 电路板制作

电路板制作的步骤如下：

1）电路板尺寸定义。根据电路的结构及电路原理图规划敷铜板的大小，选择合适的敷铜板，同时，用砂纸打磨一下敷铜板上的氧化物。

2）打印PCB图。用打印机将PCB图（图6-15）打印出来，按敷铜板大小进行裁剪。

3）描板。将复写纸与打印出来的PCB图一起粘在敷铜板上，复写纸紧贴敷铜板覆铜一面，用笔在PCB图上重描一遍，描完后取下复写纸及PCB图样。

4）刻板。用胶带覆盖电路板，并用小刀刻除无用部分。

5）腐蚀。将刻好的敷铜板放入事先配置好的三氯化铁溶液中进行腐蚀，除掉电路以外的铜箔。

6）清洁。腐蚀结束后，取出敷铜板，用清水清洗敷铜板，晾干，清除直线上的胶迹。

7）打孔。参照电路原理图（图 6-14 所示）及 PCB 图（图 6-15 所示），用台钻打好元器件安装孔。

3. 元器件检测

（1）列出元器件明细表　根据图 6-14 列出电路所需元器件明细表，对照表 6-13 中的元器件与实物逐一对照，认识实物元器件，清点元器件的数量和规格。

表 6-13　元器件明细表

序　　号	元器件代号	名　　称	规格/型号	数　　量	备　　注
1	R1	电阻器	2.7kΩ	1 个	
2	R2	电阻器	240Ω	1 个	
3	RP	电位器	3.3 kΩ	1 个	
4	VD1 ~ VD4	整流二极管	1N4007	4 个	
5	VD5、VD6	二极管	1N4002	2 个	
6	LED	发光二极管	红色	1 个	
7	C1	电解电容器	3300μF/63V	1 个	
8	C2	涤纶电容器	0.01μF/63V	1 个	
9	C3	电解电容器	47μF/50V	1 个	
10	C4	电解电容器	100μF/16V	1 个	
11	FU	熔丝（含座）	0.5A	1 个	
12	T	变压器	220/24V	1 个	

（2）元器件检测　按照表 6-10 用万用表检测每个元器件，并将测量结果填入表 6-14 中。

表 6-14　元器件检测表

元　器　件		识别及检测内容			
电阻器		色环顺序	标称值（含误差）	测量值	测量档位
	R1				
	R2				
电容器		种类	标称值/μF	标志方法	质量判定
	C2				
	C4				
二极管		正向电阻	反向电阻	测量档位	质量判定
	LED				
	VD2				
电位器		外形示意图标注引脚		质量判断	
	RP				
变压器	T				

4. 元器件安装与焊接

（1）元器件安装工艺

1）要求印制电路板插件位置正确。

2）元器件极性正确。

3）元器件、导线安装及字标方向均应符合工艺要求。

4）接插件、紧固件安装可靠牢固，印制电路板安装对位。

5）无烫伤和划伤处，整机清洁无污物。

（2）电路焊接要求

1）要求焊点大小适中。

2）无漏、假、虚、连焊，焊点光滑、圆润、干净，无毛刺。

3）引脚加工尺寸及成形符合工艺要求。

4）导线长度、剥头长度符合工艺要求，芯线完好，捻头镀锡。

5. 电路调试与检修

当电路正常时，接通220V交流电源，在输出端可得到连续可调的电压。

（1）电路调试步骤

1）通电前直观检查。通电前，首先观察直流稳压电源电路有无虚焊、连焊处；元器件位置安装是否正确，元器件的极性、引脚排列是否正确；尤其要注意三端可调稳压集成电路LM317引脚安装是否正确；然后用电阻法检测电源电路中二极管的正、反向电阻值，判断电路是否短路，若有短路现象出现，则必须先排除故障后才能通电调试。检查印制电路板上所装配的元器件无搭锡、无装错后，方可接通电源。

2）通电观察。将直流稳压电源电路接入220V交流电源，观察有无冒烟、异味、元器件是否发烫等异常现象，如果有异常现象，应立刻断电检修。

3）通电检测。接通直流稳压电源电路的电源，用万用表检测电源变压器，一次电压应为220V，二次电压应为24V，输出端电压应在1.25～22V范围内变化。用示波器观察变压器一次电压和二次电压波形，应为正弦波形，只不过波形在幅度上不同。在整流电路输出端为脉动直流波形，在滤波电路输出端、稳压电路输出端电压为直流电压波形。

（2）电路故障排查及维修

1）输出端电压为零。把稳压电源的交流输入端接上市电后，用万用表测得输出电压为零时，可以从测量电路中的滤波电容器C1两端的电压着手来查找故障。

① C1两端的电压为零，说明故障在交流电源插头到C1之间。可按以下步骤逐个查找故障部位。

● 测变压器T的一次线圈两端的电压，正常应为220V。如此电压为零，则故障就在交流电源引入处，可能是电源插头接线松脱或电源线中间断路。

● 变压器T的一次线圈两端有220V电压，二次线圈引出端的交流输出电压为零，说明变压器的线圈内部有断路。可用万用表测量一次、二次线圈的电阻，正常时一次线圈的电阻约为几百欧，二次线圈的电阻约为几欧。如变压器损坏，可更换或重绕。

● 变压器T的二次线圈两端有24V左右的交流电压，而C1两端电压为零，则故障在整流二极管部分。可能是VD1～VD4虚焊，或两只整流二极管同时装反，或两只以上整流二极管内部断路造成整流电路无输出。这时应拔下交流电源插头，重焊一下VD1～VD4，如果有二极管装反，则应及时改正过来，若是二极管损坏，则需用万用表测量其正反向电阻，更换已损坏的二极管即可。

- 变压器 T 的二次线圈两端只有几伏电压，而且四只整流管都很烫。说明 C1 或 C2 击穿，也可能是这部分电路在焊接时有搭锡现象，造成铜箔盘间短路。这时应拔掉电源仔细查看 C1、C2 引脚处的焊点，如有搭锡，可熔化焊锡挑开搭锡，或用断锯条在相碰处锯开搭锡点，然后用万用表“R×1”档测量焊盘间电阻，应无短路现象。如电阻仍为零，说明 C1 或 C2 击穿，应予更换。
- 变压器 T 的二次线圈两端只有几伏电压，并有两只整流二极管发烫。说明四只整流管中有一只极性装反，或内部短路，或某只二极管两脚搭锡短路，引起二次线圈在半个周期内被短路，这时应拔掉电源插头，仔细查看二极管的极性是否搭锡，如果没有问题，则可用万用表“R×1k”档测量四只二极管的正反向电阻，如某一只管正反向电阻均很小，则应拆下再测并及时更换短路的二极管。

② C1 两端的电压正常（28V 左右），而输出端电压为零。说明故障发生在三端可调稳压器 LM317 的输入端到稳压电源的输出端之间，可按以下步骤查找故障部位。

- 输出端不接负载，测 LM317 的 3 脚电压，应为 9V，如果电压为零，而且 LM317 壳体发烫，说明稳压电源的输出端有短路，LM317 处于自动保护状态。这时应拔下电源插头，用万用表“R×100”档黑表笔接地、红表笔接 LM317 的 2 脚测一下电阻，正常值应为 5kΩ 左右（RP1 置于最大值），并有充电过程。如果电阻为零，可先检查 C4 两端焊盘间有无搭焊，如无搭焊，再检查接线柱与外壳是否短路，如正常，则可判定 C4 已击穿。
- 输出端不接负载，输出端电压为零，说明印制电路板到接线柱之间的连接线有断路、或接线有误、或接触不良，应分别予以排除。

2）输出端电压不正常。

稳压电源的输出电压过低、过高、不可调，或接上额定负载后，电压下跌超过 0.2V，均属不正常。

① 输出端没有接负载，RP1 阻值置于最大值时，输出电压低于 25V，而变压器二次电压正常，此故障发生在滤波电容器部分。可能是 C1 虚焊或容量严重不足，如重新焊接好 C1 后，电压还是升不上去，应更换一只质量较好的电解电容器后再试。

② 输出端没有接负载，输出端电压仍偏低，测得变压器二次电压低于正常值 20% 以上，说明电源变压器有故障，可能是线圈有局部短路，应更换或修理变压器。

③ 输出端没有接负载时电压正常，但接上额定负载（1.5A）后，输出电压下跌 0.2V 以上。说明整流部分有故障。这时可观察 C1 两端的电压，在不带负载时它两端的电压为 49V 左右，带上负载时电压跌至 35V 左右。这一现象表明整流二极管有虚焊或者某一只二极管烧断，电路从原来的桥式整流变成了半波整流状态。首先焊好四只整流二极管后再试，仍不正常时可用万用表“R×1k”档测量四只二极管的正反向电阻。如发现某一只二极管的正反向电阻都在几十千欧左右，说明该二极管已经损坏，更换后即能恢复正常。

④ 输出电压不可调，可能是 R2、RP1 开路，印制电路板到 RP1 的连线松脱、断线，或 LM317 1 脚虚焊，应一一予以排除。如上述诸方面都正常，也可能是 LM317 内部损坏，可更换后再试。

⑤ 输出电压过高，不带负载时输出电压接近 C1 两端的电压，接上负载后，输出端电压

仍达 35V 以上，且无法调整。说明 LM317 的 3 脚和 2 脚间印制电路板铜箔焊盘有搭锡现象。如挑开搭锡后，输出电压仍然过高，则可能是 LM317 内部调整管击穿，应更换 LM317。

（3）自我评价　根据自己表现情况进行自我评价，见表 6-15。

表 6-15　自我评价表

评价内容	配　分	评价标准	学生自评	教师评价
电路原理	5 分	1. 对电路原理能正确分析 2. 熟悉电路结构，熟悉各元器件功能		
装配图设计	10 分	1. 能合理对电路进行布局 2. 走线工整，线与线，线与焊盘间距合理		
电路板制作	10 分	1. 熟悉 PCB 制作的步骤 2. 电路板制作工艺符合要求		
元器件检测	5 分	1. 能正确识别各元器件 2. 能准确判断元器件的引脚极性 3. 能准确检测元器件的质量		
元器件装配	10 分	1. 各元器件、插件位置正确 2. 元器件极性正确 3. 元器件、导线安装及字标方向均应符合工艺要求 4. 接插件、紧固件安装可靠牢固 5. 电路板无烫伤和划伤处，清洁无污物		
元器件焊接	15 分	1. 焊点大小适中，无漏、假、虚、连焊 2. 焊点光滑、圆润、干净，无毛刺 3. 引脚加工尺寸及成形符合工艺要求 4. 导线长度、剥头长度符合工艺要求，芯线完好，捻头镀锡		
电路调试	15 分	1. 电源极性正确、电压大小准确 2. 电路能正常工作现象明显		
数据测量分析	10 分	1. 能正确使用仪器仪表 2. 数据测量准确 3. 能正确分析测量数据		
故障排查	20 分	1. 能正确查找到电路故障点 2. 能正确处理并排除电路故障		

6.6　光控音乐门铃电路

6.6.1　电路设计方法

1. 电路工作原理

图 6-16 为光控音乐门铃电路原理图，它由光控电路和音乐门铃两部分组成。当接通电

源时，用手挡住光敏晶体管 VT1 的光线，其内阻增大，使 VT2 集电极为高电位；这样使 VT3、VT4 复合管饱和导通，发光二极管 LED 发光变亮。同时电流流过继电器 K 线圈，产生磁场，使 K 常开触点闭合接通。电流经 VS1、VS2、R4、R5 分压，C1 滤波，通过限流电阻 R6 为 IC 音乐集成电路提供3V 左右的电压，此时，IC 工作，音乐信号输出，通过 VT5 放大，使扬声器发出悦耳的音乐门铃声。反之，若不用手挡住 VT1，光敏晶体管 VT1 内阻较小，VT2 基极为高电位，使 VT2 导通，其集电极为低电位，这样 VT3、VT4 复合管截止，发光二极管 LED 不亮，继电器线圈中也没有电流通过，继电器不工作，其常开触点断开，音乐集成电路没有电源，扬声器不发声。

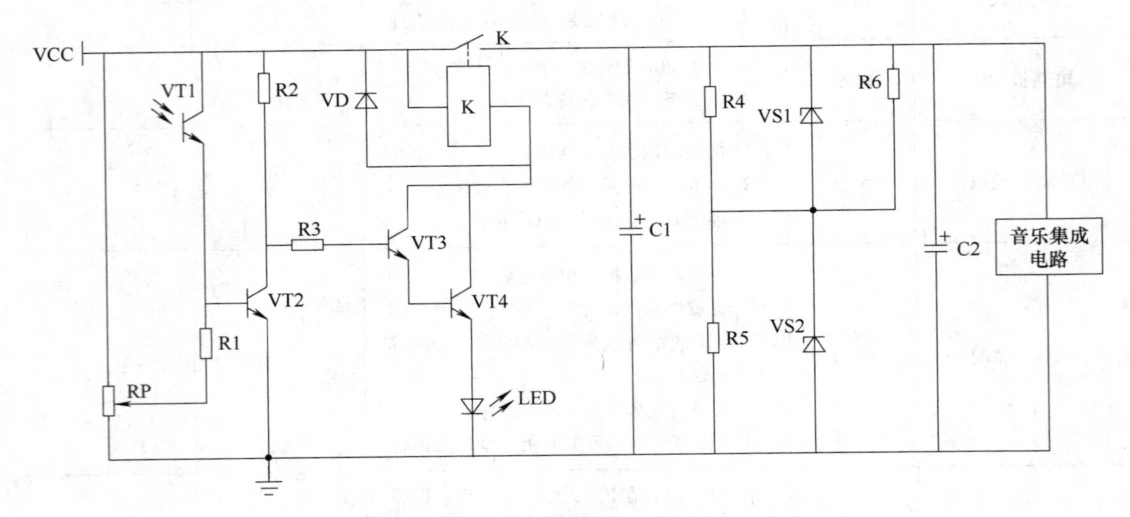

图 6-16 光控音乐门铃电路原理图

VD 为继电器的保护二极管。当 VT3、VT4 复合管从导通突然转变为截止时，继电器线圈中会产生一个较大的反电动势，反电动势产生的脉动电流通过 VD 放电，使继电器线圈不受损坏，从而达到保护继电器的作用。

2. 电路原理图

光控音乐门铃电路原理图如图 6-16 所示。

6.6.2 电路制作方法

1. PCB 设计

根据图 6-16 用 protel 软件设计出 PCB 图，如图 6-17 所示，具体步骤如下：

（1）原理图设计方法

1）建立原理图空白文档。进入 Protel 99 SE，创建一个数据库，执行菜单命令“File/New”，从框中选择“Schematic Document”图标，双击该图标，建立原理图设计文档（.SCH)，双击文档图标，进入原理图设计服务器界面。

2）设置原理图设计环境。打开并执行菜单命令“Design/Options”和“Tool/Preferences”，设置图纸大小、捕捉栅栏及电气栅栏等。

3）元器件库的选取。由于本电路图中所用元器件在已有元器件库中可以找到，所以不

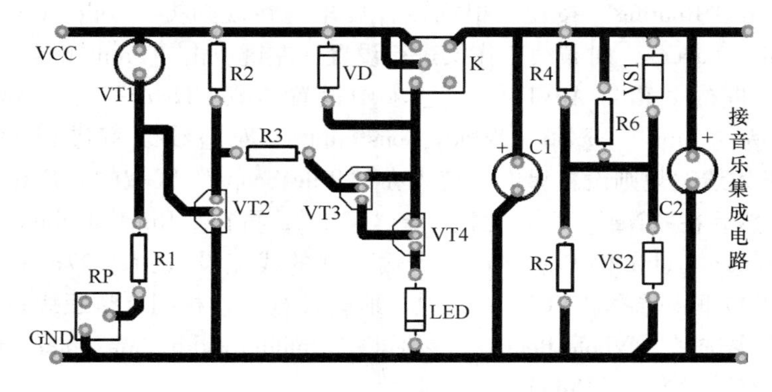

图6-17 PCB图

需要自己动手绘制元器件图形，直接装入绘图所需元器件库即可。在设计管理器中选择"Browse Sch"页面，在"Browse"区域中的下拉框中选择"Library"，然后单击"Add/Remove"按钮，在弹出的窗口中寻找Protel 99 SE子目录，在该目录中选择"Library \ SCH"路径，在元器件库列表中选择所需的元器件库，单击"Add"按钮，即可把元器件库增加到元器件库管理器中。

4）放置元器件。根据电路的需要，在元器件库中找出所需的元器件，然后用元器件管理器的"Place"按钮将元器件放置在工作平面上，再根据元器件之间的走线把元器件调整好。

5）原理图布线。利用Protel 99 SE提供的各种工具、指令进行布线，将工作平面上的器件用具有电气意义的导线、符号连接起来，构成一个完整的电路原理图。

6）编辑和调整。利用Protel 99 SE所提供的各种强大的功能对原理图进一步调整和修改，以保证原理图的美观和正确。同时对元器件的编号、封装进行定义和设定等。

7）检查原理图。使用Protel 99 SE的电气规则，即执行菜单命令"Tool/REC"对画好的电路原理图进行电气规则检查。若有错误，应根据错误情况进行改正。

8）生成网络表。网络表是电路原理图设计和印制电路板设计之间的桥梁，执行菜单命令"Design/CreatNetlist"可以生成具有元器件名、元器件封装、参数及元器件之间连接关系的网络表。经过以上的步骤，完成了电路原理图的设计。

（2）PCB图的设计　所有电子产品的物理结构是通过印制电路板来实现的，这也是电路设计的最终目的。应用Protel 99 SE设计印制电路板的过程如下：

1）建立一空白PCB文件。执行菜单命令"File/New"，从框中选择PCB设计服务器（PCB Document）图标，双击该图标，建立PCB设计文档，双击文档图标，进入PCB设计服务器界面。

2）规划电路板。由于本电路板图中所用元器件在已有元器件库中可以找到，所以不需要自己动手绘制元器件图形，可以直接进入电路板的规划。根据要设计的电路确定电路板的尺寸，选取"Keep Out Layer"复选框，执行菜单命令"Place/Keepout/Track"绘制电路板的边框。执行菜单命令"Design/Options"，在"Signal Layers"中选择"Bottom Layer"，把电路板定义为单面板。

3）设置参数。参数设置时电路板设计的非常重要的步骤，执行菜单命令"Design/

Rules”，左键单击“Routing”按钮，根据设计要求，在规则类（Rules Classes）中设置参数。选择“Routing Layer”，对布线工作层进行设置：左键单击“Properties”，在“布线工作层面设置”对话框的“Rule Attributes”选项中设置“Tod Layer”为“Not Used”、设置“Bottom Layer”为“Any”。选择“Width Constraint”，对地线线宽进行设置：左键单击“Add”按钮，进入线宽规则设置界面，首先在“Rule Scope”区域的“Filter Kind”选择框中选择“Net”，然后在“Net”下拉框中选择“GND”，再在“Rule Attributes”区域将 Minimum width、Maximum width 和 Preferred 三个输入框的线宽设置为 1.27mm；电源线宽的设置：在“Net”下拉框中选择“VCC”，其他与地线线宽设置相同；整版线宽设置：在“Filter Kind”选择框中选择“Whole Board”，然后将 Minimum width、Maximum width 和 Preferred 三个输入框的线宽设置为 0.635mm。

4）装入元器件封装库。执行菜单命令“Design/Add/Remove Library”，在“添加/删除元器件库”对话框中选取所有元器件所对应的元器件封装库，例如：PCB Footprint、Transistor、General IC 及 International Rectifiers 等。

5）装入网络表。执行菜单命令“Design/Load Nets”，然后在弹出的窗口中单击“Browse”按钮，再在弹出的窗口中选择电路原理图设计生成的网络表文件（扩展名为 Net），如果没有错误，则单击“Execute”。若出现错误提示，则必须更改错误。

6）元器件布局。Protel 99 SE 既可以进行自动布局也可以进行手工布局，执行菜单命令“Tool/Auto Placement/Auto Placer”可以自动布局。布局是布线关键性的一步，为了使布局更加合理，多数设计者都采用手工布局方式。

7）自动布线。Protel 99 SE 采用先进的无网络、基于形状的对角线自动布线技术。执行菜单命令“Auto Routing/All”，并在弹出的窗口中单击“Route all”按钮，程序即对印制电路板进行自动布线，只要设置有关参数，元器件布局合理，自动布线的成功率几乎是 100%。

8）手工调整。自动布线结束后，可能存在一些令人不满意的地方，可以手工调整，把电路板设计得更加完美。

9）打印输出印制电路板图。执行菜单命令“File/Print/Preview”，形成扩展名为 PCB 的文件，再执行菜单命令“File/printJob”，就可以打印输出印制电路板图。

（3）PCB 图布线要求

1）元器件布局要合理、美观、排列均匀。

2）走线横平竖直，走最短距离。

3）孔间距要符合各种元器件的要求。

2. 电路板制作

电路板制作的步骤如下：

1）电路板尺寸定义。根据电路的结构及电路原理图规划敷铜板的大小，选择合适的敷铜板，同时，用砂纸打磨一下敷铜板上的氧化物。

2）打印 PCB 图。用打印机将 PCB 图（图 6-17）打印出来，按敷铜板大小进行裁剪。

3）描板。将复写纸与打印出来的 PCB 图一起粘在敷铜板上，复写纸紧贴敷铜板上覆铜的一面，用笔在 PCB 图上重描一遍，描完后取下复写纸及 PCB 图纸。

4）刻板。用胶带覆盖电路板，并用小刀刻除无用部分。

5）腐蚀。将刻好的敷铜板放入事先配置好的三氯化铁溶液中进行腐蚀，除掉电路以外的铜箔。

6）清洁。腐蚀结束后，取出敷铜板，用清水清洗敷铜板，晾干，清除直线上的胶迹。

7）打孔。参照电路原理图（图 6-16 所示）及 PCB 图（图 6-17 所示），用台钻打好元器件安装孔。

3. 元器件检测

（1）列出元器件明细表　根据图 6-16 列出电路所需元器件明细表，对照表 6-16 中的元器件与实物逐一对照，认识实物元器件，清点元器件的数量和规格。

表 6-16　元器件明细表

序　号	代　号	名　称	型号（规格）	数　量	备　注
1	VD	二极管	1N4148	1 个	
2	LED	发光二极管	红色	1 个	
3	VS1、VS2	稳压二极管	2CW51	2 个	
4	VT1	光敏晶体管	3DU	1 个	
5	VT2	晶体管	9011	1 个	
6	VT3、VT4	晶体管	9013	2 个	
7	R1	电阻	3.3kΩ	1 个	
8	R2、R4、R5	电阻	10kΩ	3 个	
9	R3、R6	电阻	24kΩ	1 个	
10	RP	微调电位器	1kΩ	1 个	
11	C1	电解电容器	47μF/10V	1 个	
12	C2	电解电容器	33μF/10V	1 个	
13	K	继电器	HG4098 6V	1 个	
14	IC	音乐集成块	KD-153	1 个	

（2）元器件检测　按照表 6-16 用万用表检测每个元器件，并将测量结果填入表 6-17 中。

4. 元器件安装与焊接

（1）元器件安装工艺

1）电阻采用卧式安装，应贴紧电路板，色环顺序必须一致。

2）稳压二极管采用卧式安装，应贴紧电路板，注意正负极性不能装错。

3）发光二极管采用立式安装，距板面高度 5mm 左右，注意正负极性不能装错。

4）电位器采用立式安装，注意引脚连接顺序。

5）电容器安装尽量插到底。

6）继电器应贴板安装，装实不能有松动。

7）音乐集成块可任意选择，但不同种类的音乐集成块引脚不同，安装时应注意。

表 6-17 元器件检测表

元 器 件		识别及检测内容			
电阻器		色环顺序	标称值（含误差）	测量值	测量档位
	R1				
	R5				
电容器		种类	标称值/μF	标志方法	质量判定
	C1				
光敏晶体管		有光电阻	无光电阻	测量档位	质量判定
	VT1				
晶体管		画外形示意图 标出管脚名称	be 结		质量判定
			正向电阻	反向电阻	
	VT2				
	VT3				
继电器		画外形示意图 标出管脚名称	线圈直流电阻	质量判断	
	K				

（2）元器件安装要求

1）要求印制电路板插件位置正确。

2）元器件极性正确。

3）元器件、导线安装及字标方向均应符合工艺要求。

4）接插件、紧固件安装可靠牢固，印制电路板安装对位。

5）无烫伤和划伤处，整机清洁无污物。

（3）电路焊接要求

1）要求焊点大小适中、光滑、圆润、干净，无毛刺。

2）无漏、假、虚、连焊。

3）引脚加工尺寸及成形符合工艺要求。

4）导线长度、剥头长度符合工艺要求，芯线完好，捻头镀锡。

5）焊接速度要快，一般不超过 3s。

6）电烙铁温度一般都比较高，操作时应注意安全，防止烫伤。

5. 电路调试与检修

电路正常时接通电源，用手遮挡住光敏晶体管的光线，发光二极管变亮，继电器得电吸合，音乐集成块工作，扬声器发出悦耳的音乐门铃声；若不用手遮挡光敏晶体管的光线，发光二极管不亮，继电器线圈没有电流流过，继电器不工作，音乐集成块没有电源，扬声器不发声。

（1）电路调试步骤

1）通电前直观检查。通电前，首先观察光控音乐门铃电路有无虚焊、连焊处；元器件位置安装是否正确，元器件的极性、引脚排列是否正确；音乐集成块电路连接是否正确。然后检测电源电路是否短路，若有短路现象出现，则必须先排除故障后才能通电调试。

2）通电观察。将光控音乐门铃电路接入 6V 直流电源，观察有无冒烟、异味、元器件是否发烫等异常现象，如果有异常现象，应立刻断电检修。

3）通电检测。接通光控音乐门铃电路的电源，用万用表检测电源电压，应为6V；用手遮挡住光敏晶体管的光线，用万用表检测电阻R3、R4及VS1、VS2两端电压，应为3V。用手遮挡住光敏晶体管的光线，调节RP，使继电器刚好吸合；手不遮挡光敏晶体管，继电器释放。然后在不同的光线下，调试光控音乐门铃的可靠性。

（2）注意事项

1）电路调试时，不能将电源短路。

2）调试过程如果出现故障，应先查找故障原因，再更换元器件，不要盲目地根据经验就更换元器件。

（3）自我评价　根据自己表现情况进行自我评价，见表6-18。

表6-18　自我评价表

评价内容	配　分	评价标准	学生自评	教师评价
电路原理	5分	1. 对电路原理能正确分析 2. 熟悉电路结构，熟悉各元器件功能		
装配图设计	10分	1. 能合理对电路进行布局 2. 走线工整，线与线，线与焊盘间距合理		
电路板制作	10分	1. 熟悉PCB制作的步骤 2. 电路板制作工艺符合要求		
元器件检测	5分	1. 能正确识别各元器件 2. 能准确判断元器件的引脚极性 3. 能准确检测元器件的质量		
元器件装配	10分	1. 各元器件、插件位置正确 2. 元器件极性正确 3. 元器件、导线安装及字标方向均应符合工艺要求 4. 接插件、紧固件安装可靠牢固 5. 电路板无烫伤和划伤处，清洁无污物		
元器件焊接	15分	1. 焊点大小适中，无漏、假、虚、连焊 2. 焊点光滑、圆润、干净，无毛刺 3. 引脚加工尺寸及成形符合工艺要求 4. 导线长度、剥头长度符合工艺要求，芯线完好，捻头镀锡		
电路调试	15分	1. 电源极性正确、电压大小准确 2. 电路能正常工作现象明显		
数据测量分析	10分	1. 能正确使用仪器仪表 2. 数据测量准确 3. 能正确分析测量数据		
故障排查	20分	1. 能正确查找到电路故障点 2. 能正确地处理并排除电路故障		

本章小结

本章内容主要培养学生掌握电路设计、电路故障检查及排除、电路装配图的设计、各元器件识别和检测、贴片元器件安装工艺等技能，进一步掌握元器件安装及焊接方法，正确调试电路，熟悉电路制作思路和技术参数计算方法。提高学生对电路设计开发的兴趣，以动手操作为主，紧密结合本章8个设计电路内容，通过自我训练，互相指导、总结，掌握电子产品电路设计、装配和调试的方法。

习 题

1. 简述电路原理图与PCB图设计有什么相同和不同之处？
2. 如何设计一个电路？同时要具备哪些基础知识？
3. 如何制作印制电路板？
4. 什么是分立式元器件电路和集成电路？
5. 声光控自动延时节能电路接通电源后，灯不亮，如何查找故障？
6. 直流稳压电源电路无电压输出，应如何查找故障？

附　　录

附录 A　常用元器件图形符号

图形符号	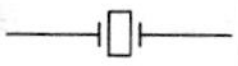	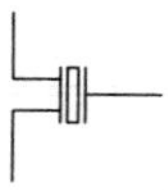	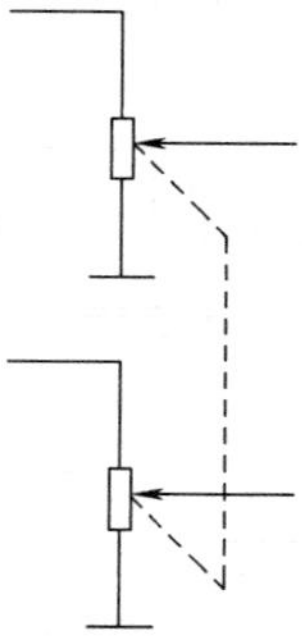		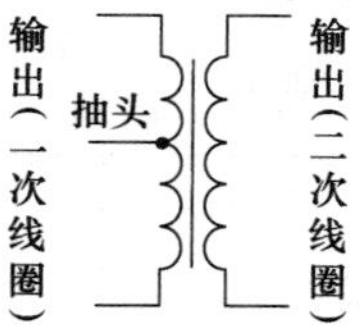	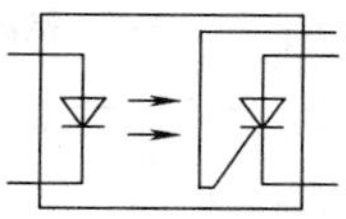
名称	晶体振荡器 陶瓷滤波器 压电陶瓷片	三端陶瓷 滤波器	双联电位器	双联可变电容	变压器 （电压互感器）	晶闸管型光耦合器

图形符号	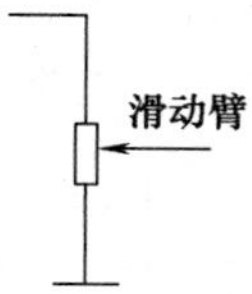	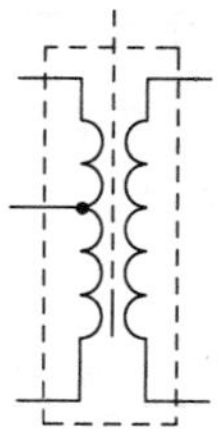	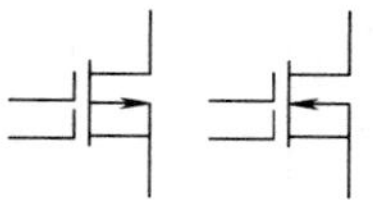	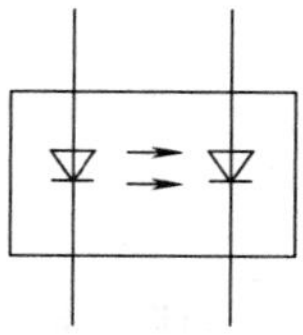	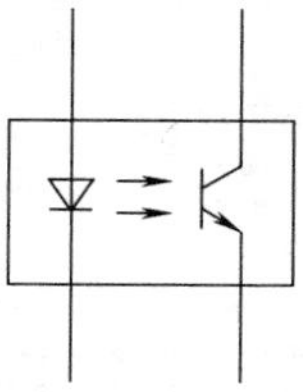
名称	电位器	中频变压器 （中周）	双栅极场效应 晶体管	红外发射/ 接收对管	光耦合管

图形符号	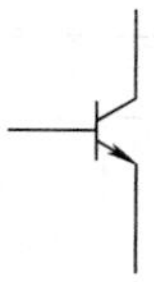	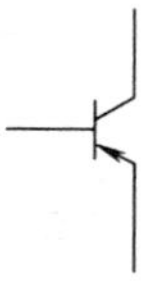	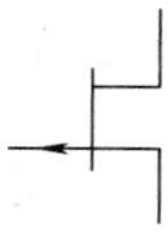	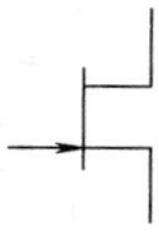	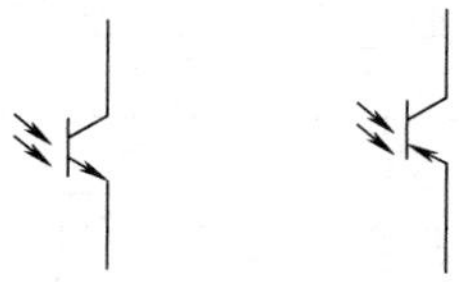
名称	NPN 型晶体管	PNP 型晶体管	P 沟道结型 场效应晶体管	N 沟道结型 场效应晶体管	光敏晶体管

（续）

图形符号						
名称	耗尽型	增强型	耗尽型	增强型	单向晶闸管	双向晶闸管
	P沟道绝缘栅场效应晶体管		N沟道绝缘栅场效应晶体管		注：晶闸管旧名可控硅	

图形符号				
名称	绝缘栅双极晶体管	单结晶体管	双向触发二极管	可调单结晶体管

图形符号					
名称	整流/检波二极管	光敏二极管（光电二极管）	稳压二极管	发光二极管	变容二极管

图形符号					
名称	开关	联动开关（一）	联动开关（二）	按钮开关（常开）	按钮开关（常闭）

图形符号					
名称	电阻	固定电容（无极性电容）	电解电容（极性电容）	熔断器（熔丝）	铁心线圈

图形符号						
名称	可变电容	可调电阻	光敏电阻	热敏电阻	带抽头的铁心线圈	磁心线圈

图形符号					
名称	与门	或门	异或门	非门（反相器）	变压器

图形符号					
名称	与非门	或非门	异或非门	单声道耳机插座 电源插座	扬声器

（续）

图形符号	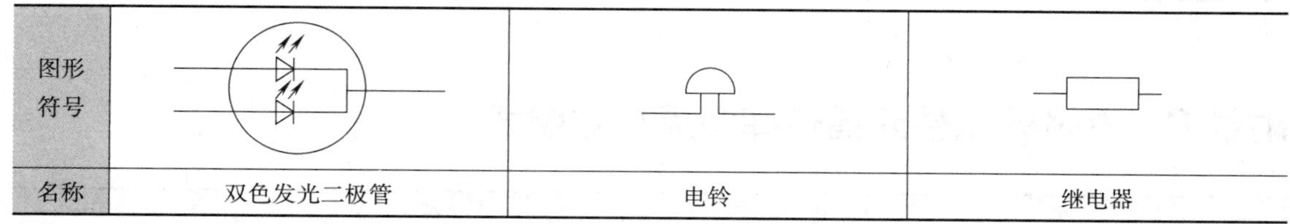		
名称	双色发光二极管	电铃	继电器

附录 B　集成电路（集成块 IC）引脚识别图

1. 圆形结构的集成电路

圆形结构的集成电路和金属壳封装的半导体晶体管差不多，只不过体积大、电极引脚多。这种集成电路引脚排列方式为：从识别标记开始，沿顺时针方向依次为 1、2、3……，如图 B-1a 所示。

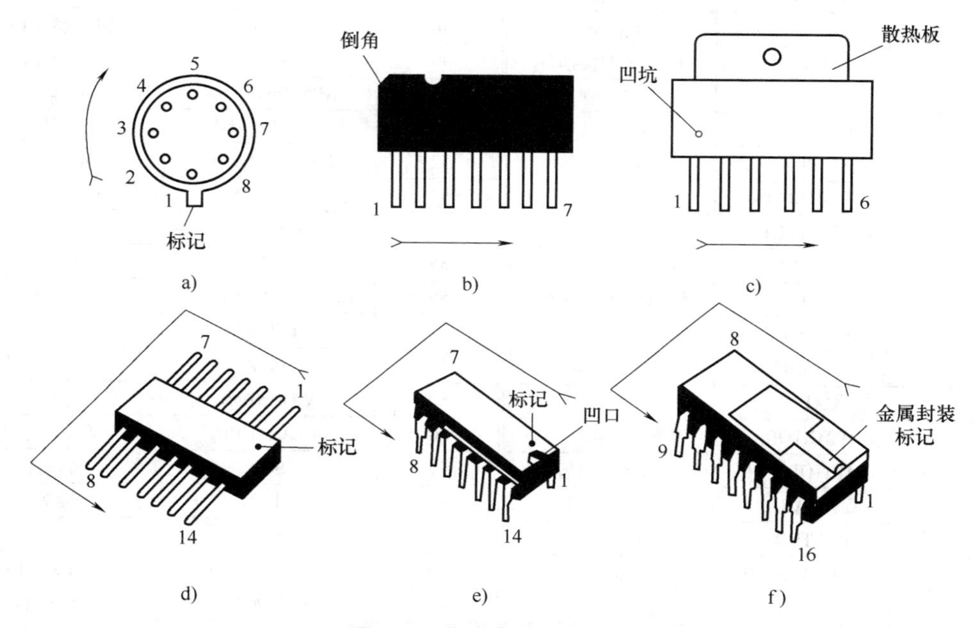

图 B-1　集成电路引脚排列

2. 单列直插型集成电路

单列直插型集成电路的识别标记，有的用倒角，有的用凹坑。这类集成电路引脚的排列方式也是从标记开始，从左向右依次为 1、2、3……，如图 B-1b、c 所示。

3. 扁平型封装的集成电路

扁平型封装的集成电路多为双列型，这种集成电路为了识别引脚，一般在端面一侧有一个类似引脚的小金属片，或者在封装表面上有一色标或凹口作为标记。其引脚排列方式是：从标记开始，沿逆时针方向依次为 1、2、3……，如图 B-1d 所示。

4. 双列直插式集成电路

双列直插式集成电路的识别标记多为半圆形凹口，有的用金属封装标记或凹坑标记。这类集成电路引脚排列方式也是从标记开始，沿逆时针方向依次为1、2、3……，如图B-1e、f所示。

附录C Protel软件元器件库中英文对照表

序号	英文	中文	序号	英文	中文
1	AND	与门	39	MOSFET	MOS管
2	OR	或门	40	JFET N	N沟道场效应晶体管
3	NAND	与非门	41	FETP P	P沟道场效应晶体管
4	NOR	或非门	42	LAMP	白炽灯
5	NOT	非门	43	LAMP NEDN	辉光启动器
6	ANTENNA	天线	44	METER	仪表
7	BATTERY	直流电源	45	MICROPHONE	麦克风
8	SOURCE CURRENT	电流源	46	MOTOR AC	交流电动机
9	SOURCE VOLTAGE	电压源	47	MOTOR SERVO	伺服电动机
10	BELL	铃，钟	48	NPN	NPN型晶体管
11	BVC	同轴电缆接插件	49	PNP	PNP型晶体管
12	DIODE	二极管	50	NPN DAR NPN	晶体管1
13	PHOTO	感光二极管	51	NPN-PHOTO	感光晶体管
14	ZENER	齐纳二极管	52	PNP DAR PNP	晶体管2
15	DIODE SCHOTTKY	稳压二极管	53	OPAMP	运算放大器
16	DIODE VARACTOR	变容二极管	54	RES1.2	电阻1
17	BRIDEG 1	整流桥（二极管）	55	RES3.4	可变电阻
18	BRIDEG 2	整流桥（集成块）	56	RESISTOR BRIDGE	桥式电阻
19	BUFFER	缓冲器	57	RESPACK	电阻2
20	BUZZER	蜂鸣器	58	POT	滑线变阻器
21	CAP	电容1	59	VARISTOR	变阻器
22	CAPACITOR	电容2	60	PELAY-DPDT	双刀双掷继电器
23	CAPACITOR POL	有极性电容	61	SCR	晶闸管
24	CAPVAR	可调电容	62	PLUG	插头1
25	ELECTRO	电解电容	63	SOCKET	插座2
26	CIRCUIT BREAKER	熔丝	64	PLUG AC FEMALE	三相交流插头
27	COAX	同轴电缆	65	SPEAKER	扬声器
28	CON	插口	66	SW	开关
29	DB	并行插口	67	SW-DPDY	双刀双掷开关
30	CRYSTAL	晶体振荡器	68	SW-SPST	单刀单掷开关
31	LED	发光二极管	69	SW-PB	按钮
32	DPY_ 3-SEG	3段LED	70	THERMISTOR	电热调节器
33	DPY_ 7-SEG	7段LED	71	TRANS1	变压器
34	DPY_ 7-SEG_ DP	7段LED（带小数点）	72	TRANS2	可调变压器
35	FUSE	熔断器	73	TRIAC	三端双向晶闸管
36	INDUCTOR	电感	74	TRIODE	三极真空管
37	INDUCTOR IRON	带铁心电感	75	SW-PB	开关
38	INDUCTOR3	可调电感			

附录 D　Protel 软件元器件封装表

序　号	元器件名称	封　装　名
1	电阻	AXIAL0.3、AXIAL0.4、AXIAL0.5、AXIAL0.6、AXIAL0.7、AXIAL0.8、AXIAL0.9、AXIAL1.0
2	无极性电容	RAD0.1、RAD0.2、RAD0.3、RAD0.4
3	瓷片电容	RAD0.1
4	电解电容	RB.2/.4、RB.3/.6、RB.4/.8、RB.5/1.0
5	电位器	VR1、VR2、VR3、VR4、VR5
6	二极管	DIODE0.4、DIODE0.7
7	发光二极管	可用电阻、电容的封装
8	晶体管、场效应晶体管	TO-3、TO-5、TO-18、TO-39、TO-46、TO-52、TO-66、TO-72、TO-92A、TO-92B
9	电源稳压块 78 和 79 系列	TO-126、TO-220
10	整流桥	FLY4
11	单排多针插座	SIP2、SIP2、SIP3、SIP4、SIP5、SIP6、SIP20
12	双列直插元件	DIP
13	晶振	XTAL1
14	双列 IC	DIP4、DIP6、DIP8、DIP14、DIP16、DIP18、DIP64
15	圆形 IC	CAN8、CAN10、CAN12
16	熔断器	FUSE
17	贴片电阻	0402、0603、0805、1005、7243、7257
18	贴片 IC	CFP14、CFP16、CFP20、CFP24、CFP48、CFP56

参考文献

[1] 李敬伟，段维莲．电子工艺训练教程［M］．北京：电子工业出版社，2005.

[2] 孙惠康．电子工艺实训教程［M］．3版．北京：机械工业出版社，2010.

[3] 王振红，张常年，张萌萌．电子产品工艺［M］．北京：化学工业出版社，2008.

[4] 崔陵．电子产品安装与调试［M］．北京：高等教育出版社，2012.

[5] 戴树春．电子产品装配与调试［M］．北京：机械工业出版社，2012.

[6] 张天富．电子产品装配与调试［M］．北京：电子工业出版社，2012.

[7] 李水，樊会灵．电子产品工艺［M］．3版．北京：机械工业出版社，2015.

[8] 王国玉．电子产品装配工艺［M］．北京：人民邮电出版社，2013.

[9] 牛百齐，万云，常淑英．电子产品装配与调试项目教程［M］．北京：机械工业出版社，2016.

[10] 夏路易，石宗义．电路原理与电路板设计教程［M］．北京：电子工业出版社，2002.

[11] 郭勇．EDA技术基础［M］．2版．北京：机械工业出版社，2014.

[12] 李福军，杨雪．protel 99 SE印制电路板设计与制作［M］．北京：电子工业出版社，2014.